HISTOIRE

D'UNE

INVENTION MODERNE

LE FRIGORIFIQUE

COULOMMIERS

Imprimerie Paul BRODARD.

HISTOIRE

D'UNE

INVENTION MODERNE

LE FRIGORIFIQUE

PAR

CH. TELLIER

Ingénieur.

———

PRÉFACE

de M. le D^r D'ARSONVAL, membre de l'Institut.

PARIS

LIBRAIRIE CH. DELAGRAVE

15, RUE SOUFFLOT, 15

PRÉFACE

Ch. Tellier m'a demandé une préface pour ce livre.

Bien que peu qualifié en la circonstance, je tiens à donner à l'auteur cette preuve publique de sympathie pour sa personne et d'admiration pour son œuvre.

Cette admiration remonte à près de quarante ans, alors qu'étant tout jeune préparateur de Claude Bernard, j'écoutais M. Bouley lire au maître son rapport sur les viandes frigorifiées par les procédés de Ch. Tellier.

La visite de l'usine d'Auteuil, les prouesses du Frigorifique, la lecture du livre sur l'Ammoniaque ne devaient pas diminuer mon jeune enthousiasme.

Mieux que je ne pourrais le faire, la lecture de ces pages montrera quelle somme de travail et de génie inventif a fourni Ch. Tellier depuis plus d'un demi-siècle. Son livre présente tout l'intérêt d'un roman, mais d'un roman vécu où, comme dans la vie, le comique se mêle au tragique, le rêve à la réalité.

On y trouvera un rare exemple de persévérance et la preuve qu'aucun insuccès, aucune injustice ne peuvent arrêter, dans son essor, l'esprit que hantent le démon de l'invention et l'amour du progrès.

En science pure, c'est à Tellier que nous devons l'idée première des appareils frigorifiques à cycles multiples, qui devait fatalement conduire à la liquéfaction des gaz permanents. Ultérieurement, ce principe, mis en pratique, a doté la science du froid d'un admirable outil de recherche, tel que l'a réalisé au laboratoire cryogène de Leyde l'illustre Kamerlingh-Onnes.

Dans la pratique, on doit à Tellier la presque totalité des méthodes et des appareils qui ont créé l'industrie frigorifique actuelle.

L'immense développement qu'a pris la conservation et le transport des substances alimentaires les plus diverses est né de la démonstration saisissante faite par son Frigorifique.

Ce sont là des faits où l'hypothèse et l'imagination ne laissent aucune prise au doute ou à la critique.

Charles Tellier a été un inventeur génial, un précurseur qui est venu trop tôt, non seulement en ce qui concerne l'industrie du froid, mais aussi pour l'état social tout entier qui, à son époque, ne pressait pas les recherches scientifiques et n'avait pas d'hommes pour les coordonner et en tirer parti.

Tellier a dû être, tour à tour, inventeur, industriel, commerçant, financier, etc. Un seul homme ne pouvait suffire à ces tâches multiples. Il a débuté à une époque où un savant eût été déshonoré de poursuivre des applications industrielles.

Ce qui fait la force de l'industrie moderne, c'est l'alliance féconde du savant, de l'industriel et du commerçant : laboratoire, atelier, boutique, cette trilogie est la cause des progrès actuels.

Quelles récompenses a reçues Tellier pour le lustre qu'il a jeté sur sa patrie, pour les services exceptionnels rendus à l'humanité tout entière : la faillite (infirmée en appel) et la prison! On a honte à l'avouer.

Rien pourtant n'a pu altérer la sérénité de l'illustre vieillard; il ne connaît ni la haine ni la rancune. Le seul regret qu'il manifeste (et il n'est pas le seul) c'est que ses quatre-vingts ans aient pu s'achever sans un merci du gouvernement de son pays.

Qu'importe! du consentement universel, il est maintenant un de ces hommes qui honorent les distinctions qu'ils consentent à accepter. Les rôles sont renversés : c'est son œuvre qui décore sa patrie.

En octobre 1908, dans le grand amphithéâtre de la Sorbonne, les 6 000 congressistes compétents, venus des quatre coins du globe, dans une ovation superbe, l'ont salué de l'épithète de **Père du Froid.**

Ce geste spontané a pansé les vieilles blessures, effacé toutes les amertumes du passé. Le glorieux inventeur a semé ses idées sans compter, il a répandu autour de lui, tout en restant pauvre et isolé, la richesse et le bien-être. C'est donc avec fierté que son désintéressement peut adopter cette devise bien française :

Sic vos non vobis...

D^r D'ARSONVAL

de l'Institut.

INTRODUCTION

L'histoire qui va suivre est un récit vrai.

Il a pour but de montrer combien est dure l'escalade du progrès.

Aussi de préciser qu'à ceux-là, qui se livrent à ce pénible labeur, il est bon d'apporter aide et assistance, au lieu de l'indifférence trop souvent leur partage.

On pourra être surpris de voir, qu'au milieu des recherches racontées, lesquelles ont fait la richesse de beaucoup, la fortune soit restée rebelle à leur auteur.

Cela tient à quatre causes principales, affectant généralement les inventions, les inventeurs.

La première est que le rôle de précurseur est trop souvent ingrat. L'initiation du progrès n'est pas toujours chose appréciée, acceptée. L'argent, par suite, fait souvent défaut.

La deuxième est, qu'il y a une lutte avec la matière ayant son âpreté propre, laquelle retarde singulièrement les travaux.

Vous prenez une vieille machine. Semblable à ceux qu'une descente rapide entraîne, elle marche sans vouloir s'arrêter;

Vous établissez un appareil nouveau, avec tout le soin

possible. Les pièces les mieux établies se brisent, vous laissant désarmé, parfois impuissant.

La troisième est qu'on rencontre des gens peu scrupuleux qui vous volent vos travaux, s'emparent souvent impudemment de vos recherches. Ce cas est malheureusement trop fréquent; et, cela est triste à dire, le public va souvent à eux, plutôt qu'à l'auteur véritable.

Enfin, la quatrième est la masse de faiseurs en quête de situations, lesquels s'accrochent et s'acharnent après les œuvres nouvelles. Il y a là pour eux pâture toujours tentante.

L'inventeur est un homme de foi, sans cela il ne ferait rien. Sa confiance, par suite, est facile à capter.

Certes, il rencontre des concours honorables, estimables, qui sont sa meilleure récompense. Il les a en haute estime!

Mais à côté se glissent des gens malhonnêtes, affectant le dévouement. Puis, quand la réussite apparaît, ils se révèlent avides, mettant tout en action pour faire dévier l'œuvre à leur profit, dût l'intérêt général en périr.

L'auteur de ces lignes a subi ces vicissitudes.

Il passera rapidement, dans le récit qu'il va faire, sur les vilenies rencontrées. Il a voulu simplement en signaler l'existence, le danger.

Malgré tout, ces difficultés n'arrêtent pas l'inventeur.

Il ne connaît qu'une devise : En avant.

Il ne voit briller qu'une lumière : La vérité.

Et c'est ainsi que, toujours vaillant, il marche, les yeux fixés sur le but, faisant chaque jour provision nouvelle de courage, d'énergie, de persévérance.

Les faits qui vont suivre démontreront que c'est au milieu de ces péripéties que se sont passés les événements racontés.

A côté d'eux, nous entrerons dans bien des détails montrant le rôle utile du Froid, surtout en fait de conservation.

On comprendra vite l'importance de cette question, aussi le parti qu'il a été permis d'en tirer au point de vue humanitaire.

25 Septembre 1910.

CH. TELLIER,

de la Société des Ingénieurs Civils de France,
de la Société des Gens de Lettres.

HISTOIRE
D'UNE INVENTION MODERNE

LE « FRIGORIFIQUE »

> Le sort de tous les grands progrès politiques et sociaux reste le même. Ils sont d'abord bafoués et peu à peu ils font leur chemin.
>
> (M. P. Deschanel, Discours à la Chambre, 21 octobre 1909).

CHAPITRE I

COMMENT ON DEVIENT FRIGORIFICIEN

Une voie opposée. — Son rejet. — Un bon conseil.

Je commence par un néologisme!

Mais à des faits nouveaux, il faut des mots nouveaux. Or, celui-ci me paraît bien peindre la situation d'un homme s'occupant d'actions frigorifiques.

Ceci expliqué, j'entre dans mon sujet :

Vers 1855 à 1856, je m'étais occupé d'une question ayant, à mes yeux, un rôle économique important à jouer : « La dessiccation artificielle des vidanges », de manière à obtenir un engrais concentré, d'une grande puissance.

Le fait, alors, était absolument négligé.

Les matières exposées à l'air, à la pluie, non seulement empoisonnaient l'atmosphère, mais encore perdaient le meilleur de leurs éléments fertilisants.

Ainsi traitées, elles ne comportaient, en fin de compte, qu'un résidu, presque sans valeur, connu sous le nom de poudrette.

Ceci était, à mon sens, un crime de lèse-civilisation.

Dans mon projet, ces résidus étaient directement évaporés par le feu. La conséquence était un engrais, ayant, sous un faible volume, une énorme activité.

Il y avait là un service réel à rendre à l'agriculture, à l'humanité.

Mais il fallait, pour mener l'affaire à bien, brûler du charbon afin de vaporiser la partie liquide des matières à traiter. Pour atténuer cette dépense, j'avais songé à transformer parallèlement la vapeur formée en force motrice.

Cette force devait être employée — on ne pensait pas alors à l'électricité — à produire de l'air comprimé, lequel, conduit dans les rues, par une canalisation spéciale souterraine, devait aller porter le mouvement, la vie dans chaque maison.

C'était, en un mot, comme je viens de le préciser, la force motrice à domicile, que, dès cette époque, je songeais à réaliser.

Mon projet fut soumis à la Ville de Paris.

Il fut repoussé pour deux raisons :

La première fut le tout à l'égout, auquel on rêvait alors.

On a depuis, réalisé ce projet.

Il aurait donné de bons résultats, si on l'avait compris avec toutes ses conséquences.

Il fallait, en effet, faire rayonner tout autour de Paris plusieurs canaux distributeurs, portant, sur des espaces suffisants, l'engrais liquide. Or, l'on n'avait en vue, à ce moment, que la Seine comme exutoire, et c'était là le défaut. Son empoisonnement était et fut la conséquence forcée de cet état de choses.

Plus tard, frappé de cet inconvénient, sur les conseils de Durand-Claye, on est revenu à l'épandage.

Mais encore avec une seule dérivation, comportant forcément, par sa trop grande localisation, la pestilence.

Ceci, au début, pouvait apparemment suffire. Pour l'avenir, c'était incomplet, à tous titres.

On oubliait qu'il fallait, avant tout, servir les intérêts de l'hygiène et faire disparaître les gaz nauséabonds, dangereux, affectant les populations ; aussi et surtout ne pas polluer l'eau.

On oubliait encore qu'il était nécessaire de répandre de tous côtés la fertilité.

Une dissémination très large permettait seule d'obtenir ces divers résultats.

Tout cela fut méconnu et, de nos jours encore, le problème est insolu [1].

J'avais donc raison en présentant l'ordre de choses plus haut énoncé, lequel, donnant satisfaction à tous les intérêts, économisait des sommes considérables à la Municipalité.

Depuis que ces lignes ont été publiées, la Ville de Paris a été

---

1. Voici ce qui était dernièrement publié (1909) sous la plume de M. P. Delay :

« Deux conseillers municipaux, MM. Bécret et Lemarchand, se livrent en ce moment à une enquête approfondie sur les champs d'épandage et, de leurs études, il résulte que jamais on n'a cessé de déverser en Seine des eaux d'égout.

« D'après le service compétent lui-même, le total des eaux usées quotidiennement par les services publics ou privés s'élève à 780 000 mètres cubes, et les divers champs d'épandage en absorbent environ 550 000 mètres cubes. Il reste donc, pour chaque période de vingt-quatre heures, 230 000 mètres cubes d'eaux usées à évacuer : l'administration n'hésite pas à les déverser dans la Seine.

« Pendant le mois d'août, le déversement des eaux d'égout a eu lieu sans discontinuer au siphon qui se trouve près du pont de la Concorde et au siphon du pont de Clichy, qui tient le record en cette matière peu odorante ; on évalue à 100 000 mètres cubes le total des eaux sales qu'il évacue en Seine.

« Ceci présente, théoriquement, des avantages, mais à condition qu'il soit réellement pratiqué, et non remplacé, comme cela a lieu aujourd'hui, par le tout en Seine.

« Pour une ville de l'importance de Paris, l'épandage, employé comme seul moyen d'évacuation des eaux usées, est voué forcément à l'insuccès, car il demanderait, pour être efficace, l'emploi de quantités de terrains par trop considérables. Reste l'épuration biologique, mais celle-ci a le gros défaut de coûter très cher.

« On comprend que plusieurs communes de la banlieue aient intenté des procès à la ville, soit à cause des eaux déversées en Seine, soit à cause des odeurs émanant des champs d'épandage. Et il est bien à craindre que celle-ci, après avoir épuisé toutes les juridictions, ne soit obligée de payer des indemnités fort importantes. Ce jour-là, le conseil municipal et l'administration s'apercevront, mais, hélas ! un peu tard, que leur précipitation à imposer le tout à l'égout n'était guère justifiée. »

condamnée à payer à divers de fortes indemnités. Cette situation reste grosse d'imprévus, les responsabilités encourues étant considérables.

C'est pour avoir oublié ces principes que certains peuples de l'antiquité, des plus puissants, ont transformé des territoires fertiles en déserts et ont été peu à peu amenés à presque disparaître.

L'Asie Mineure nous est un exemple de ce fait.

Là se trouvaient des villes immenses, de grands peuples, empreints d'une civilisation avancée et d'un besoin de bien-être correspondant.

Eux aussi envoyaient à la mer, par les rivières, par les fleuves, les déchets de leurs agglomérations.

Ils ne réfléchissaient pas que, peu à peu, c'était l'humus de la terre qu'ils rejetaient ainsi et qu'insensiblement celle-ci deviendrait stérile.

La conséquence de cette erreur a été que des populations très nombreuses, nourries qu'elles étaient par un sol productif, se sont successivement amoindries, n'ayant plus que des cultures de plus en plus maigres pour suffire à leurs besoins.

L'aridité, en bien des places, a succédé à l'abondance et, par suite, est survenue la dégénérescence de peuples, qui, je le répète, et l'histoire nous en témoigne, étaient riches et puissants.

Un exemple opposé et bien significatif nous est fourni par la Chine.

Populeux à l'exubérance depuis des siècles, ce vaste empire a su, par l'emploi scrupuleux de tous les engrais possibles, maintenir son sol en état de fertilité et par suite suffire aux exigences de sa consommation toujours croissante.

Dans un ordre d'idées plus élevé, la Création nous a montré les précautions prises, par elle, pour perpétuer les moyens d'existence.

Tous les animaux rendent au sol ce qu'ils lui prennent. De

plus, les microbes, par leur multiplicité, par leur action incessante, viennent ramener à l'immensité les principes organiques quels qu'ils soient.

L'homme seul, et particulièrement le plus civilisé, fait exception.

Il sacrifie sans hésiter, à sa convenance du moment, les richesses naturelles indiquées, oubliant qu'elles sont nécessaires à la continuité de la vie.

Bref, sous l'empire des circonstances citées, je fus, sur ce premier chef, repoussé par la Ville de Paris.

Le second moyen, relatif au transport de la force à domicile, retint encore moins l'attention.

Cette partie de mon programme fut accueillie par une douce hilarité.

Comment, s'écriait-on, avoir l'idée d'établir sous notre sol, dans nos rues, des tubes avec de l'air en pression? Un danger permanent serait ainsi créé !

Je fus éconduit, et allègrement.

Il est vrai que, plus tard, ce projet a été repris par un homme de valeur, étranger alors. Il a été accueilli par la même administration et l'air comprimé s'est implanté dans le circuit de nos voies urbaines.

Mais 20 ou 25 années s'étaient passées depuis ma proposition.

Je parle ici de M. Popp, auquel je rends toute justice pour la persévérance par lui apportée en cette occurrence, laquelle l'a conduit à des résultats sérieux, dignes de la reconnaissance publique. Ces résultats seraient devenus plus considérables si l'électricité, avec ses magnifiques et multiples facilités, n'était venue prendre une place devant toujours aller grandissante.

M. Popp a été fait officier de la Légion d'honneur. On ne peut qu'applaudir à la distinction ayant récompensé ses efforts.

Jusqu'à présent, la question du froid paraît singulièrement s'éloigner.

Je vais montrer comment elle a surgi de ces faits.

J'avais été mis en rapport, à leur égard, avec M. Haussmann, père du Préfet de la Seine.

C'était un homme âgé, de valeur, très accessible aux idées neuves; en un mot, méritant estime.

Il voulut en parler à son fils, qui lui répondit, après informations prises, en reproduisant les faits plus haut signalés.

« Mais, ajouta-t-il, la glace manque à Paris, quand les hivers sont chauds. M. Tellier devrait s'occuper de la fabriquer industriellement. »

Ce propos me fut rapporté.

Je trouvai l'avis bon et le suivis.

Voilà comment je suis devenu frigorificien; comment aussi le baron Haussmann a été la cause indirecte de cette détermination. On aurait pu avoir moins bon inspirateur, car, au fond, ce fut un grand homme, ayant largement laissé sa trace.

CHAPITRE II

L'AMMONIAQUE ET L'EAU

Expériences initiales. — Leurs difficultés. — Le succès.

Toute ma vie j'avais eu un faible pour l'ammoniaque.

La preuve, c'est que, en 1866, je lui ai consacré un livre : *L'Ammoniaque dans l'industrie*, paru en 1867.

Les propriétés de ce corps sont tellement diverses, tellement accessibles et favorables à nos moyens d'action, que toujours j'avais eu en vue son utilisation.

Je l'avais tentée une première fois (1864) en construisant un bateau marchant sans hélices, à l'aide du refoulement de l'eau obtenu par l'action de l'ammoniaque sur l'air.

Pendant une grave maladie, que je fis, le bateau coula en Marne dans une tempête et fut détruit. Mes moyens ne me permirent pas de le reconstruire.

Depuis, j'ai appliqué à nouveau ce corps dissout dans l'eau à la force motrice, pour l'utilisation des vapeurs perdues des machines à vapeur, aussi comme générateur direct de force, puis comme élévateur d'eau par la chaleur solaire.

Mais n'anticipons pas.

Malgré le précédent indiqué, qui aurait dû m'attirer, ma première pensée frigorifique se tourna, en 1857, vers l'absorption de la vapeur d'eau dans le vide.

L'idée paraissait simple, facile à réaliser.

C'est le contraire qui arriva.

Je rencontrai là de nombreuses difficultés d'exécution pour produire et conserver le vide. Elles m'engagèrent à ne pas persévérer dans ce sens, craignant de rencontrer beaucoup d'obstacles, d'avoir surtout à lutter pour les grandes applications.

Je résolus donc d'abandonner l'absorption de la vapeur d'eau et de poursuivre une autre voie.

Cette question d'absorption me ramena naturellement vers l'ammoniaque. Sa grande solubilité dans l'eau, aussi sa liquéfaction aisée, toutes choses que je considérais comme faciles à appliquer et se prêtant à des combinaisons diverses, captivaient mon attention.

Toutefois : « Il y a loin de la coupe aux lèvres », ainsi que le dit judicieusement le proverbe. Nous allons avoir une nouvelle preuve de l'exactitude de cet aphorisme.

En ces matières, surtout en fait de liquéfaction, les précédents manquaient. Il n'y avait guère, à cette époque, que l'expérience classique de Faraday (1823), répétée par Berzélius en 1846. C'était peu.

Pour me rendre compte de la certitude d'asservir pratiquement l'ammoniaque au but que je me proposais; voir si véritablement il y avait là à recueillir des résultats usuels; si, en un mot, la liquéfaction et la réabsorption de l'ammoniaque étaient possibles industriellement, je dus me livrer à de nombreux travaux.

Ce n'était pas toujours facile. Opérer dans le laboratoire des expériences sérieuses, sans grandes ressources, avec des pressions dépassant 10 atmosphères, n'était pas, à cette époque surtout, chose aisée.

A diverses reprises, j'essayai.

Toujours des fuites malencontreuses se produisaient, empêchant la liquéfaction définitive de se produire et retardant l'obtention du résultat.

Ces travaux ne se faisaient pas sans préoccupations.

Outre le danger d'agir avec des pressions, alors anormales, surtout pour des appareils élémentaires, il y avait aussi, sur l'ammoniaque et ses risques d'emploi, des croyances erronées, mais peu encourageantes.

Tantôt il était question d'ammoniures à déflagrations intempestives et dangereuses.

Tantôt encore, on parlait de propriétés néfastes particulières à ce corps.

C'est ainsi qu'un auteur, Girardin, je crois, relatait la mort d'un préparateur en pharmacie causée par la rupture, entre ses mains, d'un flacon contenant de l'ammoniaque.

Je ne me doutais pas alors des doses que j'étais destiné à absorber, lesquelles ne m'ont jamais causé de malaises sérieux, au contraire.

Mais, à ce moment, nous étions devant l'inconnu et, à part les auteurs plus haut signalés ayant liquéfié un gramme à peine de ce corps dans un tube en verre, personne n'avait vu réellement l'ammoniaque à l'état liquide.

Bref, à bout de patience, je résolus de tenter une expérience définitive.

Toujours placé sous l'influence des dangers supposés, sus-indiqués, je renvoyai, sous un prétexte plausible, mon jeune frère, lequel m'aidait dans mes manipulations.

Resté seul, je me mis à l'œuvre.

J'allumai le feu.

La pression s'établit. Mais horreur! Encore cette fois, malgré les précautions prises, une fuite se déclara.

Résolu d'en finir, je pris une quantité suffisante de mastic et j'empoignai le tube, là où la fuite s'était manifestée, afin de l'aveugler. Cela étant, je laissai l'opération se suivre.

J'estimai qu'elle devait avoir au moins une heure de durée.

Tout ce temps, je restai à pied d'œuvre, maintenant à la main mon mastic sur la fuite.

Quand j'eus estimé l'opération terminée, je quittai mon poste.

Je n'avais d'autre mal qu'une ampoule dans la main, causée

par l'ammoniaque échappée. laquelle, à la longue, avait exercé son action vésicante.

Je m'empressai de mettre mon appareil à nu et. à ma grande joie. je vis que j'avais obtenu plus d'un litre d'un liquide très mobile. verdâtre, que j'estimai être de l'ammoniaque liquéfiée.

Jamais personne n'en avait vu semblable quantité.

Mais! Était ce bien ce corps désiré que j'avais enfin obtenu?

N'était-ce pas de la solution. ayant jailli?

Nouvelle anxiété!

Le seul moyen de trouver la vérité était de laisser l'opération suivre son cours.

Je mis donc les choses en état. pour que les phénomènes subséquents pussent s'opérer, c'est-à-dire la vaporisation et la réabsorption de l'ammoniaque.

Si c'était bien elle que j'avais liquéfiée. les faits prévus devaient se produire. par suite la congélation.

Rapidement. j'isolai contre le réchauffement le récipient où devait se former la glace. Je n'avais plus ensuite qu'à laisser les faits s'accomplir.

L'attente. en semblable circonstance. est longue et dure à supporter.

Je me méfiais. pris d'impatience. de vouloir brusquer l'opération.

Pour éviter cette conjoncture, je résolus de m'absenter deux heures. me disant que si la réussite était. avec les précautions prises. la glace se serait formée et n'aurait pas fondu.

Ainsi pensé. ainsi fait.

Quand je revins au moment dit. le cœur me battait fort.

Vivement j'enlevai l'isolant. Un beau bloc de glace se présenta à ma vue.

D'autre part, il ne restait pas une goutte de liquide dans mon condenseur.

J'avais donc bien opéré et je tenais enfin toutes les phases du problème que je m'étais posé.

J'étais bien heureux, car j'avais calculé depuis longtemps toutes les conditions à réaliser en grand pour obtenir l'application industrielle de ce moyen.

Je voyais à cette heure le succès arriver, c'est-à-dire, non seulement la glace se produire, problème qui m'avait été posé, mais bien d'autres applications frigorifiques déjà venues à ma pensée, pouvant dès lors être utilisées.

Je le répète, j'étais bien heureux.

Heureux!!!

Je ne me doutais guère que le résultat si péniblement obtenu, que nul n'avait eu jusque-là, me vaudrait des années de tristesses, de misères.

Plus... Neuf mois de prison!

Pour l'instant, je me livrai tout à la joie.

C'est plus tard, toujours retardé par la question argent, que, le 25 juillet 1860, je pris un brevet spécial pour l'application de l'ammoniaque par l'absorption d'un absorbant liquide.

C'est le premier brevet existant à ce titre.

Peu de temps après, nous remettions à l'ancienne maison Cail la commande pour M. Menier d'un appareil utilisant la circulation de l'ammoniaque et de l'eau; aussi celle d'un courant distributeur de froid par liquide incongelable. Jamais, jusqu'ici, ce dernier moyen n'avait été appliqué. On le voit, nous étions alors dans l'enfance de l'art.

CHAPITRE III

PREMIERS REVERS

**Un procès. — Une condamnation sans plaidoirie. — L'appel.
La ruine.**

J'étais donc joyeux et plein de mon œuvre, quand j'appris, à quelque temps de là, qu'un M. Carré, que je ne connaissais pas, avait, le 24 décembre, cinq mois après mon brevet, quatre mois après la commande faite à la maison Cail, avait dis-je, envoyé une note, sur le même sujet, à l'Académie des Sciences.

Je répondis immédiatement par une autre note, pour établir mes droits de priorité.

Mon attention étant éveillée par ces faits, j'allai au bureau des brevets et je trouvai la situation que voici résumée :

M. Carré, le 24 août 1859, avait pris un brevet pour une machine à glace employant l'éther sulfurique au moyen du vide. Ce fait n'était pas neuf, il avait été précédé dans cette voie par Harrison et divers, c'était cependant l'objet réel du dit brevet.

A la fin de la description était reproduit le tube de Faraday amplifié, indiquant qu'il était possible, avec cette aide, comme ce dernier et Berzélius l'avaient démontré, de faire de la glace d'une façon intermittente.

De la continuité, la réelle invention pratique, celle qui a fait le succès de ce mode d'action, pas un mot n'était dit.

Durant l'année qui suivit la prise de son brevet, M. Carré avait si peu compris l'importance de cette question, qu'il avait pris sept additions successives sans y faire allusion. Il n'aurait pas manqué d'en parler, si la chose lui avait paru mériter attention!

Or, je le répète, toutes ces additions étaient relatives uniquement à l'appareil à éther sulfurique par le vide, imaginé, je l'ai dit, par Harrison et réédité par lui. C'était donc bien son unique préoccupation, l'objet de son brevet.

De l'ammoniaque, dans ces additions, pas un mot!

Arrive le *dernier jour* de l'année de privilège, un mois après mon brevet, alors que nos appareils étaient commandés à la maison Cail depuis plus de trois mois. M. Carré prend une huitième addition.

Les sept premières, nous le savons, avaient uniquement trait à l'appareil à éther sulfurique et le vide, répétition Harrison.

Cette fois la volte-face est complète.

Plus un mot de cette machine, objet réel du brevet.

Mais tout est consacré à l'appareil continu par l'ammoniaque, lequel, je viens de le dire, était déjà en construction pour nous dans la maison Cail.

J'intentais aussitôt un procès en contrefaçon à MM. Carré et Cⁱᵉ, basé sur ce fait, que l'objet réel de leur brevet était la machine à éther sulfurique par le vide, confirmé par sept additions. Que, par conséquent, leur huitième addition venant après moi, à la dernière heure du privilège, ne se rapportant pas à l'objet principal du dit brevet, était nulle; que, par suite, mon invention conservait toute sa priorité et sa valeur.

Le procès suivit.

J'avais des associés que je croyais riches.

Le contraire était malheureusement.

Ils ne payèrent pas l'avocat.

Celui-ci ne vint pas plaider. Nous fûmes ainsi condamnés, en première instance, sans défense et lourdement.

Je fis appel avec avoué et avocat à moi.

Les choses se modifièrent en partie.

Non seulement la Cour diminua de beaucoup les charges

du jugement rendu en première instance, sans que, je le répète, nous ayons été défendus ; mais elle alla jusqu'à la suppression de l'amende, ce qui, de sa part, était la reconnaissance tacite de la droiture de la partie succombante.

Néanmoins, elle confirma la rétroactivité.

J'étais donc dépouillé définitivement de l'œuvre que, le premier, j'avais avec tant de peines conçue et réalisée.

Mais ici surgit un fait montrant la véritable situation, fait dû justement à l'initiative de MM. Carré et Cⁱᵉ.

Attaqués par moi en contrefaçon, ces Messieurs m'avaient reconventionnellement cités aussi en contrefaçon.

Mal leur en prit, car la Cour, ainsi saisie par eux et forcée de préciser sur ce principe, déclara, en ce qui concerne l'appareil continu, véritable objet du litige :

« Que je ne pouvais sciemment avoir contrefait un appareil *qui n'existait pas.*

Mais puisque cet appareil n'existait pas !!! J'en étais donc vraiment l'inventeur ?

Le fait est indéniable.

Ainsi apparut la vérité.

Or, qui provoqua la manifestation de cette vérité ?

Je le répète, mes adversaires, par leur propre procédure.

Quant à la propriété, ce fut autre chose.

La Cour crut, je viens de le dire, devoir la rattacher au brevet pris par M. Carré pour l'appareil à éther sulfurique et le vide.

Je n'ai, sur ce point, à dire que ceci :

C'est que l'inventeur réel fut, en ces conditions, dépossédé, pour sa propriété passer entre mains n'ayant initialement rien inventé de ce chef. C'est la Cour, rappelons-nous-le, qui l'a précisé.

Je ne récrimine pas ici.

Nous sommes trop loin de cet ingrat passé, des douleurs subies.

Je raconte simplement ce qui s'est produit, affirmant la vérité des faits. Ils se résument par la dualité et les conséquences que voici :

D'un côté, j'ai été reconnu par la Cour d'appel comme l'auteur de l'appareil employant la circulation de l'ammoniaque en solution, le seul relevé par Pouillet dans son rapport à l'Académie des Sciences. D'un autre, j'ai été dépossédé de la propriété du dit appareil.

C'est par suite de cette dépossession que mes travaux de plusieurs années ont été perdus. Aussi le gain considérable produit par eux, ce qui m'a été dur.

Tout cela, cependant, ne me découragea pas.

Je m'étais trop appliqué à l'étude de la question du froid pour l'abandonner.

Je résolus de rechercher d'autres moyens.

CHAPITRE IV

UNE EXPÉRIENCE DANGEREUSE

La vue en danger. — La guérison. — La reprise de l'expérience.

Détourné de l'ammoniaque par cette triste aventure, je dus trouver une autre voie.

Parmi les corps apparaissant comme pouvant donner de bons résultats, j'avais retenu l'éthylamine, la triméthylamine, enfin l'éther méthylique. Aucun d'eux n'existant dans l'industrie, il me fallut donc avant tout les produire pratiquement.

Je fabriquai d'abord les deux premiers.

Mais ils ne me donnèrent pas la satisfaction désirée. De plus, leur odeur vraiment repoussante n'excitait pas à leur emploi.

La triméthylamine surtout, s'imprégnant dans les cheveux, les habits, était vraiment désagréable. C'est à ce point que, l'ayant travaillée, je n'osais plus aller en omnibus, tellement l'odeur de poisson pourri, sa caractéristique, m'accompagnait.

Restait l'éther méthylique, qui m'attira plus particulièrement. Ce corps était alors presque inconnu.

Dumas l'avait produit gazeux.

Péligot, Wurtz, avaient dit quelques mots de ses propriétés générales.

Puis... plus rien.

Pour utiliser cet éther, il fallait, pour lui aussi, d'abord arriver à le fabriquer industriellement; de plus il était nécessaire de vérifier ses propriétés réelles, toutes choses incertaines à cette époque.

Je me mis à l'œuvre.

Les premières expériences faillirent me coûter cher.

Un jour, j'avais versé dans un ballon deux litres d'acide sulfurique et autant d'alcool méthylique.

Voulant étudier les faits se produisant, je tenais ce ballon dans les mains à hauteur des yeux. J'agitais avec précaution, me méfiant des conséquences de l'opération.

Tout à coup, la réaction se fit beaucoup plus rapide que je ne le pensais. Un vif dégagement de gaz se produisit. J'entendis les tubes, restés ouverts, siffler et, tandis que je cherchais un valet pour poser le ballon, celui-ci éclata, me couvrant de la tête aux pieds du liquide corrosif.

Aveuglé, j'appelai au secours, comprenant qu'ouvrir les yeux pouvait m'être funeste. D'ailleurs les paupières s'étaient rapidement et heureusement fermées et tuméfiées.

On accourut à mon aide. Déjà le feu avait pris à mes vêtements. Je donnai l'ordre de m'asperger à grande eau. Quand je sentis le lavage suffisant, j'écartai avec le doigt les paupières d'un œil. J'y voyais, de celui-là au moins.

Ma joie fut grande, car je me croyais aveugle et je n'avais plus à craindre que d'être borgne.

Ceci prouve que tout est relatif ici-bas.

Un médecin, appelé rapidement, ordonna de me coucher, de maintenir des compresses d'eau fraîche sur les yeux et le front.

Ce traitement dura huit jours. La certitude d'y voir me fit prendre patience. Quinze jours après, j'étais debout, rendu à mes travaux.

Je repris aussitôt l'expérience.

Naturellement, j'opérai plus prudemment et bientôt je pus obtenir l'éther méthylique liquide, en des conditions telles qu'elles faisaient dire joyeusement à M. Wurtz, assistant à une opération : « Cela coule comme une fontaine ».

Ces études me permirent de me rendre compte que la fabrication de ce corps était possible. Je vis, de plus, qu'il possède, au point de vue du froid, des propriétés vraiment spéciales, particulièrement celle de bouillir à 24° au-dessous de 0°.

Je fis, avec son aide, un appareil donnant des résultats. C'est avec lui que j'ai pu construire la première réserve pour conserver les aliments par le froid (1862).

CHAPITRE V

L'AMMONIAQUE ET LES GAZ LIQUÉFIABLES

La liquéfaction mécanique des gaz.

Pendant ces travaux, j'étais sans cesse hanté par une autre solution, laquelle je considérais comme capitale :

La liquéfaction continuelle des gaz par action mécanique, par suite leur vaporisation continuelle aussi, d'où le froid incessant.

Je voyais en ce moyen une grande énergie frigorifique, puisque ces corps se vaporisent bien au-dessous de 0°.

Par contre, cette énergie faisait prévoir des difficultés sérieuses d'application.

Elles n'échappèrent pas à des savants que je consultai.

Tous me déconseillaient d'agir en ce sens, prétendant surtout que je n'arriverais pas à éviter, dans l'action mécanique, d'incessantes déperditions du corps employé.

Mais chasser une idée fixe n'est pas chose aisée.

Malgré moi, je revenais à l'étude de cette application, étant captivé par les conséquences entrevues, me disant que les difficultés signalées, je les vaincrais.

Naturellement, l'ammoniaque, parmi tous les gaz employables, occupait le premier rang dans ma pensée. J'écrivais alors mon livre déjà mentionné : *L'Ammoniaque dans l'industrie.*

Normalement, cette question devait y trouver place.

C'est ainsi que j'y ai décrit l'appareil dont j'avais résolu la réalisation (pages 162 à 224). Ce volume fut publié en janvier 1867, pour sa première édition.

C'est donc réellement de cette époque que datent les machines à compression mécanique, employant l'ammoniaque ou les gaz analogues.

On peut comparer l'appareil indiqué à ceux établis depuis par nombre de constructeurs et représentant 75 0/0 des applications frigorifiques mondiales actuelles, on ne trouvera que des différences de détail. avec ceux que je décrivais dès cette époque, et que j'ai réalisés en 1867.

Je reviendrai sur ce sujet.

J'avais oublié les circonstances fâcheuses de ma première application de l'ammoniaque au froid.

Nous étions au printemps de l'année 1866.

Plein d'ardeur à réaliser ma nouvelle conception, je me préparais pour l'Exposition de 1867.

J'étais à nouveau rempli d'espoir et de confiance, quand une circonstance, que je ne veux pas qualifier, vint à la traverse de tous mes projets.

CHAPITRE VI

CLICHY !...

**Les records. — Promenade sous leur tutelle. — Formalités d'écrou. —
La prison.**

C'était un matin de juin.

J'habitais alors à Passy, rue Boulainvilliers, un pavillon
situé au fond d'un jardin.

Il était à peine 6 h. 1/2, le temps était magnifique.

Avant de me mettre au travail, je humais avec délices l'air
frais, bienfaisant. J'étais en pleine quiétude d'esprit et de corps,
prêt à donner une bonne poussée.

Je ne m'attendais guère à ce qui allait survenir.

Tout à coup, j'aperçois un individu pénétrant à pas lents
dans le jardin.

Cette visite, plus que matinale, m'étonna.

Toutefois, je fais entrer le visiteur dans mon bureau.

Sa conversation était embarrassée. Il me parlait sans suite,
faisant parfois allusion au procès Carré. Ceci me surprenait ;
puisque c'était chose finie depuis longtemps.

Survint, au bout de quelques instants, un second quidam.

Celui-ci gros, commun, m'inspirait encore moins. A son
tour, il amena la question sur le même procès.

Mon étonnement augmentait d'autant, quand un troisième
personnage fit brusquement son entrée.

Cette fois ma surprise fut à son comble.

Elle dura peu, car ce dernier visiteur ne fit pas de phrases.

Me montrant une écharpe, il me dit qu'il était le commissaire de police; qu'ayant été condamné solidairement à payer 6 000 francs de frais dans l'affaire Carré, j'avais le choix :

Payer ou aller à Clichy.

Sur ce, il se retourna vers le deuxième monsieur, qui lui, était le garde du commerce. Celui-ci, d'un signe de tête, approuva et m'exhiba de volumineux papiers timbrés.

Payer... c'était facile à dire ; moins facile à faire.

La première raison, et c'était la plus positive, c'est que je n'avais pas les 6 000 francs.

La seconde, qu'au fond, je ne devais réellement pas personnellement.

J'avais été déclaré solidaire, mais avant d'agir contre moi, les poursuites, concernant les bailleurs de fonds, véritables débiteurs, auraient dû être faites. Cela n'avait pas été.

Je compris vite la raison de cette préférence.

L'exposition de 1867 approchait.

On savait que je me préparais à y produire le nouvel appareil dont je viens de parler: on voulait me paralyser.

Le moyen, c'était la prison pour dettes. Il était absolument certain. Il réussit.

Ainsi, pris à l'improviste, je dus avouer mon impuissance pécuniaire.

Je demandai si je pouvais faire opposition.

Il me fut répondu que la seule démarche possible était une visite au président du tribunal civil. J'acceptai.

Sous la surveillance d'un recors, j'allai m'habiller. J'avais justement dans ma chambre un rouleau d'or de 1 000 fr.

A tout hasard, je le glissai dans ma poche et nous descendîmes.

Un vieux fiacre à quatre places attendait.

Le commissaire, ayant terminé sa mission, reçut ses honoraires, et nous quitta d'un air satisfait. Moi je ne l'étais pas.

Je montai dans le fiacre avec le garde, ayant pour vis-à-vis le recors, et fouette cocher, nous voilà en route, pour aller trouver un président, dont j'ai oublié le nom.

En descendant de voiture, je vis que mes hommes prenaient un luxe de précautions à mon égard. J'étais alors vif et alerte. Ils se méfiaient.

C'est que nous nous trouvions à côté de Saint-Sulpice. Or les églises étaient lieu d'asile.

Si j'avais pu entrer, je n'avais qu'à y attendre le coucher du soleil ; alors j'étais libre.

D'autant plus libre que, changeant dans la soirée de département, tout était à recommencer. Les pouvoirs du garde du commerce ne pouvant effectivement s'exercer que depuis le lever jusqu'au coucher du soleil, et dans la limite du département. On comprend, qu'en cette occurrence, lui et ses hommes veillaient au grain.

J'ignorais ces détails. Les ayant connus, je n'aurais pas été d'humeur à en profiter.

J'étais devant un déni de justice. Pour m'y soustraire, je n'aurais pas usé d'une échappatoire.

Bref, nous montâmes chez le président, un bon vieux. Il m'expliqua d'un ton paternel que toute la jurisprudence ayant été épuisée, je n'avais qu'à me résigner à mon malheureux sort.

C'était facile à dire.

Nous descendîmes.

En bas, le garde m'offrit de me conduire chez mes créanciers.

« Jamais! » dis-je.

Toutefois, je réfléchis que si je trouvais indigne de voir ceux qui me poursuivaient aussi injustement, rien ne s'opposait à ce que je visse leur avoué, avec lequel je n'avais jamais eu, quoique adversaire, de mauvais rapports.

On me conduisit chez lui.

L'avoué descendit, fit sortir de voiture le garde, et s'installa à mon côté.

La conversation s'établit immédiatement dans ce cabinet improvisé.

« Personnellement, me dit-il, je déplore l'événement, mais la chose est simple : Engagez-vous à ne plus vous occuper de froid, et non seulement vous êtes libre, mais je suis autorisé à vous compter la somme que vous fixerez. »

A nouveau, je prostestai. « Une semblable transaction, ajoutai-je, serait à mes yeux coupable. Je suis l'auteur de l'appareil, ma conscience ne me permet pas un compromis, qui serait l'aveu tacite du contraire et par suite la reconnaissance d'une mauvaise action, non commise. »

J'appelai le garde du corps et lui dis : Allons à Clichy.

L'avoué me quitta, m'engageant à réfléchir.

Je lui répondis que toutes réflexions étaient faites.

Je n'eus du reste qu'à reconnaître sa parfaite convenance, en cette triste occurrence. Il fut aussi bienveillant que possible.

Vers neuf heures et demie, nous arrivons devant la porte du fameux local, situé sur l'emplacement de la rue Nouvelle. Ayant habité les Batignolles longtemps, j'étais bien des fois passé devant, sans jamais me douter que j'y trouverais une hospitalité.... forcée.

Dire que je n'étais pas ému serait un mensonge. J'étais un peu comme un renard qu'une poule aurait pris.

Nous sonnons.

La porte s'ouvre sans se faire prier.

Nous traversons une cour et nous entrons dans un bâtiment d'assez bonne apparence.

Jusque-là, rien de trop lugubre.

Au fond d'un corridor je lis « Greffe ».

Nous y pénétrons.

Là, mon cornac exhibe toutes ses pièces, On me demande si je n'ai rien à dire.

Protester était inutile, je me tus.

Le directeur survint, il me parut assez aimable.

On m'enregistre et me voilà livré comme un colis, dont le directeur, par l'intermédiaire de son greffier, prit livraison.

Sur ce, le garde ayant terminé sa noble mission, se retira d'un air fort satisfait.

Le directeur, qui était édifié sur mon cas, me prévint en quelques mots que la population à l'intérieur était fort mêlée; qu'il y avait d'honnêtes gens, de moindres, et des coquins. Il ajouta que, du reste, il me renseignerait sur les personnes pouvant être fréquentées. Puis il me fit désigner une chambre, ajoutant que, si elle ne me convenait pas, on me changerait.

Décidément, ce directeur était un brave homme.

On appela un gardien, un vieux tout hérissé de poils et me voilà confié à ses soins, devenu un numéro; le 72.

Là, en effet, on perdait son nom, ceux qui le voulaient au moins.

Comme j'étais vraiment victime d'une indigne action, contre laquelle j'entendais par tous les moyens protester, jamais je ne voulus profiter de cette facilité. Dès l'entrée mon nom fut connu.

Je suis donc mon gardien.

Une porte en fer, enchâssée dans de solides barreaux, se dresse devant nous. Le gardien sort de sa poche une grosse clef. Cric, crac, la porte s'ouvre et se referme. J'étais définitivement en prison.

Nous traversons une vaste salle assez sombre servant de parloir.

A gauche, la chapelle.

Une seconde porte en fer, non moins rébarbative que la première, se présente. Le gardien l'ouvre également et me voilà lancé dans une vaste galerie, pleine de lumière, où un grand nombre d'hommes, de toutes conditions, s'ébattaient à qui mieux mieux, paraissant prendre l'existence en assez bonne part.

J'avoue que je fus surpris. Je m'attendais à tout autre spectacle.

J'entrai, honteux, confus, oubliant que ceux me regardant

passer étaient justement dans des conditions identiques aux miennes.

Mon gardien m'entraîne de nouveau. Nous traversons la galerie. qui n'en finissait pas, frôlant en passant deux billards très entourés. Puis un passage ; au fond une vaste cuisine très claire ; à gauche, un large escalier.

Nous montons deux étages.

Un long corridor, au milieu duquel apparaît le n°.72.

Le gardien ouvrant la porte me dit en me remettant la clef : Vous êtes chez vous ; le déjeuner est à dix heures ; le dîner à trois. Vous avez le temps de vous installer ! »

Mon installation ne fut pas longue, puisque, pris à l'improviste. je n'avais rien apporté.

Une chambre badigeonnée en blanc, une fenêtre grillée de solides barreaux. un lit en fer avec couverture portant en grosses lettres ; « *Prisons de la Seine* », une armoire fixée au mur. une table en bois blanc. un règlement encadré, deux chaises, tel était l'aménagement, que l'État, dans sa mansuétude. voulait bien mettre à ma disposition.

Je me jette assez triste sur une chaise.

Mais à quoi sert maudire le sort?

On frappe.

Le restaurateur. car il y avait un restaurant particulier, tenu par un prisonnier du dit lieu ; le restaurateur, dis-je, m'avait vu passer. Il avait flairé un client. Il me faisait dire que le déjeuner était servi.

Je me souvins de mon rouleau d'or. Je suivis le délégué et j'entrai dans une cellule où étaient installés huit ou dix consommateurs. Une agréable gaieté régnait entre eux.

Le déjeuner fut passable. Après vint le café, mais sans cognac. l'alcool étant prohibé. Le vin. on pouvait en consommer un litre par jour et plus.

Le restaurateur, pour cause. ne faisait pas crédit. On payait à chaque repas. C'était 1 fr. 75. Rien à dire sur ce prix.

Aussitôt le déjeuner fini, je descendis au jardin. La plupart des convives s'y rendirent.

Le jardin était spacieux, planté de beaux arbres. C'était une sorte de parc.

Un jeu de boules y était installé. Dans la galerie déjà signalée, ancien cloître d'un couvent de femmes, il y avait en plus des deux billards : loto, dominos, échecs, jacquet. etc. Les cartes seules étaient défendues.

En somme, Clichy était une sorte de collège pour adultes. dans lequel ceux qui le voulaient jouaient toute la journée. De plus, tous les journaux y étaient reçus. En un mot. depuis 7 heures du matin. heure à laquelle on tirait les verrous extérieurs de votre cellule, jusqu'à 9 heures du soir, moment où. en style local, on vous bouclait. vous étiez absolument libre dans la maison. restant maître de vos instants.

La vie n'était pas trop désagréable. J'en ai connu qui ne voulaient pas quitter. Il fallait que leurs créancier leur coupassent les vivres.

Un cabinet de lecture offrait d'assez grandes distractions. De très grandes facilités reliaient au dehors.

Vous receviez à l'intérieur qui vous vouliez. abstraction faite des dames n'étant ni femmes. ni mères, ni sœurs. Au parloir, on pouvait voir toutes personnes sans aucune restriction. Deux commissionnaires. en permanence, faisaient vos courses dans le quartier moyennant dix centimes. Pourvu que les réglements fussent respectés, vous aviez la liberté interne la plus complète.

L'administration n'avait en effet qu'une mission : celle de garder ses hôtes involontaires.

Chaque créancier devait payer pour la nourriture de son homme 45 francs par mois. C'était cette rétribution. qui se nommait « les aliments ». Faute de paiement. on vous mettait à la porte. Moyennant 0 fr. 50 par jour, un collègue, dénommé par euphémisme *auxiliaire*, faisait votre ménage, si vous le vouliez.

Pour veiller et aider à l'alimentation, organiser les distractions, les prisonniers élisaient un comité composé d'un président, d'un économe, de trois conseillers.

La population étant essentiellement mobile, ce pseudo-gouvernement était renouvelé tous les mois à l'élection. Il était reconnu par l'administration. Il avait charge, je l'ai dit, d'administrer les fonds communs et d'arriver ainsi à une meilleure alimentation. En fait, il rendait des services. Ceux qui étaient sans argent vivaient ainsi mieux qu'ils n'eussent pu le faire avec les 45 francs payés par leur créancier et dépensés individuellement.

Il y avait autant d'acharnement à faire triompher les candidats, à ces honneurs bien éphémères, que dans nos luttes politiques. C'était parfois une tempête dans un verre d'eau.

C'est là que je goûtai les douceurs du pouvoir. Pendant quatre mois je fus président.

Mais on se lasse de tout, même des honneurs. Ayant cru avoir suffisamment donné ma part de labeur à la chose commune, je ne voulus plus de ces fonctions.

J'en gardai en quelque sorte l'autorité, en raison de mes relations avec l'administration, qui, sachant la cause de mon séjour, me considérait un peu à part.

Une fois, cependant, j'encourus ses rigueurs : le régime des séparés.

On nommait ainsi un local composé de quelques cellules, dans une cour spéciale, avec un régime plus sévère. On y reléguait ceux qui avaient commis quelques fautes contre le règlement.

Voici mon cas :

J'avais eu, comme président, à défendre un individu ayant causé quelque scandale.

Pour l'excuser, j'avais expliqué au greffier, le directeur étant absent, que je le croyais un peu fou.

Le greffier eut le tort de répéter ce propos à mon homme.

Il vint au jardin me chercher querelle, prétendant que je l'avais insulté.

Toujours est-il qu'une altercation assez vive eut lieu.

D'où émoi d'autant plus grand que, je le répète, j'étais alors président.

Le greffier, dans son zèle, fit à ce sujet un rapport à la préfecture de police.

Cette dernière décida que je serais relégué aux séparés, comme mon adversaire.

Conduit par les gardiens, ceux-ci me dirent : que ma porte resterait ouverte, que je pourrais me promener toute la journée si je le voulais, sauf le temps réservé à mon adversaire.

Celui-ci vit, par sa fenêtre, ma liberté relative. Il écrivit à la préfecture de police, lui signalant le fait.

Réprimande au greffier, lequel donna des ordres précis pour que je fusse traité avec toute la sévérité du règlement.

Je ne m'ennuyais pas trop, travaillant tranquillement, quand, à trois jours de là, je fus appelé chez le directeur.

Je commençais mon dîner. J'interrompis pour me rendre à cette invitation.

« J'étais en voyage, me dit le directeur. A mon retour, j'ai appris ce qui vous était arrivé. J'en ai été fortement contrarié. Je suis allé de suite à la préfecture m'expliquer, l'ordre vous concernant est levé. »

Je le remerciai vivement de son obligeance et, mon dîner achevé, je rentrai dans le grand bâtiment, accueilli avec empressement par la plupart de mes co-détenus.

CHAPITRE VII

UNE HEUREUSE MÉPRISE

**La liberté. — Mon livre. — Le goudronnage des routes. — La reprise
de mes travaux frigorifiques sur l'ammoniaque.**

Cependant, le temps passait. Plus il allait, plus la perte
de ma liberté me pesait.

Près de huit mois s'étaient en effet écoulés en la triste situation que je raconte.

Au début, j'étais entré la tête pleine de travaux, les jours
s'étaient suivis facilement.

Mais, avec le temps, la source en avait tari. Je n'étais plus en
contact avec les mille circonstances faisant naître l'activité.
Tout me pesait et peu à peu je me sentais envahi par une réelle
dépression.

Le meilleur courage s'émousse avec le désœuvrement.

Bref, j'étais triste, morose, quand un jour le directeur me fit
demander.

Cela ne m'étonna pas, il arrivait assez souvent qu'il en fût
ainsi.

Quand j'entrai dans son cabinet, il me dit d'un ton joyeux :
« N'en parlez à personne, vous allez sortir à la fin du mois.

— Oh! dis-je, ce n'est pas possible; mes adversaires iront
jusqu'au bout et il y a encore plus de trois mois!

— Oui, répondit-il, si cela dépendait d'eux; mais il y a un
fait avec lequel ils ne comptent pas, et dont nous allons profiter.

« Ce fait, c'est qu'ils envoient les aliments toutes les fins de mois. Or ils oublient que c'est par périodes de 30 jours qu'il faut payer, il y a trente et un jour ce mois, ils arriveront trop tard ; j'aurai fait le nécessaire.

« Surtout, en me quittant, pas un mot. Un télégramme est vite envoyé et il y a à l'intérieur des gens dont il faut se méfier. »

J'avoue que je ne croyais guère à cet imprévu si désirable.

Cependant, la fin du mois arriva.

Malgré moi, le dernier jour, j'étais un peu fébrile.

A deux heures, on m'appelle, le directeur me demandait.

Cette fois le cœur me battait. J'entrai chez lui.

« Vous avez les fonds, lui dis-je.

— Non, me répondit-il : signez-moi tout cela. »

Le brave homme avait préparé les pièces nécessaires pour la requête au président, pour que :

« Attendu que mes aliments n'étant pas payés, je fusse mis dehors. »

C'était le droit strict.

Puis, me serrant les mains : « Pas un mot ».

A neuf heures du soir, heure à laquelle on appelait ceux devant le lendemain prendre la clef des champs, mon numéro fut clamé.

Étonnement général.

Puis, ce dire : « le président s'en va, » car on m'avait conservé ce nom, retentit de toutes parts. Les mains se pressèrent vers moi.

Mais l'heure était inflexible, un moment plus tard, chacun était enfermé chez lui. Il n'y avait plus à craindre d'indiscrétion.

C'était en février.

A six heures, le lendemain matin, ma requête avait été portée chez le président, qui l'avait signée. Elle était revenue avant le soleil levé. J'étais libre.

Libre! il faut avoir subi pareille infamie pour comprendre ce que ce mot veut dire.

A neuf heures, on vint apporter les aliments. Mes tortionnaires ne m'avaient pas oublié.

Il était trop tard.

L'oiseau n'était pas envolé, mais il était hors d'atteinte. Je n'avais pas voulu, en effet, quitter la prison avant le lever du Directeur et avoir pu le remercier.

Je n'ai pas besoin de dire que je conservai, avec cet excellent homme, les meilleurs rapports.

Mon séjour à Clichy ne fut pas absolument perdu. J'y achevai le volume dont j'ai parlé sur l'ammoniaque.

A sa fin, j'ai réuni dans un tableau toutes les péripéties de mon procès. On peut s'y reporter pour voir la vérité. Ce livre est épuisé, mais il existe dans les principales bibliothèques.

Le tableau dont je parle se termine par ces mots, adressés à ceux qui m'avaient si odieusement privé de ma liberté :

« Si par vous-même vous savez produire, allez en avant. Le champ est assez vaste pour ne pas prendre le sillon d'autrui. A ces labeurs, il y a de plus nobles satisfactions qu'à s'arrêter à d'indignes insinuations; puis, tout en servant l'intérêt privé, on sert le bien public et là est la meilleure récompense qu'homme puisse ambitionner. »

Je ne sache pas que mon adversaire principal ait rien fait depuis. Ses associés, qui ont partagé l'odieux de la manœuvre m'ayant frappé ont, eux, travaillé sérieusement. Ils ont aidé, je me plais à le reconnaître, au mouvement frigorifique.

Quant à moi, pas un instant, je n'ai cessé de chercher le progrès.

L'accueil qui m'a été fait en 1908 au Congrès frigorifique est là pour prouver l'exactitude de cette assertion.

Au cours de mon volume *L'Ammoniaque dans l'industrie* j'avais décrit, je le rappelle, l'appareil frigorifique que je désirais réaliser par la liquéfaction mécanique de l'ammoniaque et sa revaporisation.

C'était le moment de reprendre cette application.

J'y avais aussi indiqué la possibilité d'opérer la traction sur route à l'aide de ce même corps.

Prévoyant l'inconvénient de la poussière avec les transports mécaniques ainsi opérés, je préconisai, dès cette époque (1867), sous le titre de *macadam imperméable*, le goudronnage des chaussées et des routes.

Cette application nous est revenue depuis de l'étranger et a pris un développement sérieux, précisé par le congrès sur la route de 1908, développement qui ne peut que s'accentuer[1].

---

1. Voici comment un journal du Midi précisait, cette année 1909, la question :

« L'arrosage au goudron, en même temps qu'il supprime la poussière pendant toute la saison sèche, s'oppose à la destruction de la chaussée. Cette idée est due à l'ingénieur Ch. Tellier qui, en 1867, proposait de remplacer le macadam ordinaire par le mélange de pierre et de goudron ; elle fut reprise en 1871 par M. François d'Auch, qui goudronnait la route et y mettait ensuite le feu. L'arrosage essayé en 1880 à Sainte-la-Grande, par l'ingénieur Christophe, semble une première solution de la conservation de nos routes.

« Le goudron de pétrole a été aussi employé à Oran, en 1881.

« C'est à partir de 1901, grâce au Dr Guglielminetti et à sa ligue contre la poussière des routes, que le goudronnage s'est répandu. Il est aujourd'hui très employé dans tous les pays. »

Voici, pour préciser sur ce fait, comment M. Ambroise Rendu, le distingué conseiller général de la Seine, indique le développement qu'a pris, ces dernières années, cette application :

- En 1905 il y avait 58 000 mètres de routes goudronnées
- En 1906 — 120 000 — —
- En 1907 — 156 000 — —
- En 1908 — 300 000 — —

« Ces derniers revenaient à 0 fr. 16 par mètre carré. »

Comme on le voit, l'idée que j'ai émise il y a quarante ans à fait son chemin.

C'est bien le cas de répéter, avec M. P. Deschanel, l'épigraphe placée en tête de ce volume : « Le sort de tous les grands progrès politiques et sociaux reste le même. Ils sont d'abord bafoués et peu à peu ils font leur chemin. »

Ce qu'en termes moins élevés, on rend pas ce dicton vulgaire :

« A essuyer les plâtres, il n'y a que misères et dédains à recueillir. »

Depuis que ces lignes ont été écrites M. Guglielminetti a été promu officier de la Légion d'honneur.

Je ne puis qu'applaudir à cette distinction et aux efforts qui l'ont méritée. Sans vouloir en rien en altérer l'opportunité, qu'il me soit permis d'émettre les deux réflexions que voici :

La première est que ce fait démontre que, en mettant en 1866 le goudronnage des routes dans le domaine public, j'ai fait œuvre utile ;

La seconde, qu'en notre pays les initiateurs, surtout s'ils sont français, sont aisément méconnus.

Me voilà donc libre.

J'éprouvai, en sortant de prison, une sensation particulière.

Il me semblait que tout le monde rencontré dans la rue était souriant, heureux.

J'aurais volontiers embrassé ceux que je croisais, tellement je correspondais à ce sentiment amène, me paraissant général.

Après le temps donné aux affections de famille, je revis quelques personnes.

Ma première visite fut pour M. Justin Menier, le grand fabricant de chocolat. Je suis heureux de rappeler ici son souvenir.

Convaincu de la justesse de mes droits, il avait publié, lors du procès Carré, un mémoire établissant la priorité de mon invention.

Il ne fut pas écouté.

La propriété industrielle était alors peu comprise.

Néanmoins, je lui gardai toute reconnaissance de cet acte bienveillant. Cette reconnaissance s'accrut du fait que voici :

Ma première visite, je le répète, avait été pour lui.

Sortant de son cabinet, j'avais été serrer la main de son principal employé, « Rigollot », l'auteur bien connu des sinapismes, pour lequel j'avais sincère amitié.

Rigollot était un savant modeste, caché, mais de valeur très grande. A tous titres, je lui portais toute estime. J'étais en conversation avec lui depuis quelques minutes quand apparut, dans l'encadrement de la porte, la figure de M. Menier, qui prononça ces mots :

« M. Tellier a été frappé injustement, il faut l'aider s'il veut monter une affaire. Le cas échéant, vous mettrez, M. Rigollot, 20 000 francs à sa disposition. »

Je n'ai jamais oublié cette phrase, qui m'émut considérablement, et je suis heureux aujourd'hui, en la reproduisant, de reporter vers celui qui l'a prononcée et fut un homme profondément estimable, tout le mérite qu'elle comporte, aussi mon souvenir reconnaissant. Sa mort ne l'a pas altéré.

Je dois rappeler que, dès le début, M. Menier m'avait commandé une machine à circulation continue d'ammoniaque et d'eau, avec courant de liquide incongelable pour conduire au loin le froid. Elle ne put être livrée par suite de la perte du procès. Quelque temps après l'épisode que je raconte, il m'en acheta une à liquéfaction de l'ammmoniaque par compression mécanique. Ce fut la première, employant ce corps, qui fut faite en n'importe quel pays (1868). M. Menier était, je me plais à le dire, à tous titres un homme de progrès.

Après M. Menier, je fus voir M. Raynouard, directeur de la Société des Salins du Midi, un autre homme de bien, dont j'ai également précieuse souvenance.

Avant mon arrestation intempestive, j'avais établi avec lui les bases d'un marché pour le traitement des eaux mères des marais salants. Je fus le trouver et lui rappelai ces précédents.

Immédiatement il me fit la commande d'une machine employant mes nouveaux moyens.

Cet appareil fut monté aux salines de Berre (Bouches-du-Rhône) à la fin de 1867 et donna d'excellents résultats. Fâcheusement, des mines de sel potassique, *Strassfurt*, furent découvertes à cette même époque en Prusse. Par suite, cette affaire, de premier ordre à son début, n'eut plus d'importance; le prix des dits sels, par suite de la concurrence allemande, ayant considérablement baissé.

Peu de temps après, je construisis une machine pour Marseille. Ce fut la première, de ce système produisant la glace comestible, établie dans le monde entier.

CHAPITRE VIII

UN INCIDENT PÉNIBLE

Confiance mal donnée. — Un grand préjudice.

A ce moment se place un fait regrettable et que voici :

Un jeune homme, fils d'un savant étranger, me fut présenté par le comte de la Rive, M. Tresca et autres sommités scientifiques, comme ayant fait de très bonnes études. Se destinant au professorat, il désirait, me dit-on, pour mieux s'y livrer, prendre quelques notions de physique appliquée. Mes appareils étant neufs, touchant aux lois les plus modernes de la science appliquée, c'était une occasion pour lui de s'initier aux choses de l'industrie, de se préparer ainsi, plus complètement, à la carrière qu'il affirmait vouloir suivre.

On me demanda de le recevoir dans mes bureaux, à l'atelier, et de l'initier à mes travaux, toujours comme futur professeur.

En présence d'un pareil patronage, croyant à la vocation professionnelle du recommandé, à l'assurance donnée qu'il ne s'occuperait pas ultérieurement de froid, je ne vis pas d'inconvénients à consentir à cette demande et accueillis le personnage avec la confiance, les égards dus au fils d'un savant.

Je mis donc à son entière disposition : plans, travaux, études, explications, le faisant assister à toutes expériences; en un mot, lui communiquant tout ce qui pouvait développer son imagination, aider à la situation qu'il devait occuper plus tard dans le monde pédagogique.

Je lui expliquai, entre autres choses, comment, avec le procédé décrit dans mon livre sur l'ammoniaque, page **274**, à propos de la production d'objets d'art en marbre moulé, on pouvait liquéfier tous les gaz permanents par l'emploi de températures de plus en plus basses, produites par la vaporisation de gaz successivement liquéfiés et vaporisés : résultat que seules mes machines, par leur mode d'action, leur puissance, pouvaient donner. Je lui précisai, qu'avec cette opération bien conduite, il n'y avait pas de gaz pouvant résister à la liquéfaction.

J'ajoutai que je lui faisais cette confidence *sous le sceau du secret*, n'ayant pas voulu, dans mon livre, m'étendre sur cet ordre de faits, *me réservant pour plus tard leur réalisation*.

Ma confiance fut cruellement trompée.

En effet, au bout de six mois, mon homme retourna dans son pays. J'appris alors, par une lettre de lui, encore en mes mains, que pendant son séjour dans mes bureaux et l'atelier de construction, il avait *clandestinement* fait construire un appareil semblable au mien et qu'il allait l'exploiter. La besogne, en ces conditions, ne lui avait pas été difficile. On le comprend aisément.

Ce fait était d'autant plus grave, plus condamnable, que la contrefaçon était flagrante, avec cette circonstance criminelle, que le contrefacteur avait travaillé chez moi, profitant de mon obligeance pour surprendre mes plans et moyens d'exécution ; qu'il avait ainsi abusé de ma confiance pour s'emparer de mes secrets d'étude et de fabrication.

Me croyant encore absorbé par l'affaire du Frigorifique, il eut l'aplomb, en 1880, d'exposer l'appareil qu'il avait si aisément contrefait. Poussé à bout par cet acte, que je ne veux pas qualifier, je fis saisir le dit appareil en pleine exposition.

Une société, fondée par lui, en me versant plus tard une indemnité et payant les frais du procès, a réglé avec moi cette affaire, en ce qui pouvait la concerner.

Je n'ai du reste jamais eu à formuler contre elle la moindre observation, le moindre grief, et ce que je raconte ici ne la touche en rien.

Pour finir sur ce triste épisode. le même Monsieur oubliant qu'il n'aurait pas dû se servir d'une confidence à lui faite, réalisa la liquéfaction des gaz avec une machine de mon système par les moyens que je lui avais indiqués, oubliant même de mentionner mon nom.

Il reçut la Légion d'honneur. Moi, Français, qui avais conçu les appareils, les moyens d'action lui valant cette distinction, je suis encore, au moment où j'écris ces lignes, à l'attendre, sans beaucoup l'espérer. Je suis fixé, disons-le tristement, sur ce qu'un Français peut attendre de son pays.

Mais ce n'est pas à ces seuls de mes travaux que le même individu s'est attaqué.

L'application du froid aux eaux-de-vie, celle de la chaleur solaire pour l'élévation de l'eau ont été présentées par lui comme étant idées siennes.

Son labeur n'a pas été grand. puisque c'est chez moi qu'il a pris expériences et données.

Voir. pour les eaux-de-vie. ce que j'en dis plus loin.

Voir, pour la chaleur solaire. mon livre sur l'ammoniaque, imprimé avant que je ne le connusse.

Sur ce dernier sujet. le susdit pourrait objecter que d'autres avaient opéré. notamment Archimède.

Mais tous employaient des miroirs ardents ne donnant aucun résultat pratique ; tandis que j'ai indiqué l'utilisation de gaz aisément vaporisables et leur emploi sur les toits par l'action directe des rayons solaires (1866), ce que justement préconisait le pseudo-inventeur.

Un autre fait montrera l'impudence avec laquelle agissait le quidam en question.

Je venais de terminer le *Frigorifique*. Le succès était là! Bonne occasion d'aller à nouveau sur mes brisées.

Aidé d'un acolyte, qui depuis, je le crois, s'est suicidé, ils voulurent aborder la question de conservation, leur apparaissant palpitante. Ce n'était pas difficile. puisque tout venait d'être révélé.

Ils jugèrent qu'il fallait simplifier les choses et couper au court.

Pour ce, ils eurent l'audace de prendre le rapport que j'avais obtenu à l'Académie des sciences, d'enlever mon nom, et de le publier, ainsi mutilé, à l'appui de leurs agissements.

Il est difficile d'aller plus loin dans l'art de s'emparer du bien d'autrui.

Brisons sur ce triste sujet, sur lequel je pourrais encore insister, ayant en mains toutes preuves, et revenons à la marche générale des faits.

CHAPITRE IX

CONSERVATION DE LA VIANDE

(PREMIÈRE ÉTAPE)

Le graissage des machines. — Le choix des gaz à employer.

Ayant enfin en mains l'appareil utile à la réalisation de toutes mes vues, et la suite a prouvé l'excellence du système, je fus naturellement ramené à l'application si importante du froid : La conservation de la viande.

La question était alors inconnue.

Personne ne voulait croire à cette possibilité.

On savait bien, et depuis longtemps, que le gel pouvait empêcher la putréfaction, mais on était réfractaire à cette idée si simple : La conservation, *sans congélation*, par le froid sec.

Comme on le verra, par la suite de ce récit, il m'a fallu dépenser quinze ans de ma vie, plus tous les soucis qui m'ont accablé, pour démontrer l'absolue réalité de ce fait, ne recueillant, presque jusqu'à ce jour, que l'indifférence, si ce n'est pire, en mon propre pays.

La première expérience que je fis remonte, je l'ai dit, à 1860 ou 1861. Elle consistait simplement dans l'établissement d'une réserve de 2 mètres cubes, garnie de tubes parcourus par un courant d'éther méthylique, liquide se vaporisant à basse température et étant réabsorbé.

Mon but était alors de supprimer l'emploi de la glace pour les applications ordinaires et de lui substituer un mode d'action plus puissant, plus énergique, plus sûr.

Je n'avais pas encore en vue les applications d'outre-mer.

Ceci pour un bon motif déjà expliqué : c'est qu'à cette époque je n'avais pas trouvé les appareils frigorifiques pratiques, propres au service de la navigation.

Mais, en 1867, la situation s'était modifiée. J'avais enfin l'outil me permettant d'agir.

L'emploi de l'ammoniaque présentait alors quelques difficultés sur lesquelles je me suis déjà expliqué.

Elles furent assez sérieuses, pour que je veuille encore en dire quelques mots.

Les huiles que l'on employait à la lubrification des cylindres compresseurs étaient à cette époque ou végétales, ou animales. Elles se saponifiaient par suite en présence de cet alcali. De là des savons obstruant les tubes et augmentant les difficultés de l'application, difficultés que j'essayai de vaincre par de la glycérine alcoolisée, ceci sans succès complet.

Le graissage des machines en général à l'aide des huiles minérales, survenu depuis, a fait disparaitre cet inconvénient. Appliqué à l'ammoniaque, il a permis de donner à l'emploi de ce corps l'énorme essor existant aujourd'hui.

Mais, à cette époque, il fallait compter avec ces difficultés, et elles étaient d'autant plus sérieuses que, rappelons-nous-le, j'étais devant la réserve du public, disons même sa prévention, laquelle était plus que grande.

En présence de ces inconvénients, et ils m'étaient virtuellement et journellement opposés, je résolus de trouver un corps d'un maniement plus facile.

L'acide sulfureux, dont j'avais indiqué l'emploi au début de mes recherches, ne me séduisait pas à cause de ses propriétés suffocantes.

L'acide carbonique était alors difficile à utiliser en raison de ses pressions. Il avait d'autres inconvénients.

Je résolus de revenir à l'éther méthylique, dont j'avais étudié les propriétés et dont il convient maintenant de dire quelques mots plus précis.

CHAPITRE X

L'ÉTHER MÉTHYLIQUE

**Ses propriétés au point de vue du froid.
Le transport des gaz liquéfiés.**

Découvert vers 1835, ce gaz, quand mon attention se porta sur lui, était si peu connu, qu'à la suite de l'accident par moi éprouvé aux premiers temps de sa préparation, lequel j'ai raconté, M. Payen, dont l'autorité était grande, avait dit : « qu'il y avait folie à suivre de semblables recherches ».

J'ai expliqué qu'aussitôt guéri je repris ce corps et finalement parvins à rendre pratique sa fabrication et son emploi.

M. Dumas a fait insérer dans les *Annales de physique et de chimie* les moyens de fabrication par moi employés, lesquels sont maintenant du domaine public.

L'éther méthylique possède des qualités favorables à la production du froid.

Tout en se vaporisant à une température suffisamment basse (— 24° à la pression atmosphérique), il se liquéfie sous des charges modérées, dont voici du reste l'énonciation :

	Atmosphères.
— 24°.	1
— 20°.	1,16
— 15°.	1,42
— 10°.	1,72
— 5°.	2,06
0°.	2,87
+ 5°.	2,93
+ 10°.	3,45
+ 15°.	4,05
+ 20°.	4,71
+ 25°.	5,46
+ 30°.	6,28

Son odeur est aromatique, elle rappelle celle de la pomme.

Il n'est pas stupéfiant. Les ouvriers peuvent donc le respirer impunément et, en cas de fuites, faire immédiatement les réparations nécessaires.

Cette propriété était précieuse aux premiers temps de ces applications où, justement, on m'objectait à chaque instant la possibilité de pertes réputées inévitables.

Il n'attaque aucun métal, ce qui donne de grandes facilités de construction.

Enfin, contrairement à ce qui a été dit, il n'a aucune action sur l'huile, pas plus que celle-ci ne le décompose.

La même huile peut en quelque sorte servir indéfiniment pour graisser les cylindres, ainsi que je l'ai démontré pratiquement par le long fonctionnement de mes appareils dans l'usine frigorifique d'Auteuil, créée 99, avenue de Versailles, en 1870.

La seule objection qu'on puisse élever contre ce corps, c'est son inflammabilité.

Mais cet inconvénient n'était pas tel qu'il pût causer de sérieuses appréhensions.

On en employait peu dans chaque machine. Puis les récipients le renfermant étaient soigneusement essayés. Ils étaient autrement solides que les barriques en bois logeant les masses d'alcool circulant journellement.

L'essence de térébenthine, celle de pétrole, mises chaque jour entre les mains les plus inexpérimentées, sont conservées dans de simples bidons en fer blanc. Ces bidons offrent de bien plus grands dangers que les récipients par moi employés et personne ne propose d'en supprimer l'emploi.

L'éther méthylique reste donc un corps précieux pour l'industrie frigorifique. Il a été méconnu à tort.

En fait, tenant compte des conditions du moment, j'appliquai ce corps pour les machines terrestres et je réservai l'ammoniaque pour les machines marines.

Cette dernière décision était surtout motivée, au début des machines à compression mécanique, par la satisfaction à donner aux compagnies d'assurances maritimes, qui, dans quelques cas, avaient soulevé des difficultés pour l'éther méthylique.

Je parlais tout à l'heure des résistances m'ayant été opposées dans les premières années.

L'une des plus grandes rencontrée fut, précisément, causée par le transport de mes gaz liquéfiés, transports qui, auparavant, n'avaient jamais été réalisés.

A l'heure présente, cette question n'est plus un obstacle. L'acide carbonique, sous des pressions de 75 atmosphères et au delà, est mis entre toutes mains. L'oxygène s'expédie comprimé à 100 atmosphères. On voit tous les jours de ces gaz charriés ainsi, sans précautions, sous les ardeurs solaires.

Anticipant sur l'avenir, je vais sur ce sujet faire une citation opportune.

Elle montrera que les résultats signalés peuvent être encore dépassés.

Voici dans quels termes (*Le Matin*, 10 janvier 1910) M. d'Arsonval, le distingué académicien, parlant des si remarquables travaux de M. Georges Claude sur la liquéfaction des gaz, s'exprimait à l'école spéciale d'Aéronautique :

« Le gonflement des dirigeables de moyenne capacité, de 4 000 à 5 000 mètres cubes, nécessite aujourd'hui soit l'installation complète d'une usine à hydrogène, soit le transport fort coûteux de ce gaz. Les récipients métalliques, formés par des tubes d'acier, qui servent au transport de l'hydrogène comprimé, pèsent 60 kilogrammes environ pour 3 mètres cubes de gaz. C'est donc, au total, un poids mort de 80 000 kilogrammes qu'il faut transporter, pour un poids utile de 360 kilogrammes d'hydrogène correspondant à un volume de 4 000 mètres cubes.

« Les basses températures permettant de liquéfier l'hydrogène, la solution économique du gonflement des ballons est réalisée de la manière la plus simple. Dans le gaz d'éclairage ou le gaz d'eau, la proportion d'hydrogène pur s'élève à près de 50 p. 100.

« En refroidissant suffisamment par conséquent, dit M. d'Arsonval, le gaz d'éclairage, on obtiendra de l'hydrogène pur qu'on pourra liquéfier. Un litre d'hydrogène liquide ne pèse que 70 grammes.

« Il s'ensuit que les 4 000 mètres cubes de gaz nécessaire pour gonfler un dirigeable seront représentés par 5 142 litres d'hydrogène liquide. En tenant compte du poids des vases isolants on aura au maximum un poids de 1 000 kilogr. à transporter au lieu de 80 tonnes.

Il faut ajouter à ceci que le mode d'action préconisé sera aidé puissamment par un fait dû aux savantes recherches de M. d'Arsonval, savoir :

L'isolation calorifique au moyen du vide.

On entoure la capacité à isoler d'une enveloppe étanche. On fait le vide dans l'espace intercalaire, et le réchauffement, sauf par les contacts impossibles à éviter, est paralysé.

Il y a là une loi ayant échappé jusqu'ici aux physiciens, laquelle se résume par ce fait :

C'est qu'il faut au calorique, pour se propager, la présence, l'appui, si je puis dire, d'une molécule quelconque.

Partant de là, plus cette molécule est légère, moins le calorique tendra à s'écouler. Réciproquement, plus elle sera dense, plus, au contraire, la conductibilité grandira.

C'est bien là ce qui se passe en pratique. L'expérience nous a prouvé depuis longtemps que, si les gaz sont les corps les plus mauvais conducteurs du calorique, le Platine, l'Or, l'Argent, c'est-à-dire les métaux le plus lourds, en sont les meilleurs.

Cet énoncé semble indiquer que les espaces intra-planétaires ne sont pas absolument vides, comme on le croit généralement. Qu'au contraire, ils contiennent un air très dilué. — le nôtre très probablement, commun à tous, — lequel aiderait à la transmission des rayons calorifiques lancés par les astres.

Il y a là un gros problème à creuser, le mettre en harmonie avec la pression atmosphérique, etc., etc.

Nous n'insisterons pas sur ce point. Il nous mènerait trop en dehors de notre sujet. Aussi je reviens aux faits nous occupant.

Comme on le pense. les résistances rencontrées aux transports de mes gaz liquéfiés n'aidèrent pas à la vulgarisation des moyens que je préconisais.

Les chemins de fer ne les accueillaient qu'avec difficulté.

Les navires n'en voulaient que sur le pont.

A la première alerte on jetait les colis par-dessus bord. Il m'est arrivé de faire trois expéditions successives pour une arrivée.

Bref. pendant quelques années, j'eus fort à lutter de ce côté et ces circonstances ralentirent de beaucoup l'essor de mes machines.

Les expéditions. cependant. étaient préparées chez moi avec la plus grande attention.

Étant donnée l'extrême dilatabilité de ces liquides. aussi l'atteinte possible des rayons solaires. elles étaient faites avec des précautions spéciales.

La figure première donne une idée des soins pris à cet effet.

Chaque bouteille de fonte. — alors on ne disposait pas d'acier. — était soigneusement éprouvée à une pression triple de celle pouvant se produire en cours de route. On était ainsi non seulement certain de sa résistance, mais aussi de ce résultat. rigoureusement nécessaire, qu'aucune fuite ne pouvait subsister.

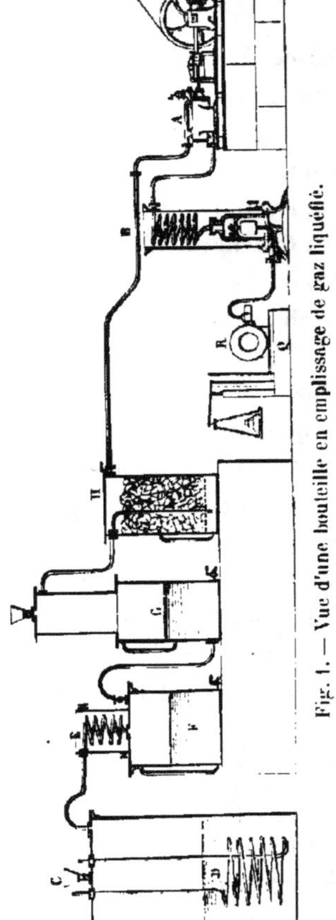

Fig. 1. — Vue d'une bouteille en emplissage de gaz liquéfié.

Cette épreuve faite, la bouteille à remplir R était placée sur la bascule Q et scrupuleusement tarée.

Sa capacité, ayant été préalablement déterminée par un jaugeage rigoureux, on était fixé sur la quantité de liquide qu'elle devait contenir.

Cela étant, on mettait en train le compresseur A. Celui-ci, prenant le gaz (ammoniac ou éther méthylique) dans le producteur DFGH, le chassait dans le liquéfacteur B.

Liquéfié là, il sortait par un tube flexible, pour aller emplir la bouteille R, que nous savons reposer sur la bascule Q. En cet état, à chaque instant, le poids constaté permettait de déduire le volume de liquide introduit dans la dite bouteille.

Ce volume était calculé de manière à ce que, en admettant une température de 70° sur le pont des navires, possible sous les tropiques, la dilatation du liquide puisse se faire sans remplir la capacité complète de la bouteille.

On évitait ainsi le plus grand danger à redouter, la dilatation des liquides étant une force incoercible.

En ces conditions, il n'y avait plus de périls à craindre pour les expéditions. Jamais, du reste, un accident ne se produisit.

Mais il fallait compter avec les difficultés à l'arrivée et les imprévus pouvant surgir.

J'en citerai deux exemples.

En 1868, je construisis une machine frigorifique à l'ammoniaque, pour un petit vapeur, *Le Pescatore*, destiné à la pêche dans l'Amazone.

Une chambre froide était réservée à l'avant du bateau et la dite machine, enlevant 5 000 calories à l'heure, réfrigérait cette chambre. Elle était disposée pour recevoir le poisson au fur et à mesure de sa capture.

Le Pescatore avait 20 mètres de long. Il fut construit au Havre dans les ateliers Nillus.

Le voyage d'un navire de si faible tonnage, de France au Brésil, n'était pas facile à effectuer.

Personne ne voulait s'en charger.

Survint un brave capitaine, connu au Havre pour sa valeur et son habileté. C'était le capitaine Trotel. Il méritait sa réputation. Je suis heureux de rendre ici hommage à son nom. Il accepta de conduire *Le Pescatore*.

Beaucoup affirmaient qu'il y risquait sa peau.

Les armateurs et moi avions confiance en lui. Elle était justement donnée, car il effectua son voyage sans aucune avarie.

Aussitôt son arrivée au Brésil, on donna une réception à bord.

Les autorités furent conviées et l'on fit fonctionner l'appareil à froid, la chambre conservatrice.

Tout le monde était enchanté des résultats.

Mais, comme il n'y a pas de bonne fête sans banquet, on se rendit à terre, pour se livrer à cette noble occupation.

Le propriétaire, dont le nom m'échappe, avant de quitter le bord, avait donné ordre à un nègre de garder le navire.

Précaution inutile.

Tout le monde parti, le nègre, qui avait été émerveillé par la production du froid, de la glace, du givre, toutes choses qu'il n'avait jamais vues sous le climat torride de l'Amazone, voulut se donner à lui-même une petite représentation.

Il avait bien vu tourner un robinet, mais il n'avait pas remarqué lequel.

Il ne s'arrêta pas pour si peu.

Bravement, il ouvrit le premier se trouvant sous sa main.

Le malheureux s'était justement adressé au purgeur.

Dire la terreur s'emparant de lui quand il entendit le rugissement du gaz, quand les premiers effluves de l'ammoniaque arrivèrent à ses bronches, n'est pas possible !

D'un bond il fut à l'eau, sans se préoccuper ni de l'appareil ni des caïmans infestant le fleuve. Il fut quinze jours, vivant en forêt, n'osant reparaître chez son maître.

Je ne sais la fête qui l'accueillit à son retour. Ce que je sais, tenant ces détails du capitaine Trotel, c'est qu'après le banquet les invités s'empressèrent de retourner à bord.

Grande fut la déconvenue. L'ammoniaque était toute partie. L'appareil était naturellement inerte. Comme il n'y en avait pas dans le pays, et pour cause, de longtemps, tous projets de refroidissement se trouvaient suspendus.

Le second fait dont je veux parler se produisit quelques temps après à Mexico.

Là, c'était de l'éther méthylique qui était expédié.

On avait prévenu la douane locale des difficultés présentées par ce corps.

Les ordres furent-ils mal donnés, mal interprétés, je ne sais. Toujours est-il que les douaniers voulurent, quand même, échantillonner.

Donc, quand la bouteille d'éther arriva, on souleva la capsule de fonte recouvrant et protégeant le robinet, et, sans hésiter, un gabelou approcha son gobelet, ouvrant le dit robinet.

L'effet ne fut pas long.

Lui et ses camarades se sauvèrent, sans plus attendre l'échantillon, quand ils entendirent mugir l'éther s'échappant, sous ce climat, à 7 à 8 atmosphères de pression.

Ils ne revinrent que lorsque le silence leur fit espérer qu'ils pouvaient sans crainte approcher du monstre.

Il n'était plus à redouter, en effet, mais la bouteille était vide.

Ces petits incidents, qui maintenant n'ont plus que l'intérêt d'un racontar, étaient alors fort contrariants.

Ils amenèrent dans le public une défiance, une prévention fâcheuse à l'égard de mes appareils, laquelle dura longtemps. Cette suspicion retarda beaucoup leur adoption.

Ces faits montrent les difficultés, que, même dans les détails j'ai eues à vaincre pour faire connaître les appareils à liquéfaction mécanique. C'est malheureusement le sort trop commun des inventions nouvelles.

Ils expliquent comment bien des années se sont passées à faire comprendre le parti à tirer de ces machines.

Malgré tout, j'avais foi dans leur avenir.

Ces difficultés, loin de me rebuter, excitaient mon courage, mon émulation.

Je sentais qu'il fallait quand même persévérer pour triompher de ces imprévus et faire adopter les gaz liquéfiables.

Faire comprendre, en un mot, la possibilité de leur transport à n'importe quelle distance.

Faire apprécier, enfin, que le progrès, le vrai, était là.

La preuve, que ma confiance avait sa raison d'être, c'est que ces mêmes appareils, comme je le disais plus haut, sont devenus le principal agent de la production du froid. Aujourd'hui, dans tous les pays, on en fabrique ne présentant que des différences de détail peu importantes avec ceux que je réalisai dès 1867.

Mais je n'en ai pas moins, comme on le dit vulgairement, tenu la chandelle, et c'est un triste métier.

CHAPITRE XI

PRODUCTION DU FROID PAR LA LIQUÉFACTION MÉCANIQUE DES GAZ
REVUE RÉTROSPECTIVE DES APPAREILS

Vues d'ensemble et de détail.

A l'appui de ce qui précède, je vais montrer diverses figures extraites de mes publications antérieures à 1871.

Elles prouveront combien alors furent multiples mes recher-

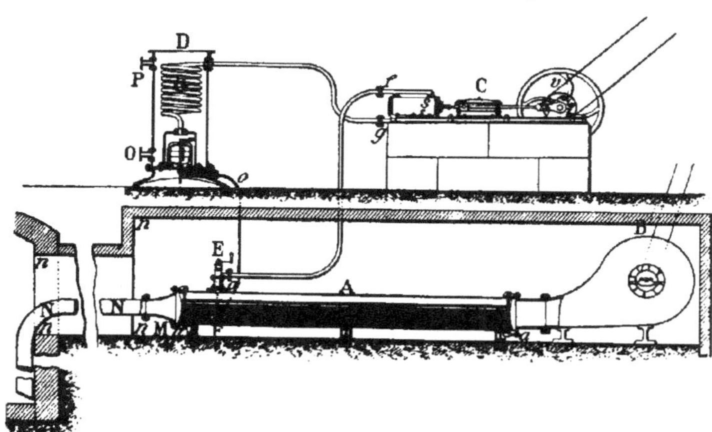

Fig. 2. — Vue de l'appareil frigorifique à compression mécanique de l'ammoniaque, appliqué à l'aération des caves ou locaux (1866).

ches, en même temps la masse de détails dans laquelle il faut entrer pour donner vie à une invention.

Voici d'abord, sous le n° 2, l'appareil présenté par mon livre, *l'Ammoniaque dans l'Industrie*, écrit en 1866, ayant pour objet l'aération frigorifique des caves et locaux.

Dans cet appareil, l'ammoniaque liquéfiée est renfermée dans le frigorifère A. Un tube *f* conduit les vapeurs produites au compresseur C, lequel les refoule dans le serpentin G, où elles se liquéfient. Ainsi ramenée à l'état liquide, l'ammoniaque retourne par *o* au frigorifère A. Un ventilateur B prend l'air par la buse N, où il est jugé nécessaire, pour le conduire au local soit à refroidir, soit à rafraîchir, le forçant à passer préalablement par les tubes du frigorifère A.

La figure 3 nous montre une application du froid à la brasserie.

Cet appareil a été construit pour l'étranger en 1868. Son but était le refroidissement de brassins pour hautes fermentations.

Il se composait d'une machine à ammoniaque vue en A, B, EE, refroidissant un courant liquide incongelable, lequel parcourait le frigorifère EE. Sortant de ce frigorifère, le courant baignait le dessous de la table réfrigérante D, sur laquelle coulait le moût à refroidir. De là il retournait au frigorifère EE, revenait à la table D et ainsi indéfiniment. Le moût de bière était versé, à la partie antérieure de D, par un distributeur *s*, que nous voyons de face, sous la lettre R, dans la figure 4.

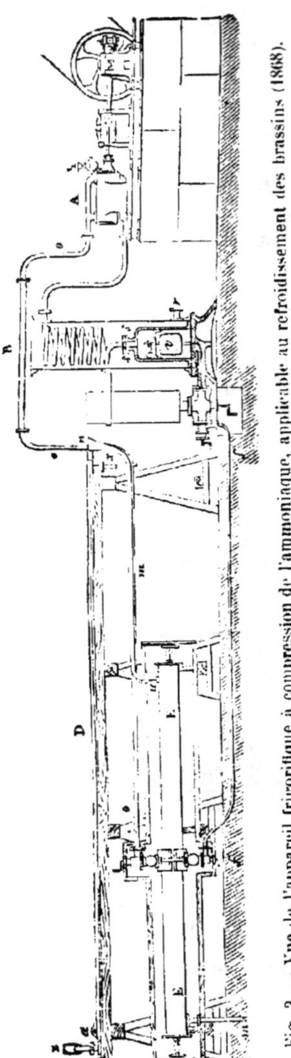

Fig. 3. — Vue de l'appareil frigorifique à compression de l'ammoniaque, applicable au refroidissement des brassins (1868).

Le distributeur R opérait sur toute la largeur de la table D.

que nous présente isolée la figure 5.

Comme on le voit par l'inspection de cette figure, la table D portait des chicanes s, s, s, etc., lesquelles forçaient le moût à

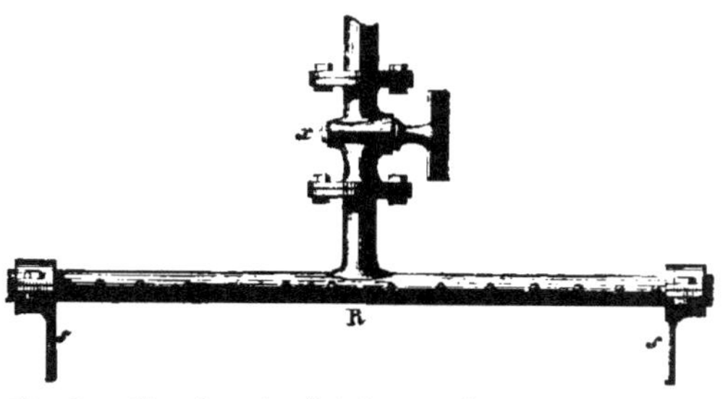

Fig. 4.— Vue du tube distributeur du moût à refroidir.

parcourir toutes les surfaces réfrigérantes. De plus, des chevilles rectangulaires implantées dans la tôle favorisaient l'échange.

Je l'ai obtenu, avec cet appareil et des surfaces réduites, sous une différence de 1° entre la température finale du moût et celle du liquide refroidisseur.

La figure 6 a trait à la fabrication de la glace pour la marine. L'appareil présenté avait l'avantage de faire la glace en tablettes, évitant les moules et leurs bains réfrigérants. Ces derniers, à cause du roulis, sont peu avantageux à la mer.

La figure 7 est une variante de la figure 6. Cette disposition était surtout applicable à terre.

Par la manœuvre d'une manivelle, on ramenait en C, au-dessus du frigorifère, les plaques de glace : elles se détachaient aisément.

Pour faciliter cette opération, un

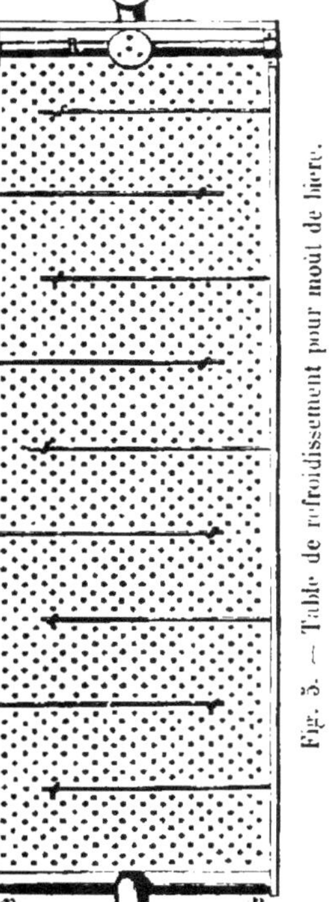

Fig. 5. — Table de refroidissement pour moût de bière.

courant de chlorure de calcium. à la température de 15°, 20°, passait à volonté sous les plaques chargées de glace et pro-duisait immédiatement le décollage de celles-ci. D'où récolte facile.

Cet appareil utilisait l'éther méthylique. Sa comparaison, avec les figures précédentes, montre que ce sont exactement les mèmes organes employés pour l'ammoniaque qui étaient utilisés avec l'éther méthylique et, du reste, comme je l'avais indiqué. avec tous autres gaz liqué-fiables.

La figure 8 présente le genre de cylindre compresseur que j'avais adopté pour mes appareils.

Cette figure laisse voir la capacité circu-laire externe à eau, entourant le cylindre et enlevant partie de la chaleur de compres-sion, au fur et à mesure

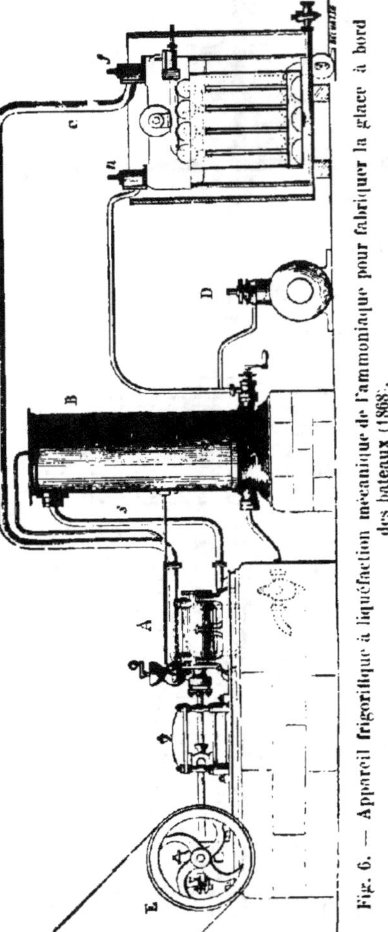

Fig. 6. — Appareil frigorifique à liquéfaction mécanique de l'ammoniaque pour fabriquer la glace à bord des bateaux (1868).

de son développement. Le refroidissement produit par elle assurait les frottements du piston contre toute température élevée.

Nous remarquerons, dans la dite figure, les soupapes d'aspiration et de refoulement.

Le fonctionnement de ces soupapes attira, dès l'abord, ma

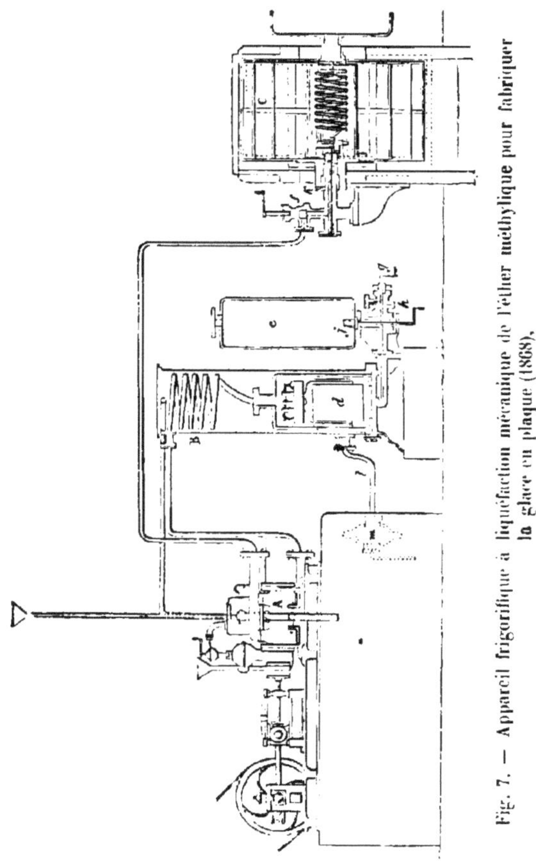

Fig. 7. — Appareil frigorifique à liquéfaction mécanique de l'éther méthylique pour fabriquer la glace en plaque (1868).

plus sérieuse attention. Là pouvait être une cause sérieuse d'échec.

D'une part, à cause des pressions employées, considérables pour l'époque, leur étanchéité était une question de premier ordre à résoudre.

D'une autre, il fallait, étant données ces mêmes pressions, éviter le plus possible l'adhérence, ce qui aurait amené une résistance considérable.

Enfin, d'une troisième part, il convenait d'assurer leur mouvement rectiligne, afin que les sièges fussent toujours en contact parfait avec les clapets.

J'obtins ce triple résultat à l'aide de sections angulaires, adoucies, venant reposer sur des plans inclinés.

Il n'y avait par suite aucun rôdage à faire. C'étaient les

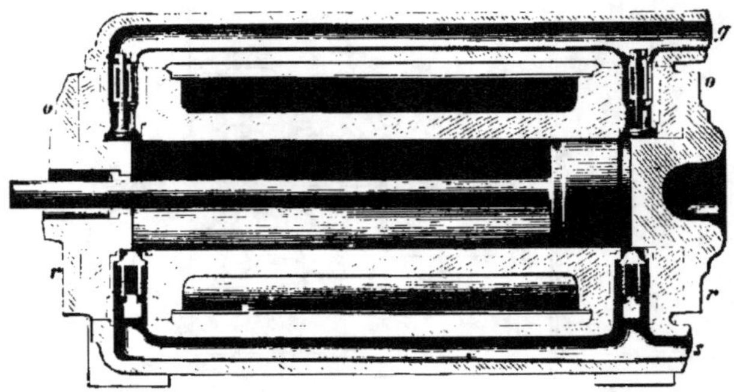

Fig. 8. — Vue d'un cylindre de compression pour appareil frigorifique (1861).

contacts eux-mêmes qui se mataient mutuellement, avec cette conséquence : que plus la marche se prolongeait, plus les soupapes devenaient étanches.

La figure 8 nous montre la position dans le cylindre de ces soupapes. Elles me donnèrent d'excellents résultats. Elles n'agissaient pas directement sur le métal du compresseur, ce qui aurait été dangereux, mais dans une gaine extractible, ce qui permettait la vérification exacte de leur bonne exécution avant l'usage ; ensuite de contrôler aisément leur état de conservation à la marche.

Il apparaît qu'il aurait été plus logique de mettre les soupapes de refoulement en haut du cylindre, en bas celles d'arrivée du gaz. On aurait pu ainsi supprimer les ressorts.

Le contraire a été fait.

Voici la raison de cette apparente anomalie.

Comme on le voit dans la figure 8, et comme je l'ai déjà fait remarquer, le cylindre était entouré d'un courant d'eau froide.

Or, je craignais que, sous l'influence de ce refroidissement, il ne se produisit de la liquéfaction dans le cylindre. Ceci aurait été mauvais, puisque, à chaque aspiration, il se serait dégagé une revaporisation, diminuant d'autant le travail utile.

Pour éviter ce contre-temps, je renversai l'ordre naturel des choses et je disposai les soupapes de refoulement à la partie inférieure du cylindre. Dès lors, s'il s'était produit du liquide vaporisable, il aurait été, à chaque coup de piston, expulsé. J'étais donc ainsi dans les meilleures conditions de fonctionnement possibles.

Il convient d'ajouter qu'en raison de cet agencement des ressorts venaient combattre le poids des clapets et assurer la rapidité de leur battement, lequel il importait avant tout de rendre instantané.

Toutes précautions étaient prises pour éviter les espaces nuisibles. A leur tour, ils auraient eu une grande répercussion sur la quotité de travail. Cette préoccupation se trouvait être de premier ordre dans ce genre d'appareils. Les fonds étaient par suite aussi approchés que possible de chaque fin de course du piston.

Pour m'assurer, que ce but fut bien atteint, j'introduisais un fil de plomb par les orifices des soupapes avant leur placement. Manœuvrant le volant à la main et faisant accomplir au piston sa double course, c'était l'écrasement des dits fils, qui démontrait l'écartement obtenu. Cet écartement devait être d'un demi-millimètre, ce qui se trouvait ainsi facilement vérifiable.

Les fonds étaient alors considérés comme bien placés et l'appareil en *bon état* de fonctionnement.

Une autre question importante se présentait, celle de la fermeture complète du presse-étoupe du piston. Ce point était primordial, car, avec des fuites de ce chef, en permanence, deux inconvénients néfastes se seraient nécessairement produits :

L'odeur de l'ammoniaque, ou autre gaz employé rendant les appareils inabordables ;

Une perte de ce corps, laquelle, se maintenant constante, conduisait infailliblement à l'impossibilité absolue d'utiliser le système.

Naturellement cette difficulté me préoccupa sérieusement. Elle fut vaincue avec les dispositions, présentées par la figure 9.

Comme le montre la dite figure, le graisseur permet de répandre continuellement le corps lubrifiant sur la tige du piston, laquelle se meut au-dessous du réservoir *n* le contenant. Le bon fonctionnement de cette partie de l'appareil est ainsi assuré.

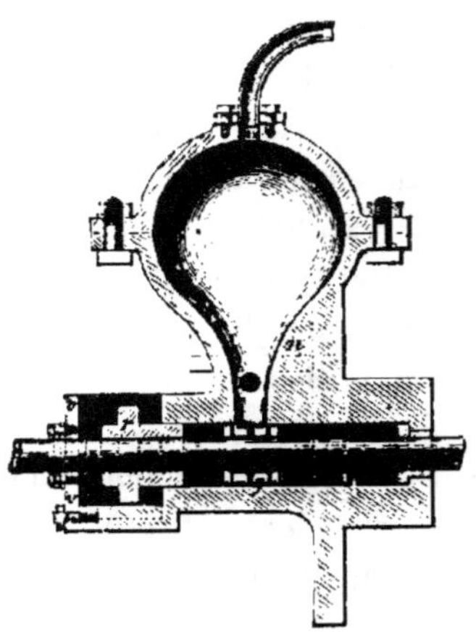

Fig. 9. — Coupe du presse-étoupe à bague avec son graisseur, pour reprise de l'ammoniaque échappant par la tige du piston.

Le presse-étoupe est constitué par deux garnitures séparées par une bague perforée ; celle-ci est en rapport avec l'aspiration du compresseur par le tube surmontant le graisseur *n*.

Tous les gaz échappés sont ainsi repris à la marche. La garniture extérieure, serrée par le presse-étoupe *r*, n'étant plus soumise à la pression des gaz, ne laisse échapper que du lubrifiant, recueilli dans la boîte *o*, ce qui assure l'étanchéité.

Avec ce moyen, j'ai pu, dès le début de mes travaux, faire fonctionner des appareils à ammoniaque ne décelant aucune odeur. A leur naissance, c'était une des objections le plus souvent opposées, même par des membres de l'Institut.

La solution a été, je le répète, complète et, comme on le verra par la suite de ce récit, j'ai pu, avec cette aide, faire marcher des moteurs à l'ammoniaque, ne laissant trahir aucune odeur.

La figure 10 nous montre un robinet de sûreté applicable aux machines frigorifiques.

Je ne craignais pas beaucoup les explosions, car toutes précautions étaient prises pour les conjurer. Cependant la prudence commandait de ne pas laisser, entre le condenseur et le frigorifère ou vaporisateur, un robinet ordinaire, qu'une maladresse aurait pu fermer, au lieu d'établir un réglage rationnel.

D'autre part, je ne pouvais songer à l'utilisation d'une soupape

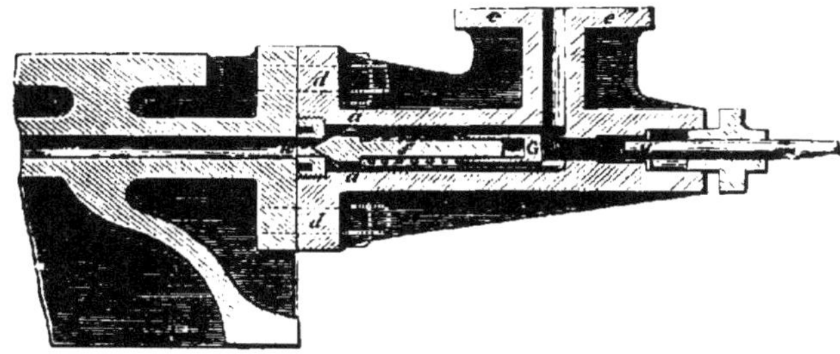

Fig. 10. — Robinet de sûreté pour appareil frigorifique à liquéfaction mécanique des gaz.

de sûreté établie comme d'usage. Elle aurait conduit à des pertes nuisibles, tant par la quantité de gaz exhalé, que par l'odeur *sui generis* du corps employé. Avec l'ammoniaque surtout, qui, au début, me préoccupa seule, c'eût été une cause certaine pour faire repousser les appareils.

J'imaginai alors le robinet de sûreté de la figure 10.

Ce robinet se place dans les appareils entre le liquéfacteur et le frigorifère.

Un ressort à spirales, placé autour de la tige f est serré à volonté par la gaine G prolongée au dehors par la tige g. On peut, à l'aide du manomètre de la machine, régler la pression à un titre déterminé par la température de l'eau employée à la condensation.

Mais le serrage ainsi établi n'est pas fait à bloc.

Sous l'influence d'une pression plus grande, venant du liquéfacteur par *n*, le clapet *a a* est obligé de s'ouvrir, par conséquent cette pression disparait, sans qu'il puisse y avoir danger, comme il en serait avec un robinet à boisseau. Aussi, sans dégagement de gaz au dehors, ainsi que cela se produirait avec une soupape ordinaire, puisque ce gaz, ayant forcé le passage en *n* échapperait par la tubulure *e e*, laquelle le conduirait au frigorifère employé, où nous n'avons plus qu'une pression insignifiante.

On est donc certain, avec cet organe, de ne voir aucune tension intempestive s'établir dans l'appareil; par suite, plus de dangers.

La figure 11 est un distributeur automatique pouvant remplacer le robinet de sureté, que nous venons de voir.

Comme l'inspection de la figure 11 le démontre, cet appareil porte des alvéoles *x*, *x*, dans lesquelles le gaz liquéfié vient se loger, sans jamais les remplir. Étant animées d'un mouvement continu de rotation, ces alvéoles viennent successivement se superposer au-dessus des orifices *uu* du support *a* se reliant au frigorifère. À chaque passage, elles abandonnent le liquide qu'elles contiennent au conduit géminé *uu*. On est ainsi sûr que l'écoulement du gaz liquéfié se fait sans entrainer trop de gaz non liquéfié.

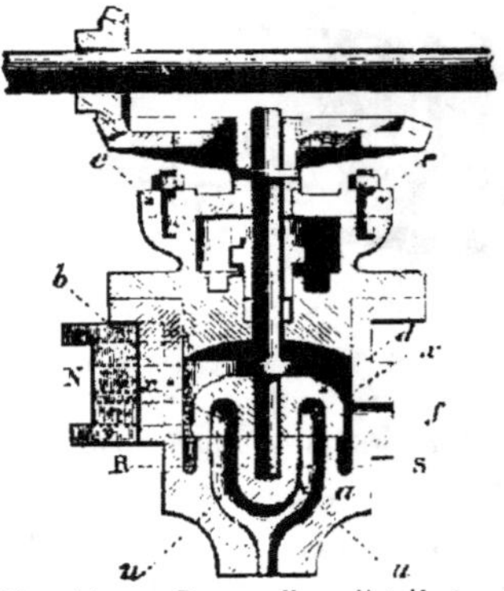

Fig. 11. — Coupe d'un distributeur automatique de gaz liquéfié.

La figure 12 nous laisse voir un organe important des appareils producteurs de froid. C'est un frigorifère à bâche.

Comme il est facile de s'en rendre compte par l'inspection de la figure 12, une pompe rotative, animée par l'appareil, puise, par l'intermédiaire d'un tube renversé *m*, à pomme d'arrosoir pour éviter les impuretés, le liquide de la bâche.

Cette pompe, par un tuyau disposé suivant le besoin, le force à aller travailler partout en tout endroit utile.

Après avoir porté l'action frigorifique là où elle est nécessaire, le liquide réchauffé est ramené, par le conduit *o*, dans le frigorifère *aaaa*.

Ce frigorifère renferme le gaz liquéfié employé, lequel se vaporise autour des tubes vus par l'arrachement ménagé sur *aaaa* dans la figure 12. Le gaz liquéfié arrive par le robinet

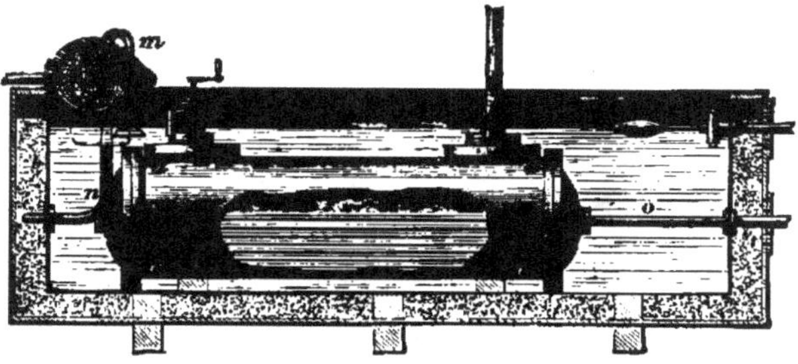

Fig. 12. — Frigorifère à bâche.

surmontant le frigorifère *aaaa* (lequel serait avantageusement remplacé par le robinet de sureté de la figure 10), et s'échappe, après sa vaporisation, pour aller au compresseur, par la tubulure remarquée à l'autre extrémité de *aaaa*.

Quant au liquide incongelable ayant travaillé, il rentre par *o*, nous venons de le dire, mais alors dans les tubes de *aaaa*. Il s'y refroidit à nouveau, se répand dans la bâche, d'où il est repris par la pompe rotative signalée, et ainsi indéfiniment.

Avec cette disposition, nombres d'actions frigorifiques peuvent être produites.

La figure 13 nous montre une machine frigorifique, à compression mécanique de gaz liquéfiables, produisant un courant liquide incongelable pouvant aller au loin porter le froid pour tous usages.

Cet appareil extrait de ma publication de 1871 intitulée : *Du froid appliqué à la production de la bière*, est destiné, soit à refroidir directement les brassins, soit à rafraîchir des courants d'eau ou de solution incongelable, pour porter l'action frigorifique partout où l'on veut la conduire, particulièrement aux baudelots ou appareils analogues.

Nous y retrouvons la plupart des organes, que nous venons de décrire séparément :

En D le cylindre compresseur . . de la figure 5
en I la presse-étoupe et son graisseur. . . . — 6
en L le distributeur . . . . . . — 8
en y le robinet de sureté . . . . . — 7
en B le frigorifère. — 9

Nous voyons de plus, en RR, les bouteilles servant au transport et à l'emmagasinement du gaz liquéfié employé.

A cause de sa vue en plan, qui permet de mieux voir tous les organes, je donnerai une explication rapide de cette figure.

Le compresseur D reçoit les vapeurs de gaz liquéfiées, lesquelles se forment dans

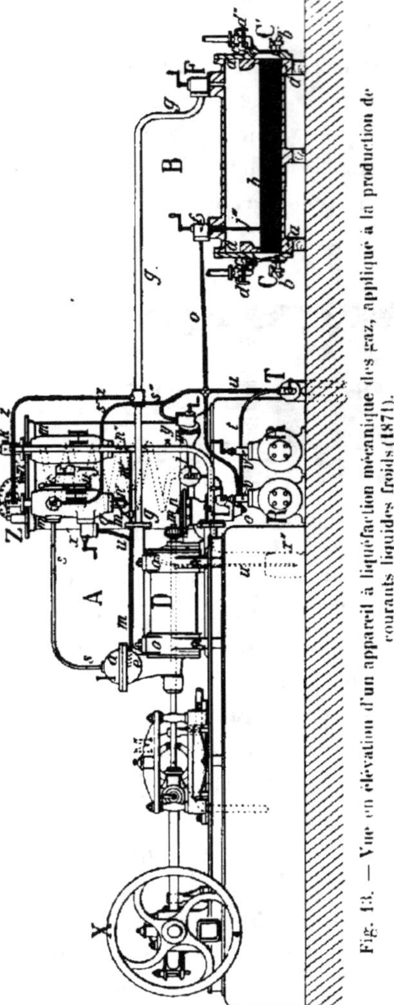

Fig. 13. — Vue en élévation d'un appareil à liquéfaction mécanique des gaz, appliqué à la production de courants liquides froids (1874).

le frigorifère B, sous une pression, avec l'ammoniaque, d'environ deux atmosphères, moindre avec l'éther méthylique.

Ces vapeurs s'échappent par le tube *ggg*, qui les conduit au dit compresseur. Celui-ci les refoule et les chasse sous pression, par le tube *ss*, dans le liquéfacteur E. Avant d'y arriver, les vapeurs abandonnent, dans l'égoutteur H, l'huile entraînée. Elle revient, par le tube *mm*, au graisseur I et par suite dans la circulation.

Le graissage du cylindre et de la tige du piston est ainsi automatiquement fait et la marche de la machine facilement assurée. C'est la première fois du reste, que se trouve indiqué, dans les machines frigorifiques, la reprise de l'huile de graissage et son usage continu (1868).

La figure 14 reproduit la même installation, mais vue en plan. Nous n'avons rien à en dire, puisque ce sont les mêmes organes qui sont montrés.

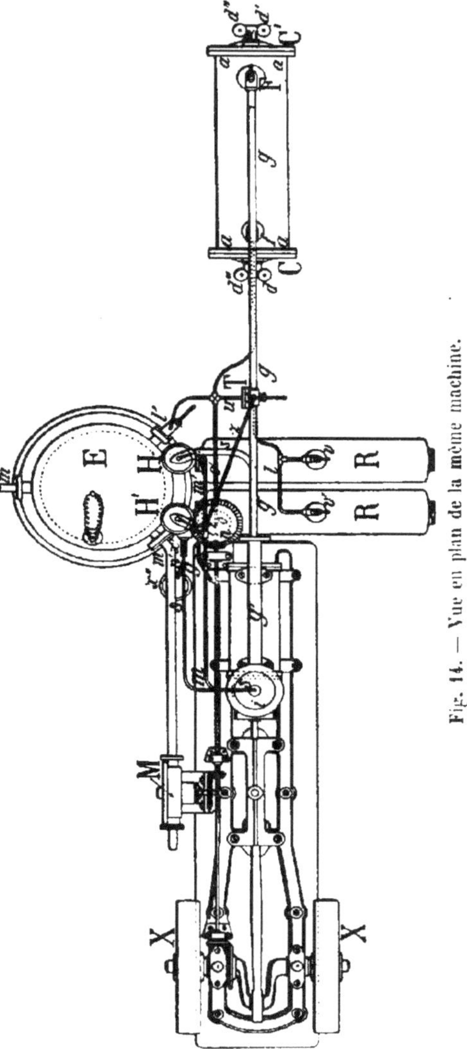

Fig. 14. — Vue en plan de la même machine.

Fig. 13. — Vue de l'appareil frigorifique, à liquéfaction mécanique du gaz, de 200 kilog. à l'heure, monté à Marseille en 1868.

La figure 15 représente l'appareil de 200 kilogrammes de glace à l'heure exécuté en 1868. C'est la première machine de ce système, construite pour produire de la glace comestible.

Nous y retrouvons tous les organes énumérés à propos des figures 13 et 14. Nous n'y reviendrons pas.

La différence, c'est que les frigorifères, car il y en avait deux, au lieu d'être placés dans de petites bâches, étaient au contraire logés dans de vastes réservoirs permettant de plonger les moules à glace et les carafes frappées, dans le bain frigorifique par eux constitués.

On remarque dans cette figure, au premier plan, trois personnes assises.

Les deux en arrière sont les envoyés américains, venus en France spécialement pour traiter de mon système. Ils avaient ainsi voulu donner, à leurs mandants, la preuve irréfutable de l'exécution de leur mission, et celle de l'existence de l'appareil. La troisième per-

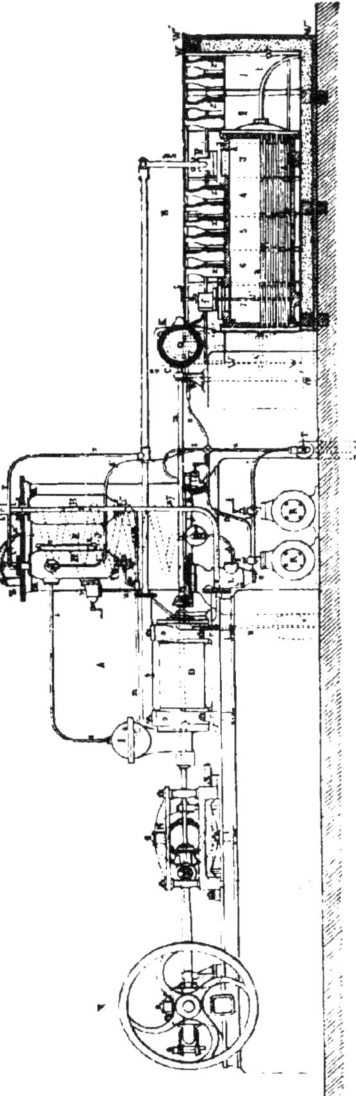

Fig. 16. — Vue d'un des appareils montés à Auteuil pour les expériences de conservation de viandes et production de carafes frappées.

sonne, un peu en avant, était l'écrivain de ces lignes.

Ceci se passait en 1869-1870.

La guerre, qui survint, empêcha la conclusion de cette affaire.

La figure 16 est la reproduction d'un des appareils, de même puissance, monté à Auteuil, 99, avenue de Versailles, en 1870, pour les expériences de conservation de viandes, que j'y devais réaliser.

Ce sont ces appareils qui ont été utilisés en 1874 par la commission nommée par l'Académie des sciences pour vérifier l'exactitude de mes travaux.

Ils ont pu, pendant dix ans, alimenter de carafes frappées la moitié de Paris.

Nous avions, en effet, avec mon excellent ami M. Fabry, directeur de la Société des Glacières de Paris, coupé la ville en deux, pour ne pas nous faire concurrence.

Quelques mots rapides d'explication sur cette figure.

D est le compresseur, dont nous avons vu la coupe figure 8.

Il reçoit les vapeurs fournies par le gaz liquéfié, lesquelles se forment dans le frigorifère logé dans la bâche B, sous une pression de près de deux atmosphères, et arrivent par un tube g au compresseur D. Celui-ci refoule ces vapeurs et les chasse, sous pression, par le tube r, dans le condenseur E.

Avant d'y arriver, les vapeurs abandonnent, dans l'égoutteur H, l'huile entraînée, laquelle revient par le tube m' au graisseur J et par suite dans la circulation.

Le graissage du cylindre est ainsi permanent.

Nous retrouvons en L le distributeur automatique de la figure 11; en J le robinet de sûreté (figure 10); dans la bâche B le frigorifère de la figure 12.

RR sont les réservoirs de gaz liquéfié, préférablement, comme je l'ai expliqué, ammoniaque ou éther méthylique.

Qu'il me soit permis à ce sujet de mentionner que l'édition du *Traité de la Chaleur*, par Péclet, de 1878, reproduit mon système tome 3, page 156.

Les différentes figures et citations qui précèdent montrent que, dès cette époque déjà lointaine, j'avais résolu toutes les conditions relatives à la production économique du froid par la liquéfaction mécanique des gaz et leur revaporisation; que, par conséquent, c'était aux applications de ce moyen que je pouvais désormais me livrer.

Ce sont elles qui vont maintenant nous occuper.

Sur ce sujet je trouve dès 1868 l'emploi du froid pour le traitement des vins et des spiritueux.

Je vais dire quelques mots à ce sujet.

CHAPITRE XII

LE VIN, LES LIQUEURS ET LE FROID

**Action bienfaisante du froid sur les vins. — Une plaisante
aventure. — Le froid en Bourgogne.**

Le froid excerce sur le vin trois actions principales :

Il le bonifie, le vieillissant souvent;

Il peut le concentrer énergiquement;

Il précipite les sels en excès, les bactéries, en lui contenus.

En 1867, je connaissais un œnologue éminent, « Maurial »,
qui fut longtemps rédacteur au *Moniteur Vinicole*.

C'était un homme pratique, connaissant à fond la question.
De plus il avait le sens du goût très développé. Il était réellement un dégustateur émérite.

Il me fut doublement précieux.

Je profitai de son concours pour maintes fois mettre au
froid, au gel, des vins, même des liqueurs. Je les lui faisais
goûter ensuite, sans signe apparent bien entendu, mélangés à
d'autres échantillons non soumis à l'action réfrigérante.

Chaque fois, sans hésiter, il retrouvait l'échantillon ayant été
frigorifié, constatant une amélioration notoire.

Il y avait donc un résultat incontestable produit par la réfrigération sur ces liquides.

Ce fait se manifestait avec la même intensité sur les liqueurs,
les eaux-de-vie, même celles provenant de coupages.

On peut expliquer cette action bonifiante par les considérations suivantes :

Avec le vin, il y a précipitation de lie, de sels, de tannin, de
bactéries, d'où plus de pureté et par suite meilleure qualité.

Avec les liqueurs, il n'y a plus de précipité. Mais il semble qu'il se soit produit, sous l'action frigorifique, une agrégation moléculaire plus complète[1].

L'action du froid sur le vin va me faire anticiper, dans ce récit, sur l'avenir, parce que je trouve dans l'anecdote suivante un exemple frappant de la bonification indiquée.

C'était en 1876. J'étais de passage à Lisbonne avec le « Frigorifique ».

Je fus invité à dîner chez le comte ***, grand et aimable propriétaire.

On servit naturellement le vin de son vignoble.

Au cours du repas, il me demanda comment je le trouvais.

Je lui dis franchement qu'il était bon; mais qu'une certaine amertume altérait sa qualité. Qu'à mon avis, le froid ferait disparaître ce défaut.

Il fut convenu qu'il m'enverrait quelques bouteilles à bord, et qu'à huit jours de là il viendrait déjeuner et déguster son vin traité frigorifiquement.

Au jour dit, il arriva.

Je fis servir son vin.

Jamais il ne voulut le reconnaître, prétendant que je lui offrais du vin de France.

Il me quitta, me disant en riant : « Oh, vous autres Français, vous aimez les farces, c'en est une que vous m'avez jouée ».

Ce qui est à retenir de cette aventure, ce n'est pas son côté humoristique, mais ce fait :

Que le vin avait été tellement bonifié par le froid que son producteur ne pouvait le reconnaître!

Au Congrès de Beaune, en 1868, où j'insistais sur l'action du

1. Melsens a repris ces expériences vers 1878, procédant avec des températures froides excessives. Il a obtenu le même résultat.

Il me racontait qu'il avait offert à des dames des liqueurs ainsi abaissées, lesquelles s'absorbaient facilement, à la condition de substituer des cuillères en bois à celles en métal. Autrement, on aurait couru risque d'attacher, par le gel, les lèvres des consommatrices aux cuillères.

froid sur le vin. j'eus l'occasion de causer avec des œnologues du pays.

J'appris d'eux que l'hiver. quand il gèle, les négociants en grands vins sortent les barriques des magasins, pour les exposer au dehors à l'action frigorifique. Ils obtiennent ainsi un vin plus moelleux, par suite de qualité supérieure.

Le froid a donc une notable influence sur la constitution et l'amélioration des vins.

J'arrive maintenant à leur concentration, question d'une haute importance. Elle mérite. par suite, quelque développement.

A l'époque dont je parle, elle n'était pas opportune comme aujourd'hui.

Les vins à bas degrés n'étaient pas alors abondants.

Ce sont eux maintenant qui sont cause des cours réduits subis trop souvent par le producteur.

Il est facile d'obvier à cet inconvénient. Voilà comment :

Soumettant le vin à 10°. 12°. 15° au-dessous de 0, suivant la richesse alcoolique à obtenir. on gèle l'eau en excès. Un turbinage énergique sépare ensuite les glaçons formés.

De cette double opération on recueille :

D'un côté de la glace :

D'un autre. un vin enrichi d'alcool.

On peut aller ainsi jusqu'à 15° centésimaux.

Il convient de dire qu'une proportion de 10° centésimaux est suffisante à la bonne conservation du précieux liquide. Elle est facile à obtenir par ce moyen.

Evidemment la quantité diminue!

Qu'est-ce que cela. en présence de la qualité recueillie?

Ce qu'on a retiré n'était que de l'eau.

Puisque, dans ce chapitre. j'empiète sur l'avenir. je vais reproduire ici ma communication faite au Congrès frigorifique de 1908 sur ce sujet. Ce sera le meilleur moyen de préciser la question dans son ampleur et son actualité.

CHAPITRE XIII

LA CONGÉLATION DES VINS

**La congélation au Congrès international. — Les bienfaits du froid. —
Pertes causées par la présence en excès de l'eau
dans les vins. — Le chauffage des vins.**

Je transcris immédiatement ma communication.

« L'alcool est le véritable agent de la conservation des vins.

« Autrefois, la vigne était plantée dans des endroits favorables à sa culture.

« Le vin restait naturel. Il était sain, bon, alcoolique. Son transport était facile et la réputation du vin de France était partout établie.

« Malheureusement, depuis l'invasion du phylloxéra surtout, on a planté la vigne dans des terrains bas, humides. La conséquence de ce fait a été une production considérable, surtout en vins faibles.

« Or, ces vins se conservent mal.

On a naturellement cherché à employer des remèdes contre cet inconvénient : les tartrates, les sulfates, le tannin, etc., etc.

« Il n'y aurait rien à dire si le vin était une matière industrielle. Mais c'est un liquide alimentaire, destiné à vivifier nos organes et non à les altérer.

« Or, qu'est-ce que le tannin surtout, qu'on préconise largement, si ce n'est un astringent énergique, contractant les tissus et nuisant à leur vitalité ?

« La médecine n'en fait usage qu'avec la plus grande prudence, et cependant, les producteurs vinicoles, disposés à en exagérer l'emploi, n'hésitent pas, avec tous les bonifiants préconisés, à nous le faire consommer à hautes doses, au grand détriment de nos estomacs[1].

« Le seul remède à cet état de choses, c'est le froid qui va nous l'apporter.

« La cause première de toutes les maladies du vin, nous l'avons dit, c'est sa pauvreté en alcool. Si le vin est riche en cet adjuvant, il se comporte à merveille; s'il en manque, il est indispensable de lui en rendre suffisamment.

« Deux moyens se présentent à cet effet :

« Le premier consiste à l'enrichir par addition de vin capiteux ou d'alcool. Ce mode offre des inconvénients; il n'est du reste pas de notre ressort. Nous ne nous y arrêterons pas.

« Le second est plus pratique. Il consiste dans l'extraction d'une partie de son eau, ce qui augmente naturellement le titre de la partie restante.

« Il suffit, pour obtenir ce résultat, de le congeler à une température assez basse, — 10° à — 15°, suivant sa composition

---

1. Sur ce sujet, qu'il me soit permis de reproduire partie de la communication faite par M. le Dr Dieupart à la société d'hygiène à sa séance du 14 janvier 1910. Elle confirme ce que je viens d'énoncer.

« Cependant, je m'en voudrais de passer sous silence les opérations qui président à la fabrication du vin. C'est tout un poème de sophistication chimique !

« Résumons-les, d'après M. Francis Marre, expert chimiste près la Cour d'appel de Paris, et d'après différents articles parus dans la presse. Les opérations régulières comprennent quatre-vingt-six lignes de petit texte très compact ! Sur les moûts : débourbage par l'acide sulfureux, plâtrage, phosphatage, salage, tannisage, collage, traitement par le charbon pur, etc. — Sur les vins : coupages, collage avec albumine de sang desséché, de blanc d'œuf frais, gélatine pure, colle de poisson, clarification, etc. Au total, un consommateur qui a bu un litre de vin a absorbé près de 7 grammes de produits chimiques.

Sulfate de potasse	2 grammes
Phosphate bicalcique	2 gr. 50
Phosphate d'ammoniaque	0 gr. 10
Acide citrique	0 gr. 50
Sel marin	1 gramme
Acide sulfureux	0 gr. 10
Bisulfite	0 gr. 50

« Et voilà la mixture que le Congrès de Genève appelle produit de la fermentation du raisin frais. »

« Il n'est pas nécessaire, dit M. Francis Marre, d'être bien exigeant en matière de gastronomie pour estimer que tous ces traitements appliqués aux vins relèvent d'une chimie vaguement inquiétante, et qu'à ce titre ils modifient d'une façon regrettable le produit pur, le sang des grappes vermeilles. »

et la concentration à obtenir; de le turbiner énergiquement pendant qu'il est ainsi refroidi et naturellement gelé ; enfin de recueillir le produit liquide, lequel aura alors le degré d'alcoolisation voulu.

« Le vin ainsi traité se conservera aisément.

« Cette question a d'autant plus d'importance que, malheureusement, on a planté, je le répète, la vigne dans des terrains aqueux, où elle donne beaucoup en quantité, mais pas en qualité.

« Les vins ainsi produits se conservent difficilement. Ils sont la lèpre du marché. Ce sont eux qui font tomber les cours et ruinent la production.

« On peut estimer, année moyenne, au moins à 25 millions d'hectolitres les vins faibles ainsi récoltés? C'est donc à ceux-là qu'il faut s'attaquer en les réconfortant par le froid.

« Si l'on considère qu'ils contiennent environ 30 p. 100 d'eau en excès, on voit que c'est sept à huit millions d'hectolitres d'eau qui, chaque année, subissent en pure perte des frais d'enfutaillement, de mise et soins de cave, de transport, etc., etc.

« Estimant l'ensemble de ces frais à seulement 4 francs par hectolitre, c'est 30 millions de francs, qui sont ainsi perdus pour le producteur et le consommateur!!!

« N'est-ce pas réellement irrationel et fâcheux?

« Le froid peut éviter cette perte désastreuse, inqualifiable.

« Je sais bien qu'il est difficile à un vigneron d'installer un appareil frigorifique chez lui. Mais s'il est impuissant seul, la collectivité peut agir.

« Ce sont donc des syndicats qui devraient se former pour traiter les vins dans les centres utiles.

« Les usines ainsi fondées, travaillant toute l'année, rémunéreraient aisément le capital employé et les propriétaires.

« Mettant en circulation des vins absolument sains, la vente en serait d'autant plus active que nos estomacs pourraient les supporter et en profiter. Les médecins, loin de proscrire le vin, le prescriraient, ceci au grand profit des producteurs.

« La situation serait d'autant meilleure pour ceux-ci que le retrait de l'eau diminuerait d'autant le stock des existences; qu'il éviterait l'importation des vins étrangers alcooliques; que, de plus, notre commerce d'exportation se développerait plus largement.

« Donc, dans l'intérêt de tous, il serait à désirer que cette question attirât l'attention des capitalistes, aussi bien que celle

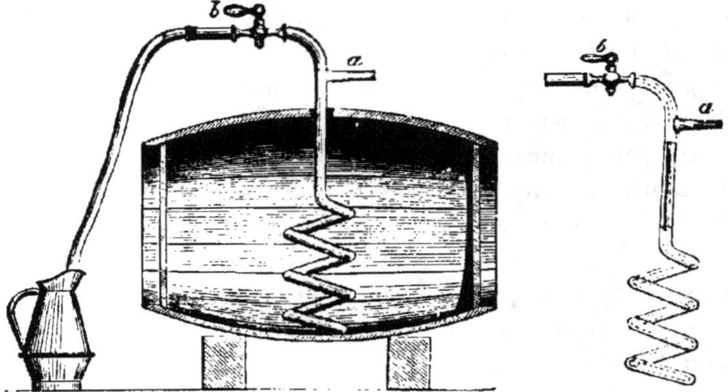

Fig. 17. — Appareil pour chauffer les vins dans la barrique.

Fig. 18. — Vue en coupe du serpentin chauffe vin.

des viticulteurs. Il y aurait avantage pour les producteurs et les consommateurs. »

Tout en me préoccupant de l'action du froid sur les vins, je n'avais pas oublié celle, puissante, exercée par la chaleur.

Afin de favoriser cette dernière, j'avais imaginé une disposition d'opérer le chauffage dans la barrique même. Pasteur l'a reproduite dans son ouvrage sur le vin.

La figure 17 nous montre le dit appareil.

Le mode d'action consiste dans l'introduction, par le trou de bonde du fût sur lequel on opère, d'un serpentin mobile.

Ce serpentin est formé, comme la figure 18 l'indique, par l'enroulement de deux tubes concentriques, formant une hélice libre à son extrémité inférieure.

Le tube extérieur reçoit, par la tubulure *a*, de la vapeur d'eau venant d'un générateur quelconque, laquelle est amenée par un tube flexible suffisamment résistant. Cette vapeur se condense dans le serpentin, y produisant la chaleur utile à l'opération, laquelle est d'environ 50°.

Le tube intérieur reprend l'eau condensée et l'amène à l'ajutage *b*, lequel la laisse échapper dans un broc.

Il est facile de voir que cet appareil est d'un maniement facile. Il permet d'opérer sans transvasement, sans même remuer le fût, circonstances vraiment avantageuses pour la pratique des opérateurs.

Il peut s'appliquer aux foudres et autres genres d'enfutaillement. En un mot à toutes espèces de capacités.

CHAPITRE XIV

CONSERVATION DE LA VIANDE ET DES MATIÈRES ORGANIQUES

(DEUXIÈME ÉTAPE)

Deux amis platéens. — La congélation. — Le froid sec. — Le rassissement de la viande. — La pêche au banc d'Arguin.

Non seulement, en poursuivant la réalisation de la conservation de la viande, je donnais satisfaction à ma propension naturelle; mais je me trouvais excité dans cette voie par deux hommes de valeur, d'origine platéenne, dont je fis connaissance.

Je me plais à rappeler leur souvenir.

C'étaient :

MM. Frédérico Nin Reys;

Francisco Lecocq;

Tous deux de Montévidéo.

M. Nin Reys, dont je fis d'abord la connaissance et qui devint mon ami, était un ancien ministre des finances de l'Uruguay.

Ce pays était en guerre avec le Brésil (1865), Nin avait été enfermé dans Montévidéo assiégé par les Brésiliens et leurs alliés.

Dévoué de tout cœur à la cause de son pays, il soutenait la lutte avec vigueur, quand un jour, par un de ces revirements si fréquents en ces pays, une sorte de pronunciamiento, livra Montévidéo aux alliés.

Frédérico Nin Reys fut fait prisonnier.

On lui offrit :

Ou d'être fusillé immédiatement.

Ou de profiter de l'occasion d'un navire français, alors en vue, et de partir en exil.

Son hésitation fut courte.

Il préféra la France.

Bien d'autres auraient fait comme lui.

C'est ainsi, qu'arrivant à Paris, il entendit parler de mes travaux sur le froid.

Il vint me voir, m'entretenant des vastes pâturages de son pays; de l'importance de l'industrie pastorale y existante; du haut intérêt qu'il y avait à favoriser l'exportation du bétail sous toutes ses formes.

Il me parla beaucoup de son ami, M. Francisco Lecocq, dont je fis plus tard la connaissance, lequel partageait les mêmes vues et avait de son côté projeté l'utilisation du froid.

Ce dernier était un homme de haute valeur, à conception vive, ardent aux affaires, quoique les années lui fussent déjà comptées; ayant de plus une grande fortune.

Lui aussi voyait dans cette question l'expansion de son pays d'adoption (il était belge d'origine), et se montrait actif à la favoriser.

Je me plais à rappeler ces souvenirs, car il y avait là deux nobles cœurs, deux hommes de bien, qui, certes, eurent une grande influence sur la direction de mes travaux. Je suis heureux de le reconnaître.

De longues causeries, ayant un charme facile à comprendre m'initièrent à toutes les richesses de ces contrées. Elles développèrent en moi le désir, plus ardent que jamais, d'arriver à transporter, par le froid, les masses de viande s'y perdant.

Dans ces conférences, une question fut d'abord posée : c'était le genre de conservation à appliquer.

Deux modes pouvaient être en effet adoptés :

La congélation, procédé très ancien, naturel je dirai:

La conservation par le froid sec, encore inconnue.

J'insiste sur ce dernier point, car il y a une grande différence entre les deux faits, lesquels, même maintenant, sont trop souvent confondus.

Quoique devant y revenir plus tard, il est utile que, dès à présent, je dise quelques mots à ce sujet.

La congélation est le fait antique, brutal, connu de temps immémorial, dans tous les pays froids.

En Russie, par exemple, on laisse la viande, le poisson exposés à l'air, le tout se solidifie rapidement.

Pendant tout l'hiver on a des provisions, auxquelles, pour toucher, il n'y a qu'à aller, la hache en mains, tailler les morceaux désirés.

Les siècles nous ont montré la puissance de ce moyen d'action et son énergique durée.

Des mammouths, ensevelis dans les glaces depuis les temps préhistoriques, ont pu, il y a quelques années, fournir de la viande encore mangeable.

Cette révélation du passé s'est produite plus souvent qu'on ne le croit.

Mais comme elle s'effectue dans les contrées hyperboréennes, par des années de chaleurs anormales en ces climats, amenant la fusion de bancs de glace restés des siècles solidifiés, ce sont les loups, les chiens, parfois les Esquimaux, qui profitent de l'aubaine. Ce n'est par suite qu'exceptionnellement qu'on a pu vérifier le fait.

Voici comment Milne Edwards, que j'eus l'honneur d'avoir pour commissaire de l'Académie des sciences, raconte sa constatation.

« En 1799, un pêcheur tongouse remarqua, sur les bords de la mer Glaciale, près de l'embouchure de la Léna, au milieu des glaçons, un bloc informe, qu'il ne put reconnaître. L'année d'après il s'aperçut que cette masse était un peu plus dégagée, mais il ne put encore en deviner la nature.

« Vers la fin de l'été suivant, il vit à nu une des défenses et tout le flanc d'un monstrueux animal. Enfin la cinquième année, les glaces ayant fondu plus vite que de coutume, cette masse énorme vint échouer.

« Le pêcheur en enleva les défenses et les vendit pour une valeur de 50 roubles. On fit en même temps un dessin grossier de l'animal. Les Iakoutes du voisinage en dépecèrent les chairs pour nourrir leurs chiens. Des bêtes féroces vinrent aussi s'en repaître.

Deux ans après, lorsqu'un naturaliste, Adam, se rendit sur les lieux, l'animal, quoique fort mutilé, conservait encore des débris de chair et de peau couverte de crins noirs ayant jusqu'à 15 pouces de long, et d'une espèce de laine rougeâtre, si abondante, que ce qui en restait ne put être transporté que difficilement par dix hommes.

« On connaît encore d'autres exemples de mammouths conservés si bien dans les glaces, que les chairs n'étaient pas corrompues et que les poils adhéraient à la peau. Cette espèce d'éléphants a cependant disparu de la surface de la terre depuis les dernières révolutions qui en ont bouleversé la surface. »

Voilà donc un exemple antédiluvien du pouvoir de la conservation par la congélation. Nous n'avons par suite pas à revendiquer l'invention de ce moyen.

Dans les pays froids, la congélation a moins d'inconvénients que dans ceux à climats tempérés ou élevés.

Les aliments passant directement de l'atmosphère glaciale dans la casserole, le mal se trouve ainsi notablement amoindri.

Toutefois ce serait une erreur de croire que les habitants des contrées utilisant ce moyen ne savent pas faire la différence entre la viande gelée et celle qui ne l'est pas. Bien au contraire !

Cette différence est tellement appréciée que, vers 1867, on était venu me consulter de Russie pour l'établissement d'un train partant d'Odessa pour Saint-Pétersbourg. Ce train devait être constitué de telle façon :

Que l'hiver il aurait protégé les aliments contre le gel;

L'été il les aurait maintenus frais, grâce à l'emploi judicieux d'isolants et de froid.

Ce projet, qui fut agité pendant une couple d'années, ne se réalisa pas.

La guerre de 1870 y coupa court, comme du reste à bien d'autres combinaisons.

Il n'en montre pas moins combien ceux-là même qui se servent de la congélation couramment, savent apprécier l'énorme différence existant entre un aliment gelé et celui qui ne l'est pas.

Ainsi me l'expliqua le prince ***; à Saint-Pétersbourg, un sterlet frais, poisson renommé du Volga, vaut l'hiver, vivant, plusieurs centaines de francs. Gelé, il ne coûte plus que quelques francs.

Nous autres, habitants des climats tempérés, nous comprenons moins cette situation.

Cependant, nous savons tous l'effet de la congélation sur l'eau et les corps tenus par elle en solution.

Elle augmente le volume de l'eau;

Elle précipite les sels dissous;

Elle sépare l'albumine, et la solidifie etc., etc.

Tous ces éléments, justement, nous les rencontrons dans les sucs de la viande, dans ceux du poisson.

Eh bien! Qu'arrive-t-il quand nous congelons ces comestibles?

Que nous solidifions les liquides par eux renfermés!

La conséquence de ce fait est, qu'augmentant le volume de l'eau, qui compose la plus grande partie de ces liquides, nous brisons les cellules, gelées aussi, les contenant; qu'ensuite nous précipitons les sels dissous; qu'enfin nous congelons l'albumine, laquelle à 2°, au-dessous de 0°, se solidifie aisément.

Mais quand le produit viendra à dégeler, tout ceci se sera-t-il reconstitué dans ses conditions primitives?

Non, certes!

Les cellules resteront brisées. L'albumine sera dénaturée. Les sels et autres corps ne reprendront pas leur état primordial.

La preuve :

C'est que si nous considérons, le lendemain de la cuisson, la viande ayant été gelée, nous lui trouverons un aspect amorphe, si je puis dire, qui n'est pas l'état présenté par la chair musculaire cuite, dans son état naturel.

De plus, si nous l'examinons le jour de sa préparation, nous voyons que le jus n'a pas la couleur, la saveur de celui produit par la viande fraîche, cuisinée au même instant.

Enfin, l'aspect appétissant des mets est singulièrement diminué.

Or, ne l'oublions pas, l'appétence est un coefficient considérable dans toute bonne alimentation.

Certes, on ne peut pas dire que la viande gelée n'est pas nutritive.

Toutefois ce n'est plus la viande que nous aimons. Elle n'est pas comparable à celle livrée normalement par la boucherie provenant d'animaux abattus depuis peu. Cependant c'est la viande absolument similaire, qu'il faut arriver à produire en matière de conservation alimentaire bien entendue.

Cette question a une grande importance.

Il ne faut pas oublier de plus un facteur important dans la question.

Ce facteur, c'est la vente.

Devant qui nous trouvons-nous à cet instant?

Directement ou indirectement, nous sommes en présence de la mère de famille.

Celle-ci ne voit qu'une chose : la sécurité, le bien-être de ceux qui l'entourent.

Si elle suspecte un aliment, sans hésitation il est repoussé!

C'est une des causes, trop négligées, pour lesquelles les viandes congelées sont mal accueillies chez nous, où, en dehors de la suspicion légitime signalée, plus de recherches, de délicatesses existent dans l'appréciation des éléments de la nutrition.

Avec le froid sec, à zéro, la situation est autre.

La conservation se fait sans porter atteinte à la constitution moléculaire.

L'apparence des morceaux n'est pas modifiée.

La viande reste ce qu'elle était lors de l'abatage, c'est-à-dire avec toutes ses qualités digestives et gustatives.

Ces dernières mêmes se sont augmentées ; car il arrive dans la conservation par le froid un fait recherché par toutes les personnes s'occupant de cuisine et par tous les gourmets. Ce fait, c'est que la viande est rassise, c'est-à-dire plus tendre, plus juteuse, plus digestive, ayant meilleur goût que la viande très fraîche.

Dans la pratique ordinaire, cette qualité s'obtient difficilement, parce que les bouchers mettent la viande en vente très peu d'heures après la mort de l'animal.

Avec raison, ils redoutent l'altération, qui, trop aisément, se manifeste dans leurs magasins.

Le rassissement étant un état intermédiaire entre la viande fraîche et celle commençant à se gâter, ne peut par suite être attendu avec sécurité dans un étal.

Il y aurait trop à craindre que le but ne soit dépassé.

Quand il fait chaud, c'est, en effet, dans les circonstances ordinaires, à peine une affaire d'heures. On comprend, par suite, l'appréhension des commerçants.

Avec le froid le problème change. Ce n'est plus une question d'heures, mais de jours. On est donc à l'aise.

Et de fait j'ai pu, dès 1867, faire manger du gigot rôti, à la manière ordinaire, ayant 120 jours de conservation par le froid.

Le jus, le sang sortaient sous le couteau, comme d'un gigot acheté le matin au marché.

Il y a donc, avec le froid sec, une très grande sécurité à ce point de vue et une non moins grande différence entre les deux procédés : Congélation, Froid sec.

Par suite de ces considérations, les expériences qui se poursuivaient dans le but de faire venir de la viande de La Plata avaient pour objet l'apport de la viande non gelée, simplement conservée par le froid sec, à une température de 0° environ.

J'insiste sur ce point, car, contrairement à ce qui a été dit à tort et bien des fois, jamais je n'ai gelé la viande. On comprend aisément, par ce qui précède, que je m'en serais bien gardé. Je n'aurais eu, du reste, rien à innover de ce côté, puisque, je l'ai démontré plus haut, la congélation était connue de toute antiquité. Le premier homme arrivé dans les pays froids a eu à l'utiliser.

A cette époque bien éloignée de nous (1861), l'étude des questions microbiennes n'était pas avancée.

M. Pasteur, insigne promoteur de ces recherches, en était encore aux luttes avec les partisans de la génération spontanée.

Personne ne songeait à voir, dans les microbes (le nom n'était même pas trouvé) la puissance d'action existante en eux et sur laquelle nous reviendrons spécialement.

Pour moi, moitié intuition, moitié conviction dans les recherches de M. Pasteur, que j'ai toujours hautement estimé et révéré, je croyais aux microbes et surtout à leur influence.

Je voyais, dans leur implantation continuelle sur la matière organique, les causes de sa destruction.

J'avais été confirmé dans cette manière de voir par les expériences dans le vide m'ayant d'abord occupé.

La viande, soumise à cette influence, paraissait se conserver. La chaleur venant, la corruption se produisait.

Ce n'était pas dans les appareils que cette corruption avait pu prendre source, puisqu'ils avaient été soigneusement nettoyés et que le vide y régnait.

C'était donc la viande qui avait apporté avec elle le ferment mauvais, lequel se réveillait sous l'influence d'une température suffisamment élevée.

Mais si la chaleur avait un pouvoir aussi caractéristique, c'était donc elle qu'il fallait conjurer !

De là, à aller au froid, la route était tout indiquée.

D'autre part, j'avais fait d'autres expériences à l'aide de la dessiccation.

L'action conservatrice s'était nettement manifestée. Il y avait donc, encore de ce côté, un élément à utiliser.

Combinant les deux actions, je me trouvais en droit de compter sur le succès complet.

Cette théorie, l'appareil frigorifique, à liquéfaction mécanique et revaporisation des gaz que je venais de réaliser, permettait de la mettre à profit.

Elle séduisit MM. Franscisco Lecocq et Nin Reys.

Il fut décidé qu'une expérience décisive serait tentée.

M. Lecocq, je l'ai dit, était homme d'exécution, à vues larges. Il n'hésita pas à faire les frais d'une installation, devant être établie de façon à pouvoir, après réussite à Paris, être montée à bord d'un vapeur, de manière à tenter la traversée de l'Atlantique.

Imbu des principes que je viens d'indiquer, je ne voulus pas user de surfaces refroidissantes, dans une atmosphère confinée. Je redoutais, dans ce cas, l'humidité se manifestant, surtout en présence d'un produit aussi aqueux que la viande.

Je m'arrêtai au dispositif que voici :

Une sorte de chaudière tubulaire était disposée de manière à recevoir de l'ammoniaque liquéfiée (1867). [Voir la figure 2, page 51.] C'était là que se produisait le froid. Un ventilateur prenait l'air de la chambre, laquelle avait à l'intérieur 3 mètres de longueur sur 3 mètres de largeur, avec une hauteur de 2 m. 50. Le ventilateur forçait l'air à passer ensuite par les tubes du récipient tubulaire que je viens de signaler et le lançait à nouveau dans la chambre, refroidi, débarrassé, sous forme de givre, d'une partie de l'eau qu'il contenait, aussi, fait essentiel, des germes existant en suspension dans sa masse.

La machine frigorifique, agissant sur le frigorifère, produisait continuellement l'action refroidissante nécessaire.

Je raconte là une chose, appliquée à l'heure présente, par tout le monde.

Mais n'oublions pas que nous sommes loin de cette époque (1867).

Or, ce que je recueillais le plus alors, c'était, sinon l'ironie, au moins l'incrédulité la plus manifeste.

Cependant, tout le monde n'était pas indifférent, et la preuve, c'est le concours reçu de mes amis platéens.

Puis, quand une chose est vraie, elle arrive à frapper quelques esprits.

C'est ainsi que commence le progrès. Il finit par triompher.

Lui aussi a son surnumérariat à faire.

Bref les expériences durèrent assez longtemps.

Celles, entre autres, que j'avais faites sur le poisson, frappèrent l'attention de quelques-uns, entre autres d'une maison anglaise. Son envoyé vint me trouver pour me demander (1868) d'appliquer mes moyens à la pêche au banc d'Arguin.

Les parages de ce banc sont en effet remarquablement riches en poissons de toutes espèces.

Un traité fut conclu. J'étudiai les conditions utiles à appliquer à ce cas spécial. Fâcheusement les événements de 1870 survinrent et coupèrent court à la réalisation de ces projets.

Ces mêmes expériences me permirent de présenter à nombre de personnes de la viande de 120 jours.

Ce succès fit décider le montage de l'appareil à bord d'un navire. M. Lecocq, toujours ardent à la réalisation de l'œuvre, versa les fonds utiles à cette expérimentation, la première, de ce genre, faite à la mer (1867 à 1868). Il mérite donc toute reconnaissance. Je suis aise d'en témoigner ici l'expression à son souvenir.

CHAPITRE XV

THE CITY OF RIO JANEIRO

Travaux à Londres. — Départ pour la Plata. — Un accident.

En conséquence de cette décision, M. Lecocq arrêta la place utile pour placer l'installation, ainsi réalisée, sur un vapeur anglais faisant le service de Londres à Montévidéo. C'était « The City of Rio Janeiro », en français : « La ville de Rio Janeiro ».

En mars 1868, je me rendis à Londres avec deux ouvriers pour installer l'appareil.

Le bateau était amarré dans le dock *Victoria*.

Son abord était facile, mais naturellement il restait un temps court attaché au port. Il fallait donc, pendant ce faible délai, faire le montage, parer à toute l'installation.

Quoique les Anglais ne soient pas très favorables à ce qui vient de l'étranger, je n'eus pas à me plaindre du concours par eux accordé, au contraire.

Toutefois, pas plus qu'en France, il n'y avait d'enthousiasme.

Personne ne voulait croire au succès définitif.

Puis, bien des difficultés se trouvèrent à surmonter.

Dans le dock Victoria, le travail de nuit était sévèrement défendu. Il fallut demander une permission spéciale, les heures pressant.

Je l'obtins.

Des trous étaient nécessaires à la coque, au pont.

Chaque fois, cela se comprend, il fallait relancer l'ingénieur à Londres, afin qu'il vînt donner les autorisations nécessaires.

Même le dimanche, il fallut travailler.

Or, en Angleterre, c'est chose grave, nécessitant une autorisation rarement accordée.

Je l'obtins encore.

Enfin, quoique ayant avec moi deux hommes, il était utile de temps à autre d'avoir affaire à des ouvriers du pays. Ne parlant pas leur langue, leur concours n'était pas rendu facile.

Bref, après dix jours de travail excessif, pendant lesquels des nuits furent passées, nous arrivâmes à être prêts. Les dernières marchandises embarquaient, quand enfin on apporta les viandes.

Bien entendu la chambre devant les recevoir avait été refroidie préalablement, asséchée, tout se trouvait en état.

Le lendemain, à dix heures, *The City of Rio Janeiro* entrait en Tamise pour commencer son long voyage. L'appareil marchait à toute puissance. Tout en un mot était régulier.

Aujourd'hui, ce voyage n'a qu'une durée de 20 à 22 jours. Mais alors, les navires marchaient beaucoup moins vite et la traversée durait au moins six semaines.

Les choses se comportèrent convenablement pendant vingt-deux jours.

Le vingt-troisième un accident survint.

Le bâti, pour se rattacher au pont, avait dû être monté sur des longrines en bois.

Ces bois, sous l'influence de la chaleur, se desséchèrent. Le mécanicien, chargé de la surveillance, négligea de serrer les écrous au fur et à mesure de ce desséchement. Le jeu, en résultant, amena la rupture du bâti, et, par suite, l'arrêt de la machine frigorifique.

Celle-ci ne fonctionnant plus, l'expérience prit fin.

Cet incident, quand je l'appris, me fut fort pénible.

Il me coûta ultérieurement huit années de peines, de luttes, de démonstrations, pour reproduire la vérité des faits et la rendre sensible. Enfin triompher de la routine.

En réalité, il y avait eu déjà un commencement de succès, puisque, pendant vingt-trois jours, à la mer, la conservation avait eu lieu, et ceci, rappelons-nous-le, en 1868. Seul, un accident avait interrompu le succès.

Si je précise des dates. c'est que, longtemps après (13 ans), des expériences ont été faites par autrui, après les miennes par conséquent. et que souvent on confond les labeurs.

Or, il y a une différence manifeste entre le long apostolat que je raconte et des tentatives postérieures prenant les choses toutes faites. n'ayant plus en un mot qu'à profiter des résultats réalisés et démontrés. Résultats ayant eu, d'ailleurs, la plus large publicité.

Ils avaient de plus obtenu la haute sanction de l'Académie des Sciences. ce que personne, qu'il me soit permis de le dire, autre que moi, n'a pu recueillir.

CHAPITRE XVI

RAMENÉ A MES PROPRES FORCES

La lutte. — Une commission de la Marine.

L'expérience faite à bord du vapeur *The City of Rio Janeiro*
n'ayant pu être conduite à fin, tout était à recommencer.

L'année 1869 me trouva seul devant la solution du problème,
M. Lecocq, resté à Montévideo, découragé par l'accident précité,
ne voulant plus suivre.

Quelque bon vouloir que j'eusse rencontré en Angleterre
pendant l'installation de l'appareil frigorifique, j'avais compris
cependant qu'une expérimentation de cette nature n'était pas
faite pour être réalisée à bord d'un paquebot-poste, sujet à
toutes les exigences d'un service régulier.

Aussi, quand j'appris l'accident, qui avait brusquement clos
la tentative faite sur *The City of Rio Janeiro*, je résolus de
reprendre la question, mais alors avec un navire à moi, spécialement armé pour l'opération.

L'importance du résultat comportait bien, à mon sens, cette
exigence, à laquelle je me résolus de satisfaire, quelle que fût
sa hardiesse.

Mais j'étais seul à comprendre cette nécessité, et ce n'était
pas seul qu'il devenait possible de mener à bien une aussi
considérable entreprise.

Il fallait, non seulement un gros capital pour l'achat du
bateau, mais de plus pour l'installation, le personnel marin,
celui des machines frigorifiques, etc., etc.

Bref, tout cela devait vite dépasser le million, et il y avait loin, bien loin, très loin, entre ce chiffre et mon humble personnalité.

D'autant plus que, au lieu d'être appuyé, je ne rencontrais partout qu'incrédulité et opposition, railleries même.

Une des objections qu'on me jetait le plus fréquemment à la face, c'était l'impossibilité dans laquelle, disait-on, je me trouverais de maintenir une température régulière de 0°, pendant un long séjour à la mer.

Ou vous descendrez au-dessous de 0°, m'objectait-on, et vous congèlerez; ou vous monterez au dessus et vous aurez la corruption?

A cela j'opposais les expériences en cours à Paris.

Mais on me répondait :

« Ici, l'opération se fait en petit, vous en êtes maitre. Sur une cargaison, les risques subsisteront d'autant plus grands que vous aurez justement à lutter avec les imprévus de la mer. »

Les hommes les plus considérables me tenaient ce langage. C'était désolant.

On allait jusqu'à me dire que j'empoisonnerais mon équipage et moi, par suite de la décomposition des viandes, quand nous serions au large.

En vain j'insistais, faisant remarquer que précisément l'importance de la cargaison, formant volant frigorifique, maintiendrait une température régulière.

Il n'est pires sourds que ceux ne voulant entendre. J'étais donc généralement repoussé.

Dans l'administration, je trouvais la même indifférence ou, pour mieux dire, la même hostilité.

Ainsi, au ministère de la Marine, lors des premières expériences faites, j'avais demandé la nomination d'une Commission.

Elle se résuma par la visite d'un *haut* personnage, dont je tairai le nom, et d'un capitaine de frégate.

Après avoir bien examiné les viandes, qu'il ne put critiquer, le susdit personnage me déclara que jamais un navire de l'État ne consentirait à prendre de l'ammoniaque à son bord.

Là-dessus, il interrogea le capitaine de frégate qui, devant une affirmation aussi précise, opina du bonnet, n'osant faire autrement.

En conséquence, le dit délégué me laissa le choix :

Ou rapport défavorable;

Ou pas de rapport!

On comprend aisément que je me rangeai vite vers le dernier moyen.

C'est ainsi que fut rejetée, pour la marine militaire, la possibilité de conserver des viandes fraiches.

Encore maintenant il en est de même dans bien des cas.

D'autres démarches, et je les multipliai, conduisirent à des résultats identiques.

Bref, malgré mes efforts, je restais toujours seul, avec mon ardent désir d'arriver au but, mais sans pouvoir rencontrer le concours nécessaire.

Aussi le temps passait-il infructueusement, ce qui me désespérait.

CHAPITRE XVII

UNE LUEUR D'ESPÉRANCE

**Un concours inespéré. — L'installation d'Auteuil.
Une mésaventure.**

Au milieu de toutes ces péripéties, une circonstance m'apparut comme un trait de lumière.

Parmi les quelques personnes qui étaient venues assister aux expériences faites à Paris, j'avais remarqué un homme d'une valeur incontestée, le comte de Germiny, qui leur avait accordé une grande attention.

M. de Germiny avait alors près de quatre-vingts ans, mais l'âge ne lui pesait pas. Il était resté actif, énergique, prompt dans ses appréciations. C'était un homme de progrès, véritablement méritant et très accueillant.

Ancien gouverneur de la Banque de France, chargé alors de la tutelle du Crédit Mobilier, de la banque Mirès, il était la plus haute personnalité financière du moment.

Je ne me rappelle plus qui l'avait amené voir mes expériences, mais je l'avais remarqué parce qu'elles l'avaient captivé.

Son initiative vive, puissante, lui montrait là un moyen d'action fertile en résultats.

Il voulait même en faire l'application au Grand Hôtel, lequel se trouvait sous son influence, par suite des circonstances financières ci-dessus indiquées.

Me souvenant de l'intérêt qu'il avait paru accorder à mes travaux, j'eus la pensée, dans ma situation perplexe, d'aller le trouver.

Son accueil fut très cordial.

Je lui exposai mes vues et les raisons les ayant fait naître. Il prit le temps d'étudier l'affaire.

Au bout de quelques jours, il me fit appeler et me tint ce langage, que je me rappelle comme s'il datait d'hier :

« *Suivez vos travaux, je reconnais leur intérêt et la nécessité, pour les mener à bien, du programme par vous tracé. Quand vous serez prêt, je formerai une société, au capital suffisant, et vous aurez l'Empereur pour premier souscripteur.* »

Cette fois, c'était partie gagnée et je n'ai pas à dire avec quelle joie, quel zèle, je me remis à l'œuvre.

Je louai à Auteuil, avenue de Versailles, 99, au coin de la rue Wilhem, une vaste usine à raison de 6 000 francs l'an, je l'aménageai de façon à avoir du froid en permanence.

Ceci était une nécessité pour le succès de l'opération.

Mais comme cette permanence comportait des frais généraux considérables, je résolus, pour les atténuer, de faire en même temps des carafes frappées pour la consommation parisienne.

C'est ainsi que, parallèlement aux locaux affectés à la conservation, j'installai un service de dix voitures, pour desservir Paris de ce produit frigorifique.

Deux machines, à liquéfaction mécanique bien entendu, d'une force de 20 000 frigories chacune, ce qui, à l'époque, était une grande puissance, furent installées. [Voir figure 16, page 65.]

Elles donnaient deux courants froids :

L'un allait frapper les carafes, c'était le travail vulgaire.

L'autre était consacré aux expériences de conservation. C'était le labeur intéressant.

A cet effet le courant froid parcourait un réfrigérant dans lequel de l'air était constamment refroidi. Cet air, purifié, dépouillé, comme je l'ai déjà expliqué, de l'eau qu'il contenait, des germes en suspension, refroidissait la chambre conservatrice, y maintenant une température de 0 à $+ 1°$ et une dessiccation normale.

C'était là que devaient se faire les expériences que je voulais reproduire et répéter sur une vaste échelle, en vue de la formation de la société future.

Au sujet des carafes frappées, il m'arriva, lorsque je mis en route, la petite mésaventure que voici :

L'eau qu'on employait alors à cet usage était telle que la fournissait la Seine; c'est-à-dire que, à la congélation, les sels de chaux par elle contenus se précipitaient.

La conséquence était que, la glace fondant, on voyait quantité de pellicules nager dans le milieu liquide, ce qui n'avait rien d'agréable pour les consommateurs.

Voulant faire mieux, je chauffai l'eau sous pression à haute température, de manière à précipiter les sels calcaires.

J'eus, en effet, après un filtrage approprié, de l'eau claire, qui, lors de la congélation, ne laissait plus aucun dépôt.

Encouragé par ce succès, je voulus aller plus loin. C'est ici que je compris la sagesse du vieux proverbe : *Le mieux est l'ennemi du bien*. Je voulus, dis-je, ayant de belle eau, faire des carafes absolument transparentes.

Dans ce but, je disposai un local dont l'atmosphère était maintenue à quelques degrés au-dessous de zéro par un courant froid, parcourant des bassins métalliques horizontaux attachés au plafond.

Dans ce congélateur d'un nouveau genre, les carafes étaient simplement posées sur des rayons, et gelées par rayonnement et contact de l'air froid.

Le succès fut complet.

Les carafes ainsi préparées étaient absolument transparentes. Elles paraissaient vides.

J'étais enchanté de l'idée et de sa réussite.

Mon enchantement dura peu.

Un matin je fis emplir mes voitures des carafes que je trouvais si belles.

Au retour, je fus singulièrement déçu. Pas un limonadier n'en avait voulu.

Il me fallut rapidement monter des bacs, afin de faire des carafes opaques, comme l'usage l'avait consacré, ce qui existe encore aujourd'hui.

Au cours de mes recherches pour l'obtention de l'eau pure, il m'arriva une petite aventure, que je vais raconter, pensant que, peut-être, elle pourra servir à ceux de mes lecteurs qui voudraient rompre avec l'absinthe.

Avant de préparer l'eau par la chaleur, j'avais essayé de divers réactifs.

Là, un problème se posait. Il fallait que ces réactifs n'altérassent pas la couleur opaline de l'absinthe, couleur appréciée des amateurs.

Dans le but de vérifier les faits, j'avais disposé dans mon bureau un certain nombre de verres contenant cette liqueur, diluée par les eaux à essayer. Je voyais ainsi l'effet se produire.

Je dois ici avouer une faute.

A cette époque, appelé souvent au dehors, je m'étais insensiblement accoutumé à prendre chaque jour un verre d'absinthe.

Intérieurement, je me faisais un reproche de cette habitude, attendu que mes doigts commençaient à trembler légèrement et que je craignais voir s'accentuer cette infériorité.

Bref, je travaillais dans cette atmosphère absinthée, sans m'en préoccuper quand, peu à peu, l'odeur soutenue excita chez moi une telle répulsion que, depuis, j'en suis sûr, je n'ai pas bu dix verres d'absinthe.

Ma main ne tremble pas, malgré mes quatre-vingt un ans et je suis convaincu que ceux de mes lecteurs qui voudraient se déshabituer du perfide breuvage pourront, en essayant de ce moyen, arriver au même résultat.

Au milieu de tous ces travaux, je n'en poursuivais pas moins ardemment la réalisation de l'œuvre, devenue le but de ma vie, heureux que j'étais du concours promis, lequel je considérais comme dominant la situation.

Tout marchait à souhait.

J'allais être prêt à commencer les expériences définitives.

J'étais plein d'espérance.

Un coup de foudre arriva, renversant encore tous mes projets.

Ce coup de foudre, ce fut la guerre de 1870.

CHAPITRE XVIII

LA GUERRE DE 1870 ET SES CONSÉQUENCES

**Repos forcé. — Travaux pour la défense. — Mes publications.
L'énergie parisienne. — Les vicissitudes de la vie de siège.
La nécessité de la paix.**

Comme d'autres, je crus à la victoire, me figurant au début qu'il ne s'agissait que de quelques moments difficiles à passer.

Je n'étais pas seul à raisonner ainsi.

Y avait-il alors, sauf quelques politiciens, un Français croyant un revers possible?

Plein d'espérances, convaincu du succès, j'avais fait, dès le début des événements, provision de verres multicolores pour décorer, à la première rencontre, admise forcément favorable, l'usine que je venais de créer si laborieusement.

Le premier contact, hélas! ne fut pas pour nous. Les événements suivants furent de plus en plus tristes.

Bref, l'étreinte se resserrait autour de Paris. Le moment approchait où nous allions être séparés du reste du monde.

Mes lampions me pesaient. Ils étaient le souvenir d'une présomption, hélas, pas justifiée.

Pour en finir avec l'espèce de cauchemar causé par eux, je résolus de les jeter à la Seine.

Mais une pensée me vint.

J'appelai mes hommes, qui étaient encore tous autour de moi (plusieurs ont disparu dans les événements qui suivirent) et je leur proposai d'aller illuminer la statue de Strasbourg.

Avec enthousiasme, l'idée fut accueillie.

7

Aussitôt une voiture fut attelée. Echelles, lampions, tout fut vite chargé !

Ce soir là, le monument de Strasbourg fut, pour la première fois, décoré. Depuis, l'usage s'en est perpétué.

Le lendemain nous étions bloqués.

Alors ce fut la tristesse.

En ce qui concernait mes projets, leur ruine devint la conséquence de cet état de choses.

Et en effet :

D'une part, M. de Germiny mourut pendant la guerre, après avoir, m'a-t-on dit, réalisé l'emprunt de guerre.

D'autre part, l'Empereur fut emporté, on sait comment.

Je perdis ainsi :

Et le financier, qui devait résoudre la question d'argent ;

Et le haut souscripteur, qui devait donner l'élan à la souscription.

Je restais seul avec mon installation. C'était insuffisant.

Encore une fois, le but si ardemment poursuivi fuyait devant moi. Tout était à refaire et cependant, plus que jamais, j'étais pénétré de la justesse de mes vues. J'étais certain d'être dans le vrai.

Je mis le siège à profit, pour écrire un volume sur la viande. Il est certainement le premier publié sur la question. Il avait pour titre :

Conservation de la viande et des denrées alimentaires.

Il parut en 1871.

Dans ce volume, je retraçais tous les moyens à prendre pour tuer les animaux, les préparer par le froid, les transporter, les conserver par le froid. Bref, toujours plein de mon projet, c'était surtout un guide que j'avais rédigé, en vue d'éclairer mes futurs collaborateurs.

En fait, il reproduit tous les détails des opérations à exécuter, depuis l'abatage des animaux jusqu'à la vente, n'oubliant pas l'utilisation des sous-produits.

En raison de l'importance croissante de ces questions, j'en dirai ici quelques mots. Ils restent opportuns.

Sans aller aussi loin que certains chercheurs voulant faire absorber aux animaux, avant leur mort, du gaz hilarant, il est certain que, plus vite l'abatage est accompli, plus les transes, les affres du supplice sont abrégées; par suite meilleure est la viande recueillie.

Tuez un lièvre au gîte, il sera excellent. Mangez-le après une chasse à courre, il sera exécrable.

Les figures suivantes nous montreront les phases de l'opération, telle que je l'avais comprise, pour arriver au mode d'abatage me paraissant le plus rapide et le plus rationnel.

La figure 19 attirera tout d'abord notre attention.

Elle nous montre une stalle d'abatage.

On voit, dans cette figure, l'animal sortant du pacage, arrivant en peu d'instants à l'endroit où il va être sacrifié.

Le sol de la stalle est formé par un wagonnet, permettant d'opérer rapidement toutes manipulations ultérieures.

L'exécuteur est là, attendant l'animal.

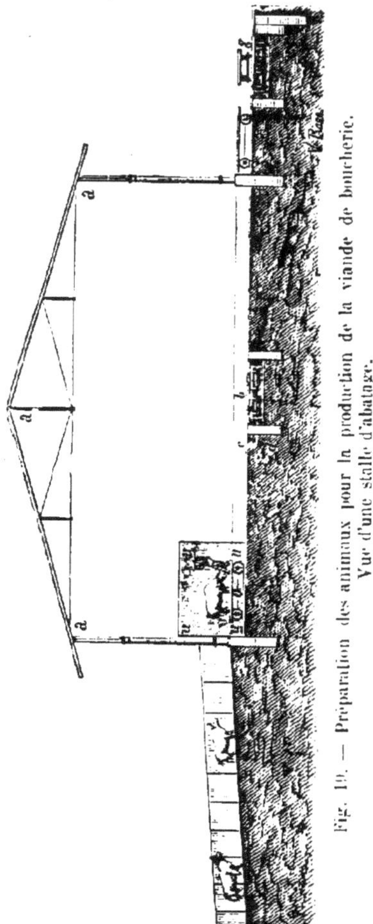

Fig. 19. — Préparation des animaux pour la production de la viande de boucherie. Vue d'une stalle d'abatage.

Celui-ci est frappé, abattu, sans qu'il ait eu aucune appréhension du sort attendu. Il est donc tué dans les conditions les

Fig. 20. — Vue d'une écorcherie établie en vue du soufflage rationel de l'animal.

plus favorables pour fournir de la viande saine et succulente.

Aussitôt le coup donné, le wagonnet est extrait de la stalle d'abatage pour être conduit, avec la victime par lui supportée, vers l'écorcherie que nous montre la figure 20.

Ici l'animal est d'abord saigné.

Le sang s'écoule par une gouttière *ad hoc*, dans une citerne mobile, laquelle se voit sur le côté de l'écorcherie.

Ceci exécuté, il faut immédiatement procéder au soufflage.

Tout le monde sait que cette opération consiste à injecter un courant d'air entre la peau et les tissus sous-jacents, de manière à détacher celle-ci de ceux-là et faciliter l'écorchage.

Dans les conditions habituelles, le boucher se sert d'un fort soufflet et injecte ainsi de l'air ordinaire.

Ce moyen, plus que primitif, ne peut convenir dans notre cas. Il n'est pas en effet à l'abri d'inconvénients.

L'air, pris en ces conditions, est infailliblement chargé de spores, lesquels sont la plupart contraires à la conservation.

Ceci est mauvais et, dans une installation bien comprise, ne peut être admis. Il importe absolument de se mettre à l'abri de cet inconvénient.

Pour opérer en toute sécurité, je ne voulais pas prendre l'air tel que nous le fournit l'atmosphère. J'entendais le purifier avant son emploi.

Pour ce, je le forçais à traverser des tubes métalliques incandescents, ou j'entendais dégager, dans la masse, des corps antiseptiques, donnant toutefois la préférence au premier moyen.

Je me méfie toujours des antiseptiques.

Je l'ai maintes fois répété et ne cesserai de le dire.

D'abord ils ne sont pas sans action sur la santé;

Puis c'est un peu comme le galon; quand on a commencé, on n'en saurait trop prendre.

Or ceci, entre mains inhabiles ou mal intentionnées, devient trop souvent dangereux.

Sous l'influence de cet ordre d'idées, j'entendais disposer une machine de compression, faible, envoyant l'air dans le réservoir *a, b*, ou dans un gazomètre à pression suffisante, ayant soin de le faire passer préalablement par un serpentin chauffé comme il vient d'être dit. Il faut au moins 300 à 400 degrés.

En ces conditions, de l'air absolument purifié, sous une

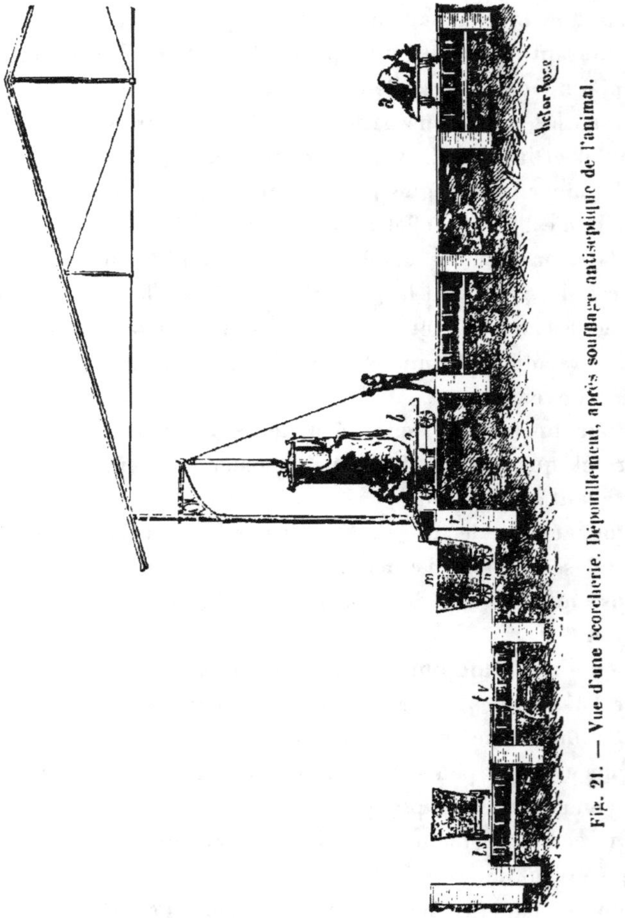

Fig. 21. — Vue d'une écorcherie. Dépouillement, après soufflage antiseptique de l'animal.

tension suffisante pour assurer un travail facile, régulier, était constamment à la disposition de l'opérateur. Il avait donc toutes facilités pour opérer sûrement, vite et bien.

La figure 20 vient de nous montrer l'animal ainsi en préparation.

La figure 21 rappelle les mêmes dispositions, mais appliquées aux dernières phases de l'opération.

Son examen permet de voir que, le soufflage étant achevé, l'animal peut être vivement saisi, élevé par un palan, toutes facilités étant données ainsi à l'opérateur pour, non seulement

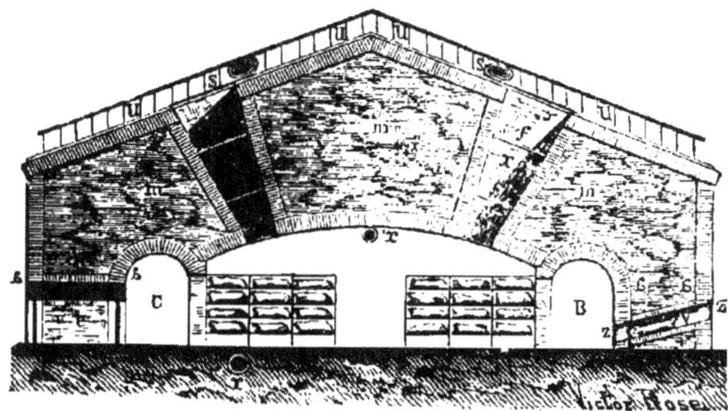
Fig. 22. — Vue d'un magasin frigorifique.

lever la peau, mais encore dépecer le corps suivant les besoins prévus pour le commerce.

Généralement on estime que, une fois l'animal abattu et préparé, il faut laisser sa chair se refroidir à l'air libre.

C'est là un préjugé à combattre. Il est néfaste au point de vue de la conservation rationnelle de la chair.

On oublie trop que, plus celle-ci est chaude, plus elle est apte à subir les atteintes microbiques.

Chaque minute écoulée en ce cas est un coefficient de perte dans la qualité, avec lequel il faut largement compter.

Il importe donc, au contraire, de refroidir la viande rapidement, dans les réserves frigorifiques, surtout à la surface, puisque c'est par là qu'est reçue d'abord l'action désorganisatrice, laquelle il est si opportun d'éviter.

C'est ainsi qu'apparaît la nécessité de magasins frigorifiques.

La figure 22 nous montre la coupe de l'un d'eux, facile à installer.

Comme cette figure l'indique, ce genre de réserves est formé à l'aide de matériaux se trouvant aisément dans tous pays éloignés. Ceci était alors pour moi un objectif de premier ordre.

Ce sont de véritables caves élevées sur le sol.

Le wagonnet, que nous connaissons, portant l'animal dépecé est amené, aussitôt sa préparation définitive, à portée de la coulée **Z Z**, laquelle à chacune de ses extrémités porte une fermeture automatique.

Avec cette aide, la viande est aussitôt introduite dans le magasin frigorifique et rangée suivant l'exigence des besoins.

Fig. 21. — Vue en coupe et en plan, d'un navire de haute mer transporteur de viandes fraîches, conservées par le froid.

La conservation se fait là autant longuement que les services à satisfaire peuvent l'exiger.

Mais ce n'est pas tout de préparer la viande. Il faut encore l'expédier et, dans le cas m'occupant alors, songer à de longs voyages maritimes.

La question de ce genre de transports ne pouvait donc m'échapper.

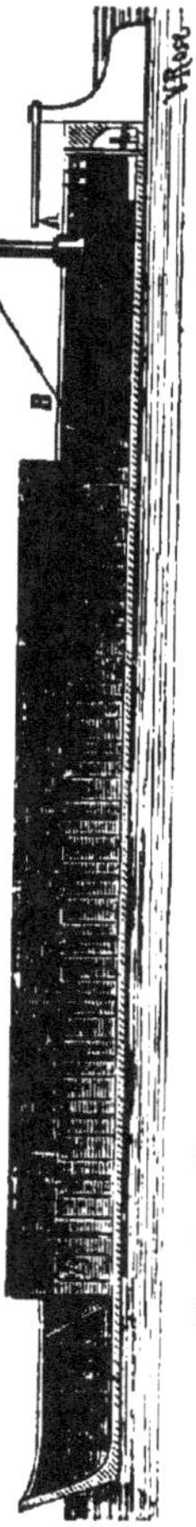

La figure 23 nous montre un navire de haute mer consacré à cet emploi.

Nous voyons dans son installation la machinerie E F reportée tout à fait en arrière, de manière à laisser place à deux vastes cales B, B, faciles à isoler, aménagées pour conserver et transporter la viande.

Plus loin, en parlant du *Frigorifique*, nous nous étendrons plus complètement sur ce sujet.

Rouen ayant toujours été, dans mes vues, le port d'attache européen de la compagnie que je voulais fonder, la question des allèges devait immédiatement me préoccuper.

Fig. 24. — Vue d'une allège pour transporter les viandes frigorifiées en rivières.

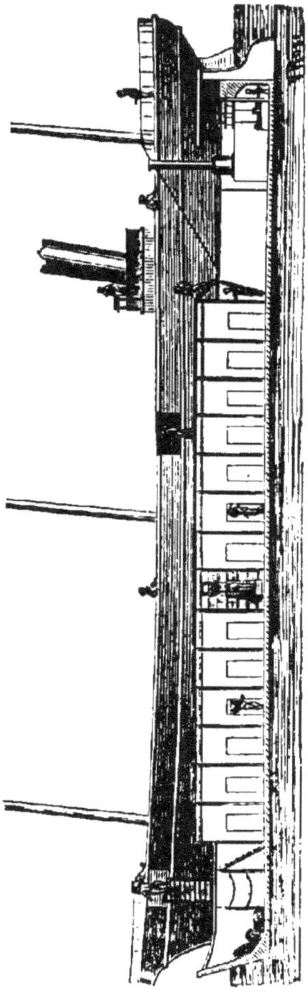

Fig. 25. — Vue d'un navire-boucherie en déchargement sur allège.

Elle avait ses raisons d'être, aussi pour les régions platéennes

que je me proposais d'exploiter, où de nombreuses rivières
viennent déboucher dans l'Uruguay et le Paraguay, ouvrant
des moyens précieux d'exportation à l'industrie pastorale.

La figure 24 nous montre une de ces allèges.

La figure 25 nous montre un navire de haute mer déchar-
geant sa cargaison sur une allège.

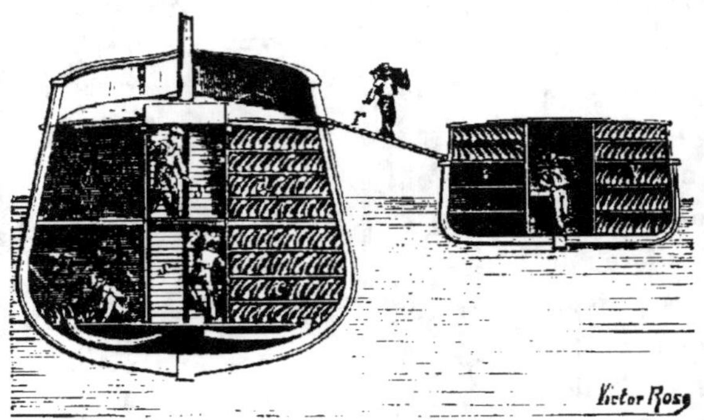

Fig. 26. — Coupe transversale d'un navire-boucherie en déchargement sur allège.

La figure 26 nous laisse voir la même opération, mais en
coupe transversale du navire et de l'allège.

Enfin il fallait prévoir l'arrivée à Paris.

Là il devenait opportun de compter avec ces circonstances :

Que la viande importée ne se vendrait pas en un jour;

Que, par suite, il était nécessaire de créer des réserves permettant sa conservation entre des arrivages pouvant s'espacer
d'un mois, tout en se prêtant aux exigences de la consommation quotidienne.

La figure 27 nous montre l'installation prévue pour Paris.

Nous remarquons dans cette figure une allège, en Seine,
débarquant des viandes devant être immédiatement logées dans
un magasin frigorifique rappelant la figure 22.

Une galerie couverte aurait permis de recevoir la viande à
la sortie du magasin frigorifique, et de la livrer, au fur et à
mesure des besoins, aux voitures venant la chercher.

Telles étaient en leurs grandes lignes les instructions que j'avais rédigées.

Le volume déjà signalé : *Conservation de la viande*, les contenant est depuis longtemps épuisé.

On peut le retrouver dans les principales bibliothèques, surtout la Bibliothèque Nationale, celles de la Société des Ingénieurs civils de France, de la Société des Gens de Lettres (1871).

Pendant cette période de repos forcé, celle suivante et identique de la Commune, j'écrivis une brochure sur une forme d'impôt, que j'avais imaginé, intitulée : *l'Impôt unique et l'invasion de 1871*, laquelle n'était que le développement d'une autre parue en 1868.

Contrairement à bien des projets, depuis longtemps ayant surgi et s'appuyant sur des mesures souvent arbitraires, j'entendais ne faire payer chacun que dans la *proportion prise par lui dans le bien-être public*, ce qui est la base réelle, de tout impôt équitable.

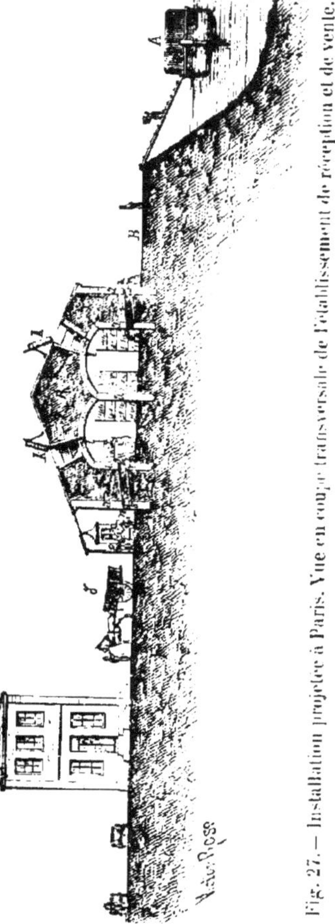

Fig. 27. — Installation projetée à Paris. Vue en coupe transversale de l'établissement de réception et de vente.

Les droits sur le revenu, proposés à diverses époques par les divers régimes se succédant, ont en principe leur raison d'être. Mais ceux qui s'en sont occupés ont chaque fois oublié qu'en ces matières on a contre soi les masses; qu'en touchant à leurs intérêts, par des moyens violents, on fait naître une hostilité sourde, allant toujours grandissante.

Ceci me remit en mémoire une circonstance précisant la coalition se formant aisément, quand il s'agit d'intérêts supposés attaqués.

Remontons à 1852 environ.

J'avais eu alors la pensée d'établir un compteur pour les voitures de place. L'idée s'est réalisée ces derniers temps.

Fort de mon projet et des conséquences économiques à en tirer, je fus trouver M. Ducoux, directeur, à cette époque, de la Compagnie des petites voitures.

Il m'accueillit très courtoisement, fut frappé de la justesse de l'idée, et m'ajourna à quelques jours pour nous entendre définitivement.

M. Ducoux était ancien Préfet de police. Il avait accepté la direction de la Compagnie que je viens de désigner, laquelle venait d'être fondée.

C'était un parfait galant homme, qui m'a laissé un excellent souvenir. Je revins le trouver au jour convenu.

Dès mon entrée, il me dit :

« J'ai beaucoup réfléchi à votre affaire. Elle est très bonne en principe, mais ils sont trois mille contre nous. Ils s'uniront pour détruire ou perturber les appareils. Rien à faire à cause de cela. »

« Nous sommes seuls pour lutter, c'est trop peu ! »

Il avait raison en principe.

Or, contre les projets dont je parle, ce ne sont pas seulement 3 000 volontés qui s'uniront ; mais des centaines de mille. De plus, ceux qui, possédant beaucoup, auront intérêt à éluder la loi, seront favorisés par *les banques étrangères*.

On a compté, dans ces divers projets, sur la violation des correspondances, ce qui n'est ni moral, ni honorable.

Mesure intile. Les banques du dehors auront des commis voyageurs pour apporter les fonds à domicile, et nul n'y pourra

voir. En fait. les petits seulement seront atteints; ce qui n'est
pas le but.

Donc :

De grands frais de perception ;

De non moins grands pour payer les délateurs ;

Voir la haute banque échapper à l'impôt ;

Tel est le bilan de la plupart des systèmes précités, lesquels
ne laisseront derrière eux que répulsion, injustice. impuissance, sans compter l'odieux. qui, trop souvent, viendra joindre
son action et augmenter le mécontentement.

Ce sont ces résultats que, dès 1868, j'avais compris et voulu
éviter en réalisant cependant le problème dans ce qu'il a d'équitable et d'économique.

Pour cela, ce n'était pas directement à la fortune que je
m'attaquais ; mais, je le répète, à sa manifestation, ce qui n'est
pas la même chose.

Ceci sans aucune pression ou manifestation gênante pour
personne. De plus l'application de ce système fiscal conduisait à
une économie d'au moins cinquante pour cent dans la perception de l'impôt. nous débarrassant d'une masse de rouages
financiers et administratifs allant toujours croissant. constituant
une véritable lèpre pour le pays.

Les brochures par moi publiées sur la question sont épuisées.
Les personnes que ce sujet intéresserait pourraient les consulter à la Bibliothèque Nationale.

Voilà leurs titres :

L'impôt unique et ses conséquences (1868).

L'impôt unique et l'invasion (1870-1871).

Dans l'étude ainsi résumée, une question. revenant de nos
jours, ne m'avait pas échappé.

Je veux parler des retraites pour la vieillesse.

Je les avais comprises dans mon programme, avec cette différence que je ne les avais pas limitées aux seuls ouvriers. mais
appliquées généralement.

Tout le monde payant l'impôt dans mon système, même l'enfant aussitôt sa naissance, tout le monde devait jouir des avantages existant, particulièrement de la retraite.

Loin d'oublier les femmes, elles arrivaient en ordre utile à un âge moindre que les hommes. C'était justice.

Un exemple montrera qu'en établissant les retraites autrement, on va au contraire à l'injustice.

Je prends un industriel.

Toute sa vie il a travaillé et fait travailler.

Il a contribué ainsi, non seulement aux retraites comme on les projette, mais encore au bien-être journalier de ceux qu'il occupait.

La mauvaise fortune est venue.

Il est ruiné, pauvre, âgé, ne peut plus travailler.

Que va-t-il arriver avec la loi actuellement proposée?

Qu'il n'aura pas de retraite, tandis que ceux qu'il a toute sa vie aidés, soulagés, en auront.

Est-ce juste?

Non!

Aussi, je le répète, la vraie solution, c'est la retraite générale, arrivant à tous indistinctement.

C'est à ce système que je m'étais arrêté et je le crois juste entre tous.

Ceci expliqué, je reviens à l'historique nous occupant.

Parallèlement aux travaux dont je parle, je donnai ma part de labeur à la cause commune. Je fis, à ce titre, certaines recherches concernant la défense, entre autres un projet de ballon dirigeable.

Dès cette époque, j'avais précisé que la question de la direction aérostatique se résumait par deux faits :

1° La création de ports, pour abriter les navires aériens.

2° Beaucoup d'argent.

Les expériences, réalisées ces dernières années, ont démontré, que là était et est vraiment la solution.

L'appareil, que j'avais conçu, pour sortir de Paris et y rentrer, était destiné à porter cent personnes.

La nacelle était nécessairement longue.

Un mât coulant, portant un contrepoids formant lest, la maintenait horizontale, malgré le déplacement des voyageurs.

Une hélice, horizontale aussi, permettait l'accès de diverses zones aériennes, sans jeter de lest. De plus, des ballons intérieurs, gonflés au gaz ammoniac, donnaient, par la condensation de ce gaz dans l'eau ou son dégagement, la possibilité de se maintenir aux hauteurs jugées utiles.

Naturellement une hélice était placée dans l'axe même de l'aérostat, à chaque extrémité, pour amener la propulsion. Ce projet attira l'attention.

Mais le temps marchait. Parallèlement, les ressources diminuaient. Tout ce travail fut par suite peine perdue.

Il en fut de même pour un projet de sous-marin, que je m'étais empressé d'étudier.

Une circonstance, dans laquelle je pus rendre service, me fit grand plaisir.

Une flottille de canonnières avait été amenée en Seine pour défendre les approches de Paris. Les hommes campaient sur le quai.

L'hiver approchait, et vivre sous la tente n'était vraiment pas confortable à cette époque. Au moins je le pensais.

Un jour, passant par là, je fus frappé de cette situation. En même temps, je songeai que mes ateliers, à peine installés, étaient vides; qu'ils pouvaient constituer pour nos marins un abri autrement sain et chaud que celui dont ils étaient gratifiés.

L'idée aussitôt venue, fut mise à exécution.

Dès que je fus rentré, j'écrivis au Commandant de la flottille, le capitaine de vaisseau *Thomasset*, depuis amiral, pour mettre à la disposition de ses hommes mes locaux.

Le lendemain matin, accompagné de son aide de camp, le lieutenant de vaisseau Rieunier, aujourd'hui aussi amiral et dont j'ai eu le plaisir de conserver la haute connaissance, vint me voir, me demandant le prix demandé pour la location.

Je lui répondis qu'en ce temps de misère publique, ne voulant pas profiter d'un sou, c'était gratuitement que je mettais mes locaux à ses ordres.

Il insista un instant, puis accepta me disant cependant qu'un officier d'état-major viendrait faire un état des lieux, afin de réparer ultérieurement les dommages s'il en était causé.

Ceci était juste. A mon tour j'acquiesçai.

C'est ainsi que, lors de la plus grande durée du siège, j'eus le plaisir de loger les marins. Ils furent parfois jusqu'à deux cents.

Malgré cette affluence, rien ne fut altéré par eux dans les machines. Le calme le plus complet régna parmi mes hôtes temporaires pendant tout leur séjour.

A la fin du siège. il n'en fut pas de même.

L'ennemi se chargea de nous donner le change, en nous canonnant vigoureusement.

Je reçus sept obus. La Commune m'en gratifia de huit. On additionna les dégats et la Ville me remit 50 p. 100 des dommages causés.

Cette question d'obus rappelle des faits à ma mémoire, montrant qu'en ces moments de fièvre, on accepte des situations auxquelles on ne croirait pas en temps ordinaire.

Voici un exemple :

Lorsque le siège arriva au point aigu sus-énoncé, la flottille, qui était particulièrement visée, fut obligée de remonter en Seine.

Comme tous les habitants du quartier. je quittai aussi les lieux et vins habiter Passy. dans l'appartement de mes parents.

Mon concierge, ancien soldat, avait voulu rester. Se calfeutrant dans une espèce de casemate. le tenant à l'abri du feu ennemi, il était, sinon confortablement. au moins sûrement installé.

Mais je n'étais pas sans inquiétude sur lui, sur les ateliers.

Aussi, tous les soirs, après mon dîner, j'allais voir si tout était en état. Afin d'éloigner les rôdeurs, j'avais recommandé d'allumer des veilleuses dans l'appartement.

Pour accomplir cette visite, il fallait nécessairement aborder la zone périlleuse.

A l'aller, c'était relativement facile. Je voyais le feu sortir des pièces. Je savais qu'on tirait deux coups presque simultanément.

Dès la première flambée, je m'arrêtais, écoutant si le projectile qu'on entendait fortement siffler venait à moi ; auquel cas je me serais jeté à terre sans hésiter.

Mais, au retour, je n'avais plus ce repère. Le bruit se propageant moins vite que la lumière, il fallait alors une bien plus grande attention pour éviter le danger.

Chaque jour je faisais cette promenade, je n'ose dire hygiénique, sans hésiter. Certes j'aurais bien protesté six mois auparavant, si l'on m'avait fait prévoir semblables expéditions.

Une fois, je rencontrai un compagnon de route.

Après avoir cheminé quelque peu et entendu 3 ou 4 obus éclater, il me déclara qu'il en avait assez et tourna bride hâtivement. Je n'en fus pas fâché, car j'ignorais qui il était. Or, en ce temps de troubles, une promenade solitaire, avec un quidam inconnu, n'avait rien d'alléchant.

Ce que je dis ici, de cet oubli du danger, n'était pas un fait personnel, loin de là.

Ce même sentiment animait les uns, les autres.

On voyait des enfants courir après les obus, pour s'emparer des éclats, qu'au début surtout ils vendaient bon prix.

La population entière de Paris fut digne d'éloges.

Hommes, femmes, personne ne voulait se rendre. Le patriotisme le plus pur, le plus absolu, existait alors et cependant la mortalité frappait fort.

Les dernières semaines. le nombre des décès alla jusqu'à cinq mille.

A la fin, la situation fut telle. que le pain vint à manquer.

On ne se rend pas compte de l'isolement d'une ville assiégée et de sa pénurie, quand on n'a pas vécu ces heures désolées.

Le monde n'existait plus pour nous. Au bas des murs de Paris, l'inconnu commençait.

Au cours des péripéties amenées par les circonstances du siège, je retrouve, dans mes souvenirs, un fait qui ne me causa pas satisfaction.

J'ai bien peur d'avoir été anthropophage, sans le savoir bien entendu.

Voici comment :

Plus le siège avançait, plus la vie devenait dure, plus on cherchait à satisfaire à ses exigences aux meilleures conditions possibles, argent et qualité.

A cet effet. j'allais assez fréquemment diner dans un restaurant où, moyennant un prix raisonnable, on pouvait trouver qualité relative.

Nous dinions d'habitude plusieurs amis ensemble.

Un jour, cependant. je ne sais par quelle circonstance, j'arrivai bien avant les autres.

Une fois installé je demandai la carte. Je fus fort surpris d'y voir figurer.... du pot-au-feu.

Le cas était rare. J'acceptai avec empressement l'occasion.

Puis, sans plus songer. je me mis à manger. tout en lisant mon journal.

Je dois le confesser le pot-au-feu me parut exquis.

Si bien que je formulai timidement, comme il convient en pareil cas. le désir d'en avoir une deuxième fois.

La personne me servant me fit observer qu'elle ne savait pas si elle pourrait satisfaire mon désir, vu la rareté du mets.

Triomphalement. elle reparut quelques instants après portant l'objet de ma convoitise.

J'allais l'attaquer avec l'ardeur d'un gourmand, quand un objet frappa ma vue et attira mon attention.

Cet objet était un os ou pour mieux dire une côte ressortant de la viande.

Immédiatement, mon esprit se frappa.

Reportant ma pensée vers l'époque traversée, je me fis les réflexions successives que voici.

Cette viande ne pouvait venir du jardin des plantes. Depuis longtemps tous ses hôtes comestibles avaient été livrés à l'alimentation.

Ce ne pouvait être du chien, l'os était beaucoup trop gros.

Ce ne pouvait être non plus des viandes introduites dans Paris. Quand le fait se produisait, elles étaient vendues à des prix inabordables pour des établissements comme celui dont j'étais l'hôte.

Alors ce ne pouvait être que de l'homme !

Cette déduction surgissant à ma pensée me remplit de trouble.

Elle était d'autant probante que chaque jour des combats étant livrés à la périphérie de Paris, il était facile à des êtres peu scrupuleux de prendre aux victimes des morceaux, de les mettre en circulation.

Tout cela vint à ma pensée bien plus rapidement que je ne l'écris.

Vivement ému, saisi de dégoût, je me levai de table et, prétextant une indisposition, je payai et m'en allai.

Jamais, on le pense, je ne suis retourné dans le dit restaurant.

Et ce qui m'a confirmé dans la croyance énoncée, c'est qu'à quelque temps de là, je l'appris par les journaux, le propriétaire du susdit restaurant se suicida.

Je crois donc avoir été un cannibale sans le vouloir, avec cette circonstance aggravante, que j'ai trouvé bonne, très bonne, la viande ainsi absorbée.

Mais les difficultés pour la vie allaient toujours en augmentant.

Le pain, je l'ai dit, devint rare et quel pain?

Il fallut le rationner.

Situation grave, très grave pour une population de **deux** millions d'habitants, ayant toutes ses approches occupées **par** l'ennemi.

Même au restaurant, il fallait l'apporter.

Personne cependant ne murmura; ce qui justifie ce que j'ai dit de l'abnégation parisienne.

A ce sujet, il m'arriva la mésaventure que voici :

Le pain n'étant plus délivré que sur un bon émanant de la mairie; je fis comme tous, je me présentai au dit lieu **pour** avoir le mien.

Je m'adressai sans préoccupation à l'employé chargé de **ce** service.

Après avoir attentivement consulté son livre, il se redressa et me déclara qu'il ne pouvait me délivrer de bon, attendu **que** j'étais mort!

Interloqué par cette déclaration plus qu'intempestive, **je** me palpai et n'eus pas de peine à me convaincre que j'étais bien vivant.

Mon estomac lui-même, protestant de son côté, aidait à me fortifier dans cette croyance.

Je m'inscrivis donc en faux contre cette assertion, et j'insistai.

Ce fut en vain.

L'employé, se reportant sur son livre et craignant sans doute une supercherie, tint bon. A nouveau il m'affirma que, ne vivant plus, je ne pouvais avoir de pain.

Je n'étais pas content.

Mais comment réagir contre cette imprévue situation, dont je n'ai jamais eu le mot?

A ce moment, où tout était désorganisé, ce n'était pas **facile.**

Heureusement, j'avais des amis, avec lesquels, je l'ai dit, je dînais journellement.

Je leur contai ma mésaventure.

Pendant quelques jours, ils me donnèrent des bribes, dont il fallut me contenter. Forçant, sur ce que je pouvais rencontrer au restaurant, je pus, quand même, passer ce mauvais moment.

C'était du reste la fin.

L'armistice vint en effet nous surprendre.

Je dis surprendre, car quelque grave que fût la situation, nul ne voulait parler de répit et surtout de se rendre. Le mot *capitulard* était alors la plus grosse injure pouvant être adressée.

Je profitai de l'armistice pour sortir pendant quelques jours de Paris, avec les amis m'ayant aidé à me substanter.

Ce ne fut pas facile. Tout un jour, nous attendîmes à la barrière de la Chapelle, en butte à nombre de vexations de la part de l'ennemi, lequel barrait la route.

Heureusement nous avions fait à la Chapelle un déjeuner exceptionnel — des pommes de terres au lard — ce qui nous avait mis en bonne disposition d'esprit.

Enfin, à 4 heures, on nous laissa passer.

Nous nous rendîmes à Saint-Denis, dans la pensée bien naturelle d'y dîner.

Prétention bien présomptueuse.

Un hôtelier nous en démontra l'absurdité.

Il nous fit avec raison observer que Saint-Denis était bondé d'Allemands, que nous n'y trouverions pas une chaise pour nous asseoir.

Le mieux, suivant lui, était pour nous de suivre jusqu'à Gonesse, tête de ligne alors des trains.

Les instants pressaient. Le conseil était bon. Nous nous rendîmes à cet avis.

Nous continuâmes donc notre route, à pied, bien entendu, sous une pluie battante, par des chemins délabrés.

A Stains, nous eûmes l'heureuse aubaine, pas suffisamment appréciée, de prendre un potage.

Enfin à 10 heures, nous arrivâmes à Gonesse.

Pleins de la même fatuité, nous cherchâmes un hôtel, un logement, enfin à dîner.

Après avoir vainement battu la ville, toujours sous la pluie tombant à torrents, nous nous décidâmes humblement, conseillés par un officier allemand (qui nous guida pour repasser les postes, l'heure de circuler étant passée), nous nous décidâmes, dis-je à gagner la gare encore fort éloignée.

Là, notre désenchantement arriva à son apogée.

A Gonesse nous avions été bien reçus. Ici nous le fûmes comme des chiens, par l'officier commandant la gare, qui nous en refusa l'entrée.

Il fallut nous résigner à passer la nuit dans un wagon à bestiaux, non balayé, et assis à la turque. Nous étions loin des douceurs, que, dans notre inexpérience de ce qui se passait hors Paris, nous avions escomptées si légèrement.

Heureusement qu'en traversant Saint-Denis j'avais éprouvé une sorte de pressentiment. Sous son influence, et, à tout hasard, j'avais acheté un pain et un fromage.

Nous partageâmes le tout.

Ce fut là le repas somptueux qu'après mille fatigues nous offrîmes à nos estomacs délabrés, au lieu du plantureux dîner que nous nous étions promis.

Le lendemain matin, au jour, après bien des difficultés, suscitées par le même officier, qui s'en faisait vraiment un jeu, nous pûmes enfin partir.

Nous vîmes vite que la lutte, mal engagée, n'était plus possible.

D'intransigeants que nous étions en quittant Paris; nous y rentrâmes, quatre jours après, convaincus que le mieux était d'aider à la paix se préparant.

Elle eut lieu et chacun songea à reprendre ses occupations.

La première offre d'affaires me venant partit d'Amérique. Voici comment :

En 1868, j'avais eu, je l'ai dit, à monter à Marseille une machine frigorifique de mon système, à liquéfaction mécanique des gaz, pour faire la glace. Voir la figure 15.

Cette installation avait amené un projet de cession de brevet, je l'ai expliqué, pour les États-Unis, où n'existaient pas encore de machines frigorifiques, au moins à liquéfaction mécanique.

La guerre intervenant, ce projet tomba d'autant mieux que, pendant ce temps, un des envoyés était décédé et que l'autre, par suite de la guerre, avait quitté les États-Unis.

Dès le lendemain du siège, les personnes ayant expédié ces mandataires m'écrivirent pour me proposer de quitter Paris et de venir m'établir à New-York.

Cette offre méritait attention. Elle était tentante.

D'une part, elle émanait de gens sérieux, m'offrant tous les fonds nécessaires à l'exploitation du froid, de la glace : de l'autre, de tous les peuples, le Nord-Amérique est certainement celui consommant le plus de ce produit, par conséquent très favorable aux applications frigorifiques.

La proposition était séduisante.

Mais est-ce bien au lendemain d'un désastre que je devais abandonner mon pays ?

Je ne le pensais pas et refusai.

J'ai été peu récompensé, je dois tristement le dire, de cette détermination.

Je ne la regrette cependant pas, ayant obéi alors à ce que me disait ma conscience.

La situation néanmoins restait en France bien pénible.

Au lendemain de la guerre, l'abattement était général.

J'étais moi-même, par suite de la succession des faits, dans le plus complet isolement. Tout était tombé autour de moi.

J'étais bien anxieux.

Heureusement que, dans l'établissement installé avec tant

d'ardeur, j'avais fait la part de l'industrie urbaine, par la création, je l'ai expliqué, d'une installation pour la production de carafes frappées.

Je me rappelai ce fait et me dis qu'il n'y avait plus à hésiter, qu'en attendant la reprise des affaires, il fallait m'occuper de cette question plus terre à terre, mais permettant de vivre.

Je me mis donc à l'œuvre, installant le service propre à cette exploitation.

Tout en me livrant à ce labeur, qui, en somme, couvrait mes frais généraux, je ne perdais pas de vue mes projets sur la conservation de la viande et des autres matières alimentaires, même de celles utiles au commerce, à l'industrie, particulièrement à la conservation des fourrures.

Comme je l'ai expliqué, j'avais vu dans le monde microbique l'adversaire permanent de toutes matières organiques, adversaire qu'il fallait combattre énergiquement. Or le froid, surtout le froid sec, était l'arme qui, seule, promettait la victoire.

Ce n'était pas que je crusse, dans ces infiniment petits, à des ennemis nés, qu'il fallait toujours et à tout prix anéantir.

J'avais compris autrement leur mission grande et puissante.

Je vais en dire quelques mots spéciaux, parce que cette question n'est pas toujours appréciée comme elle le comporte. Elle présente cependant un intérêt considérable.

CHAPITRE XIX

LES MICROBES

**Leurs propriétés générales. — Leur raison d'être. —
Leur immense dissémination. — L'œuvre de Pasteur. —
La stérilisation de l'eau, du lait. — La chaleur en thérapeutique.**

Les microbes ne sont pas, comme on le croit généralement, des organismes purement malfaisants. Ce sont au contraire des agents nécessaires. Beaucoup, même, sont utiles à l'industrie.

Les considérant dans leur raison d'être générale, nous voyons qu'ils ont une mission de premier ordre à accomplir, et que voici :

Ce sont des travailleurs réducteurs, c'est-à-dire qu'ils ramènent à la nature des éléments simplifiés, combinables à nouveau.

En un mot, ce sont, si je puis dire, des ouvriers atomistes s'attaquant à la molécule pour la décomposer, réduire à leur plus simple expression les corps l'ayant formée.

C'est ainsi que ces infimes travailleurs sont grands producteurs d'acide carbonique, lequel étant ultérieurement absorbé par les plantes, nous est rendu par elles à l'état de carbone.

S'ils n'avaient pas existé de tous temps, nous serions sans houille et ne pourrions faire du charbon.

Quelques développements sur ces organismes, si déliés qu'ils échappent à notre vue, sont nécessaires.

J'aborde ce sujet.

Dans l'ensemble de la Création, il y avait une nécessité à remplir, c'était de rendre, à l'immensité, les matériaux ayant servi.

Sans cette précaution, non seulement les éléments fixés par

elle seraient restés inertes à la mort, mais leur proportion, utile à la continuité de la vie, aurait été sans cesse en diminuant.

De plus les organismes ayant vécu, augmentant journellement à leur tour, le sol aurait été vite encombré de cadavres, de détritus de toutes sortes.

La vue serait restée constamment offensée.

L'existence aurait été insupportable, si ce n'est impossible.

La terre, en un mot, au lieu du spectacle enchanteur par elle présenté à nos âmes, serait devenue un véritable charnier.

Le Créateur, dans le livre duquel, malgré nos prétentions à la science, nous épelons à peine, le Créateur dis-je, vers lequel il faut bien finalement remonter, avait prévu toutes ces choses.

Aussi l'équilibre terrestre fut-il établi, par sa volonté, sous cette loi immuable :

Que la mort devait avoir autant d'ampleur que la vie.

Et pour que la première pût exercer ses droits, sans que la nature cessât d'être riante d'offrir à nos yeux, à nos sens, les splendeurs que nous y rencontrons, de multiples classes d'êtres furent créées, s'enchaînant les unes les autres, de manière à faire disparaître la matière organique dès que la vitalité n'existait plus. Faire, en un mot, comme je viens de le dire, *que la somme de mort fût égale à celle de vie.*

Ce cycle, dans ses visibles manifestations, l'homme l'a connu de tous temps.

Il commence aux grands carnassiers. Puis, suivant une marche descendante, il arrive aux êtres les plus faibles.

Il se continue par l'activité des poissons, des mollusques, des plantes, des insectes.

En un mot, par celle de toute la création, les organismes ayant vécu s'absorbant les uns par les autres, depuis les plus grands jusqu'aux plus petits.

Mais l'action de tous ces travailleurs ne suffirait pas à rendre à la nature les éléments aussi simplifiés qu'il le faut pour qu'ils puissent se prêter à de nouvelles reconstitutions.

C'est alors qu'apparaissent les microbes venant exercer une action complémentaire, permanente de réduction, comme je viens de le dire.

Cette action s'accomplit partout, en n'importe quel lieu, accessible ou non aux autres êtres. C'est l'œuvre éternelle d'entretien de la vie.

C'est parce que j'étais convaincu de cet ordre de faits, aussi de l'influence de la chaleur sur ces agents réducteurs, que je vis, dès le début de mes recherches, l'importance du froid pour neutraliser leur activité.

Pour que les minuscules êtres dont nous parlons puissent accomplir leur grandiose mission, il faut qu'ils se répandent partout.

Cela est en effet. D'où leur immense dissémination.

C'est l'air qui est d'abord et naturellement leur habitat.

C'est lui, qui les porte en tous lieux, distribuant dans les endroits les plus cachés les germes propres à chaque décomposition.

A cet effet le nombre des espèces microbiennes est considérable. Il se prête à toutes les nécessités de leur mission réductrice. Aussi rien ne leur échappe de ce qui a vécu.

L'eau charrie bien de nombreux microbes.

Elle n'arrive qu'en deuxième ordre, recevant de l'air surtout, par les condensations atmosphériques, l'ensemencement qu'elle comporte. Son action est naturellement limitée, tandis que dans l'air se trouvent tous les germes nécessaires aux réductions sus-indiquées.

Tout ceci constitue un roulement considérable, immense, infini (si ce mot peut être appliqué aux choses de la terre), agissant à toutes heures du jour, de la nuit, en tous lieux, sans que nous nous en apercevions.

Longtemps il n'a pas été question de ces infiniment petits, si puissants cependant.

On soupçonnait leur existence.

Le microscope en avait décelé quelques-uns.

Mais rien de régulier, de certain n'était venu nous dire ce qu'ils étaient, comment ils fonctionnent, leur mission, les résultats qu'ils produisent.

C'est Pasteur, notre très grand savant, qui, convaincu de cette idée, que la vie inférieure ne naissait pas de circonstances fortuites, mais bien de germes préexistants, agissant sur toute la création, c'est Pasteur qui nous fit la lumière.

Là est son inaltérable gloire.

Par des recherches aussi savantes que coordonnées, il démontra, ce qu'on ne savait pas avant lui, que les microbes existent en quantités considérables, infinies.

Il nous apprit qu'ils sont conduits par l'air partout où besoin est.

Enfin il fit comprendre :

Qu'il y a autant d'espèces que de réductions atomiques nécessaires ;

Que, par suite, les fermentations ont surtout ce but déjà précisé :

Ramener un composé quelconque à un état plus simple, plus élémentaire, finalement assimilable à nouveau.

Ces notions régissent aujourd'hui la science mondiale.

Pasteur ne les fit pas triompher d'un coup.

Lui aussi eut beaucoup à combattre.

Des physiologistes et des plus réputés, de 1860 à 1870 surtout, présentaient à l'Académie des sciences des mixtures dans lesquelles la vie, suivant eux, s'était spontanément développée.

Pasteur reprenait patiemment les faits, les répétant avec tout le soin comporté par semblable examen, soin que lui indiquait sa science profonde.

Un mois, deux mois après, suivant la nature de l'expérience, il venait démontrer :

Qu'on avait mal opéré ;

Qu'en se plaçant, pour les cas présentés, dans des conditions d'absolue préservation de l'atmosphère, la vie ne se produisait pas;

Qu'au contraire elle apparaissait dès que le contact avec l'air était rendu à la culture étudiée et d'abord maîtrisée.

Donc, c'était bien l'air qui contenait les germes nécessaires à l'ensemencement microbique et de génération spontanée?

Il n'y en avait pas!

Il y avait l'œuvre d'êtres préexistants, agissant suivant des espèces créées, se perpétuant régulièrement et qu'il commença à cataloguer.

Après plusieurs années de discussion, devant des expériences répétées avec une patience admirable, une maîtrise impeccable, l'Académie se rangea à la théorie de Pasteur.

Le monde savant vint après elle.

En 1872, Liébig voulut reprendre la lutte. Elle ne fut pas longue. Pasteur lui répliqua d'une manière précise.

Aujourd'hui, l'Allemagne est la première à honorer Pasteur, à mettre ses lois en pratique.

La science entière s'est placée sous l'égide de ses savantes déductions.

La moyenne de la vie, entre autres bienfaits, s'est notablement augmentée.

Pasteur est le grand bienfaiteur de l'humanité.

Il a été en même temps un grand philosophe, un homme vraiment pénétré de l'œuvre divine.

Sa gloire est d'avoir toujours voulu la vérité, sans se laisser influencer par les sophismes.

Sans lui, nous en serions encore probablement à la génération spontanée.

Si les germes microbiques ont une mission aussi complète à remplir, il faut que leurs espèces soient excessivement variées, leur vie bien résistante.

Cela est, nous l'avons déjà dit.

Comme de tous côtés on travaille la question, un grand nombre de ces espèces ont été classifiées.

Nous sommes loin de les connaître toutes.

C'est à peine si nous avons soulevé un coin du voile les masquant à notre vue.

Disons à ce sujet que le nom de microbe est générique et que sous lui on peut classer :

Les bacilles, organismes unicellulaires en bâtonnets ;

Les bactéries à plusieurs cellules, toujours en bâtonnets ;

Les vibrions, qui affectent la forme de virgules ;

Les spirilles, en hélices, etc.

On divise encore les microbes en deux grandes catégories :

Les microbes aérobies, vivant par le contact de l'air ;

Les microbes anaérobies, vivant sans air.

Si les espèces sont assez nombreuses pour suffire à tous les labeurs, et nous les savons immenses, que dire du nombre de ces êtres minuscules, ou plutôt de leur pullulation ?

Là, l'imagination est forcée de s'incliner.

Précisons que cette pullulation est nécessaire.

Ces organismes étant très petits, leur vie courte (d'où le nom microbe), leur activité s'exerçant sur des molécules, il faut que leur multiplicité soit énorme, que leur action soit incessante, pour que la tâche, leur incombant, puisse être remplie.

Nous aurons une idée de cette multiplicité par quelques exemples.

Qu'on prenne une des cuves à fermentations employées en distillerie, ces cuves contiennent chacune, parfois, plusieurs centaines d'hectolitres.

Le ferment qu'on y sème est tellement prolifique qu'en 3 ou 4 jours, si la température est suffisante, tout le sucre est transformé en alcool !

Qui oserait supputer le nombre des infimes travailleurs s'étant développés pour accomplir un semblable travail ???

Prenons un autre exemple.

La vendange dure environ un mois.

Pendant ce temps, tout le sucre du raisin récolté est transformé en alcool, ce qui fait le vin.

Où a-t-on trouvé les actifs ouvriers nécessaires à cette énorme besogne?

Simplement sur la peau du raisin.

Or, c'est de l'air, toujours de l'air, que ce dépôt a été reçu.

Par quel miracle ce ferment, nommé *saccharomyces ellipsoïdeus* s'est-il là justement fixé?

Nous ne le savons pas. C'est le secret de Dieu.

Ce qui est certain, c'est qu'il existe.

La preuve, la voilà :

Prenons un grain de raisin et extrayons-en soigneusement et rapidement un peu de pulpe, sans lui donner aucun contact avec la peau.

Plaçons cette pulpe dans le vide, sur du mercure stérilisé.

Rien ne se modifiera et nous pourrons conserver la pulpe intacte, indéfiniment.

Mais complétons l'expérience.

Lavons la peau de ce même grain mise de côté, dans de l'eau stérilisée. Introduisons de cette lessive sur la pointe d'une aiguille dans la pulpe conservée inerte.

Immédiatement la fermentation s'y établira.

Le ferment était donc déposé sur la peau du raisin, puisque l'eau employée était stérilisée et que cependant l'activité fermentescible s'est révélée au contact de cette eau ayant lavé la dite peau.

Ainsi se trouve démontrée la prévoyance divine, attachée à chaque chose de la création.»

Je parlais de l'air, il y a un instant.

Disons :

Qu'à Paris, l'atmosphère comporte, suivant les endroits, de 2 000 à 15 000 microbes par mètre cube, proportion augmentant notablement dans certains milieux.

Ainsi l'Hôtel-Dieu en contiendrait 40 000.

Nos salles de spectacles, plusieurs centaines de mille.

D'après MM. Strauss et Desbreux, nous en aspirerions près de 50 millions par 24 heures.

Heureusement que tous, et à beaucoup près, ne sont pas nocifs ; que, d'autre part, nos tempéraments sont généralement assez sains pour ne pas être en état permanent de réceptibilité ; qu'enfin ils sont moins dangereux introduits dans l'organisme par la respiration que par les actes digestifs.

Remarquons encore que, plus nous nous élevons, moins nous en rencontrons. On n'en trouve plus sensiblement sur les hautes montagnes.

Nous reportant vers l'eau, nous y trouvons des manifestations également très puissantes de la gent microbique.

C'est ainsi que, par litre :

L'eau de la Vanne contient.	800.000	bactéries
— la Dhuis	1.890.000	—
— la Seine, à Ivry.	32.530.000	—
— la Marne	36.305.000	—
— la Seine, à Austerlitz	44.490.000	—
— l'Ourcq.	53.330.000	—
— la Seine, à Chaillot	112.600,000	—

Avec les égouts et autres émissaires d'infection, c'est bien autre chose.

Là, l'imagination est dépassée.

Nul ne croirait que la Seine, au point de son parcours où elle reçoit le collecteur, renferme par litre jusqu'à 20 milliards de micro-organismes.

Et cependant tout ceci est vérité !

Ces chiffres justifient ce que je disais, en commençant ce volume, sur l'opportunité de traiter les matières d'excrétion par le feu. Ce que du reste on commence à faire pour les ordures urbaines.

La conséquence des nombres plus haut énoncés est que nous absorbons avec l'eau quantité d'organismes.

Comme pour l'air, un grand nombre d'entre eux nous sont indifférents.

Il en est cependant de dangereux, qui influent d'autant plus sur notre santé que, introduits dans l'estomac, ils exercent une action beaucoup plus active que ceux reçus par nos organes respiratoires. De là la nécessité de nous prémunir contre leur nocivité.

Parmi les microbes néfastes, pouvant ainsi nous affecter, nous trouvons d'abord et très communément le bacille d'*Eberth*, produisant chez nous la fièvre typhoïde.

Au moment où j'écris ces lignes, la garnison de Cherbourg est cruellement affectée de ce bacille, lequel, on ne saurait trop le répéter, est très répandu dans les eaux.

Le choléra n'a pas d'autre source que le bacille *Virgule* ou de *Koch* charrié d'abord par l'air. Il est probable que, déposé par lui sur l'eau, celle-ci est son plus sûr moyen d'intrusion en nous.

Bien d'autres maladies, trop longues à énumérer, sont produites par des microbes correspondants.

L'eau est donc une ennemie permanente.

Le seul remède préventif et certain contre son action, remède que j'ai indiqué dès 1866, est l'ébullition, ou mieux le traitement, en vase clos, par la chaleur, ce que j'ai appelé la cuisson de l'eau.

Il y a en effet une grande différence dans les deux modes d'action.

Je les ai précisés dans une note publiée par le *Journal d'Hygiène* du 8 septembre 1881, et que nous allons trouver plus loin.

J'étais, à cette époque déjà éloignée, préoccupé de ce qui se passait dans les pays chauds. Ce que je disais alors à ce sujet reste vérité et se généralise à toutes contrées, à tous cas.

Maintenant surtout, que la science nous a fait connaître plus intimement l'influence microbienne, nous devons, plus que jamais, agir contre ces infimes et multiples adversaires.

A ce titre, je vais reproduire ce que j'écrivais, dès cette époque, dans le *Journal d'Hygiène*. Le dire est toujours vérité.

« L'énergie avec laquelle les maladies infectieuses se manifestent, surtout dans nos colonies et particulièrement dans le Sud-Africain, donne de l'opportunité à tous les moyens, pouvant, dans l'état actuel de nos connaissances, être considérés comme préventifs.

« Ainsi que je l'indiquais, dans une note envoyée à l'Académie des Sciences, il y a déjà quelques années, l'eau est assurément l'élément qui introduit le plus aisément dans notre organisme les germes de ces maladies.

« Si, en effet, nous considérons les pays soumis le plus communément à leurs influences, nous voyons que les heures nocturnes sont celles qui donnent le plus d'appoint à la contagion et ce, précisément, parce que l'atmosphère est alors plus chargée d'humidité.

« Or, si, à l'état de vapeur, l'eau peut charrier si aisément les germes malsains, que n'a-t-on pas à redouter des eaux ordinaires, recevant la rosée, la pluie, souvent dans nombre de localités, les immondices, aussi les déjections venant de corps sains ou déjà atteints de contagion.

« Évidemment, se doit voir là le véhicule le plus certain des miasmes malsains.

« Si l'on y ajoute la présence de végétations, d'animalcules existant naturellement dans ces eaux, on comprendra tout l'intérêt qu'il y a, pour la santé publique, surtout *celle de nos troupes*, à purger absolument l'eau, de tous les organismes par elle renfermés.

« Pour obtenir ce résultat et débarrasser l'eau sans l'altérer, des principes délétères qu'elle contient, le traitement le plus efficace, le plus sûr, c'est la chaleur.

« Toutefois l'ébullition simple ne comporterait pas un moyen convenable. Elle aurait l'inconvénient de priver l'eau de l'air, de l'acide carbonique qu'elle contient. Il importe au contraire de l'enrichir, si possible, d'oxygène.

« Voici (représenté par la figure 28 de cet historique) l'appareil qui permettrait de chauffer sans dépense sensible une très grande quantité d'eau, tout en lui conservant ses propriétés digestives.

« Cet appareil, que tout le monde peut aisément et partout

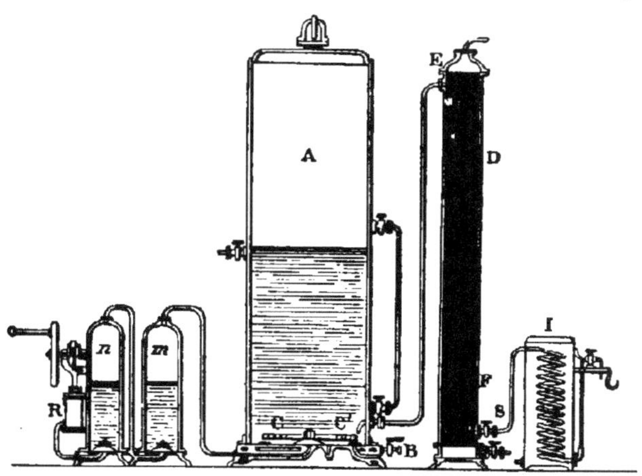

Fig. 28. — Appareil continu pour stériliser les eaux par la chaleur.

établir, conduirait à un résultat précieux, surtout pour celles de nos colonies où, comme la Cochinchine, Dakar, Mayotte, la Guyane, etc., l'état sanitaire laisse constamment à désirer.

« Là, l'emploi d'eau purifiée, absolument saine, rendrait les plus grands services et améliorerait naturellement les conditions hygiéniques de nos soldats et marins.

« *A* est une capacité en tôle, surmontée d'une soupape pouvant résister à quelques atmosphères de pression : elle est remplie d'eau.

« En ouvrant un robinet, on fait arriver un courant de vapeur dans le serpentin C C' et on amène ainsi la température intérieure à 120° environ.

« A cette température — et elle pourrait être plus élevée s'il le fallait — tous les germes fermentescibles sont détruits ; l'eau cependant n'a pas perdu les gaz qu'elle contenait en dissolution, puisqu'elle a été chauffée sous pression.

« Comme elle est chaude, on la fait passer dans l'appareil D, lequel n'est autre qu'un échangeur, à travers les tubes duquel, passe l'eau de refroidissement, sortant par E.

« L'eau stérilisée, passant autour des tubes dans la capacité D et marchant en sens contraire de l'eau de réfrigération se refroidit, sans être, bien entendu, en contact avec cette eau de refroidissement, et sort à volonté par le robinet S.

« Si l'on dispose d'un appareil frigorifique, on ajoute au robinet S le serpentin I, autour duquel on met de la glace, et on s'arrange pour faire sortir l'eau non pas à 0°, ce qui est inutile et malsain, mais bien de 12° à 15°, température la meilleure et la plus hygiénique, en tous pays.

« Ce mode est bien préférable à l'emploi, qui se fait généralement, de corps antiseptiques. On a beau ajouter à l'eau : du vinaigre, de l'alcool, du jus de fruits, etc., etc., il n'y a là que des palliatifs impuissants.

« Si, en effet, l'on étudie un peu les fermentations, on se rend compte d'une chose, c'est que tous ces corps, ajoutés en petite quantité à l'eau, ne paralysent pas les ferments, et comme, d'autre part, on ne peut pas les mélanger à trop haute dose, sous peine de ne plus avoir de boisson potable, on se trouve donc avoir manqué le but, tandis qu'avec la chaleur, le résultat est absolu.

« Je n'ai encore rien dit de la pompe R, qu'on remarque à gauche de la figure 28. Cet organe est une pompe à air.

« Déjà, par le mécanisme même de l'appareil, nous avons vu que l'eau se chauffait sans perdre d'air. Mais nous pouvons mieux. A l'aide de la pompe R, nous pouvons injecter de l'air dans l'eau et ce dans la proportion que nous voulons puisque nous pouvons arriver à 5 ou 6 atmosphères de pression, que, d'autre part, la faculté dissolvante de l'eau augmente en proportion directe de la pression.

« Si donc, à la pression de l'atmosphère, l'eau tient en dissolution trente-deux millièmes de son volume d'air, soit 1 p. 100 d'oxygène, à 2 atmosphères, nous aurons près de 2 p. 100, à 3 atmosphères, 3 p. 100, etc., etc.

« Dans ces conditions, nous aurons sous la main la possibilité de fabriquer partout de l'eau légèrement oxygénée, c'est à-dire de porter directement sur les organes digestifs un liquide plus actif, plus excitant; ce qui, dans bien des cas, aura sur la réparation organique un résultat considérable.

« Pour que l'air ainsi injecté, n'entraîne pas de germes délétères dans l'eau purifiée, deux moyens existent :

« Le premier consiste à laver l'air dans le vase *n*, contenant un acide, puis dans un autre *m* contenant de l'eau déjà purifiée.

« Le second, qui est préférable, consiste dans la substitution au premier vase *n* d'un serpentin placé dans un foyer.

« L'action de la chaleur est en effet beaucoup plus certaine. Elle atteint absolument toute la masse gazeuse, tandis qu'avec le lavage il pourrait y avoir des corpuscules échappant à l'action purifiante.

« *En terminant, je dois dire que cette communication n'est couverte par aucun brevet et qu'elle reste de la manière la plus complète à la disposition de tous ceux qui, dans un but de santé publique, voudront employer ces appareils, soit en France, soit à l'étranger (1881).* »

Malgré le concours éclairé de la Société Française d'Hygiène, l'idée ne fit pas son chemin.

On y était réfractaire.

Cette pensée : « voir dans les infiniment petits renfermés dans l'eau la cause de nombreuses maladies » venait en quelque sorte renverser toutes les données acquises. Elle n'était pas facilement acceptée. Elle était trop neuve.

Même dans le monde médical, elle trouvait alors, sinon des

opposants, au moins un accueil plus que froid. J'en ai eu la preuve.

Un peu plus tard, je saisis le Ministère de la Guerre de l'opportunité de ce moyen pour donner à nos hommes de l'eau vraiment salubre, éviter ainsi la fièvre typhoïde et autres maladies pernicieuses.

Je ne fus pas écouté.

Ce qui vient de se passer à Cherbourg (1909) montre cependant que j'avais vu juste et que bien des hommes ont payé de leur vie, je ne dirai pas le dédain, mais la négligence apportée à suivre les conseils alors donnés et que la sagesse prescrivait.

Je poursuivis néanmoins la campagne et, le 27 avril 1887, j'adressai à l'Académie des Sciences une nouvelle note.

En signalant la résistance rencontrée pour l'adoption de ce moyen de prophylaxie, je serais ingrat si j'oubliais de dire que la Société d'Encouragement pour l'Industrie Nationale, qui cherche partout le bien pour lui aider, avait bien voulu, en 1895, reconnaître, par un prix de mille francs, l'originalité de mes travaux.

Depuis, je n'ai cessé de travailler la question, désireux d'arriver à créer, ce qui est nécessaire, un appareil de famille vraiment pratique, tant par son prix, sa facilité d'emploi, que par son absolue sécurité.

Ce résultat très important est atteint par les figures 29 et 30 que voici et dont je vais dire quelques mots.

Ces appareils sont de la contenance de 1 litre.

La figure 29 représente l'appareil pour les tables riches. Il est en cuivre étamé et nickelé.

La figure 30 montre celui destiné à la généralité des familles. Il est en fer complètement étamé.

Quel qu'il soit, son emploi est simple.

Il suffit de le remplir d'eau à déborder, de le fermer en serrant légèrement son bouchon à vis, et de le cuire au bain-marie bouillant pendant une demi-heure.

La figure 31 montre la cuisson des bouteilles au bain-marie.

Il est facile de voir, par cette figure, combien cette opération

Fig. 29. — Bouteille stérilisatrice. Modèle riche.

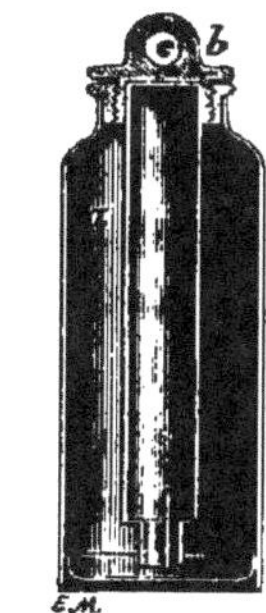

Fig. 30. — Bouteille stérilisatrice. Modèle de famille.

est facile et peut être confiée aux mains les moins habiles.

L'eau chaude du bain marie pouvant servir au lavage de la vaisselle ou à tous autres usages, le coût de l'opération est réellement négatif.

Si l'on veut élever la température il suffit d'ajouter 350 à 400 grammes de sel de cuisine par litre d'eau employé, dans le bain-marie rempli à moitié.

L'usage de ces appareils est absolument efficace. Il est même, je le dirai, le seul certain :

Parce que l'eau, réellement

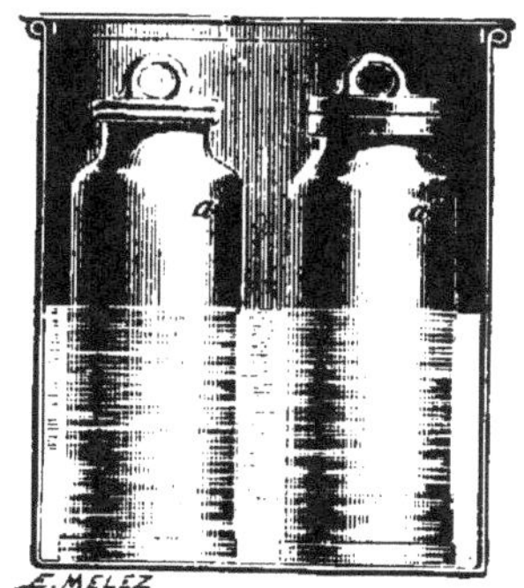

Fig. 31. — Stérilisation de l'eau de boisson au bain-marie.

stérilisée, n'est plus transvasée dans des carafes plus ou moins souillées, manipulées et exposées à l'air, en un mot réensemencée à nouveau; qu'elle est directement versée dans le verre au moment de l'absorption;

Que, de plus, l'appareil est lui même *stérilisé à chaque opération*;

Deux garanties que ne présente aucun autre stérilisateur, qu'il s'agisse de filtres ou autres. *Cette double sécurité est absolument nécessaire. Sans elle, pas de résultat!*

La chaleur, rappelons-nous-le bien, en dehors des antiseptiques qu'on ne peut en ce cas utiliser, est seule maîtresse d'agir efficacement sur les microbes.

Elle seule les tue.

Ces faits ont une importance considérable, attendu que c'est justement l'eau la plus pure, par conséquent l'eau stérilisée, qui se trouve plus rapidement polluée par les végétations microbiennes quand on l'expose inutilement au contact de l'air ou de vases mal nettoyés.

Une autre conséquence importante fournie par ces appareils, c'est que l'eau ainsi préparée reste parfaitement aérée.

En effet, l'air qui se dégage pendant la stérilisation et diffère notablement de celui atmosphérique ne se mêle pas à ce dernier. Il est — ainsi que l'acide carbonique de l'eau — par la disposition même de l'appareil, emmagasiné à part pendant l'opération. Il se redissout par suite aisément, lors du refroidissement de l'eau. N'oublions pas que l'air atmosphérique ne contient que 21 p. 100 d'oxygène en volume, tandis que celui de l'eau en renferme 32 à 33 p. 100, soit un tiers en plus.

Or, ce fait est chose importante, l'oxygène, l'acide carbonique, étant absolument nécessaires à la digestion.

Le refroidissement peut être opéré naturellement en préparant l'eau la veille. Il peut être obtenu en plongeant les appareils dans l'eau froide. Au besoin on peut les refroidir avec de la glace.

Toutes ces manipulations se font aisément, sans altérer la qualité de l'eau, puisque le vase la renfermant, restant clos, se prête aisément à toutes ces opérations.

Sa nature métallique les favorise.

En résumé, ce que l'appareil précité apporte dans les familles, c'est la sécurité, la santé, la prolongation de la vie, aussi celle de la beauté. Celle-ci est en effet co-relative du parfait fonctionnement des organes, ce qu'assure l'emploi de l'eau pure, sûrement stérilisée et aérée[1].

Je dois ajouter que ces appareils, appliqués à la stérilisation du lait, donnent un résultat parfait, avec cette circonstance favorable trop oubliée que, ne le dépouillant pas de ses gaz, il lui laisse toutes ses qualités digestives, ce qui n'est pas avec le lait bouilli ou stérilisé à la manière ordinaire.

Ce ne sont pas que des mesures prophylactiques que nous avons à prendre contre les microbes.

Malgré les précautions les plus précises, ils arrivent, en moindre nombre c'est vrai, mais encore en quantité trop considérable, à s'implanter en nous, à affecter nos organes, à nous empoisonner par leurs sécrétions ou ptomaïnes; conséquence de leur présence qu'il ne faut pas oublier.

Ce sont eux, et c'est la grande gloire de Pasteur de nous avoir mis sur cette voie, ce sont eux, dis-je, qui causent, dans ces conditions, le plus grand nombre des maladies nous atteignant.

Il faut donc, sur ce dernier terrain, le plus redoutable de tous, les combattre énergiquement et par des moyens aussi certains que possible.

---

1. J'ai dépensé beaucoup de temps et pas mal d'argent pour faire comprendre combien était importante la question de la stérilisation de l'eau de boisson et autres usages domestiques. J'ai même écrit sur ce sujet un petit volume (1901) intitulé : *La vie allongée sous tous les climats*. Je n'ai recueilli, de cette longue croisade, puisqu'elle remonte au delà de 1865, que, à quelques exceptions près, l'indifférence.

Cependant l'idée a fait son chemin.

Voici en effet ce que M. le Professeur Chantemesse disait, ces jours-ci (1910), à propos de l'inondation qui a surgi :

« Je ne saurais assez le dire : *Faites bouillir votre eau. D'ordinaire cette prescription hygiénique trouve des sceptiques, qui n'en tiennent pas compte. Cette fois ce n'est pas une ritournelle.*

Et le savant professeur ajoute :

« L'eau est forcément contaminée par les infiltrations. Quant à moi, je fais dès aujourd'hui bouillir mon eau, tant pour la boisson que pour la cuisson des légumes et pour ma toilette. »

La chaleur, plus que le froid, peut, à ce point de vue, nous rendre d'immenses services.

Nous pouvons en effet, avec son aide, si ce n'est tuer, au moins affaiblir la vitalité de nos ennemis, suffisamment, pour que nos forces, réagissant ensuite dans leur plénitude, puissent les anéantir.

Dès 1874 j'avais traité ce sujet dans le journal *La Nature*, faisant de l'oxygène l'aide puissante du calorique.

A mes yeux, la fièvre, résultat ultime de toute maladie, n'est que le combat suprême de la nature contre les ennemis l'attaquant.

Sous l'influence de cette lutte, de la chaleur se dégage.

Elle affaiblit le germe envahisseur et, si les forces de l'homme ne sont pas trop épuisées, favorisées par cette action calorifique et stupéfiante de la gent microbienne, elles triomphent. Les microbes succombant, la maladie disparaît.

Partant de là, il faudrait généraliser ce fait et, pour cela, nous faire aider par la chaleur en bien des circonstances.

C'est en ce sens, je le crois, que devraient, en une certaine part, être dirigées les études médicales.

A elles étranger, on comprend que je sois très sobre dans les conseils que je me permets de donner sur ce sujet.

Cependant, je puis dire avoir vu maintes fois la théorie que j'expose trouver sa justification.

Cette justification vient de recevoir un éclatant appui des travaux d'une de nos plus grandes autorités médicales.

Au dernier congrès de physiothérapie, M. le Dr Doyen a présenté des cas de guérisons de cancer obtenues par suite de températures locales relativement élevées.

D'après ses observations, les cellules saines supportent la température de 60°. Il faut une intensité calorifique plus grande pour les détruire. Elles sont donc particulièrement résistantes.

Au contraire, les cellules cancéreuses sont tuées par une chaleur plus basse, soit de 50 à 55°.

Ces constatations précieuses ont conduit M. le Dr Doyen à déterminer localement, à l'aide d'appareils de son invention. des températures de 50 à 55°.

Tuant le mal en son siège, ces températures ont permis la guérison, ce qui est magnifique et fait au savant docteur le plus grand honneur.

Il y a donc là, comme je l'ai dit, un moyen puissant d'action pour l'art médical. Il ne peut, avec le temps, que grandir et se généraliser.

Il ne faudrait pas toutefois déduire de ce qui précède que la chaleur à employer doit nécessairement tuer les microbes. Ce serait parfois difficile ou impossible.

J'avais comprise moins intense l'action à exercer sur eux et voilà comment je basais mon raisonnement.

Entre la plénitude de vie et la mort il y a pour les bactéries, nous affectant si aisément, un état graduel d'affaiblissement causé surtout par la chaleur, laquelle atténue notablement leur puissance. Il permet par suite de vaincre plus facilement leur virulence.

D'autre part, le médecin, par des soins entendus. peut exalter la vigueur de son malade.

Il y a donc, par suite de cette double action, rupture de l'équilibre préexistant. ceci au grand profit de la guérison du patient.

Cette situation est très probablement amenée par l'action des phagocytes, des leucocytes et autres cellules ayant pour mission d'absorber. de digérer les microbes nous ayant envahis ; organes dont nous ignorions l'existence à l'époque où j'écrivais les articles précités. Leur découverte récente est due aux recherches de M. Metchnikof.

Adam a vécu 930 ans. nous dit la tradition. et il n'y avait pas de faculté de médecine.

Cette dernière réflexion n'est pas une attaque, de ma part, contre la docte société, laquelle je révère profondément.

Elle veut dire seulement qu'alors l'homme abandonné à ses propres forces, telles qu'elles avaient été prévues par la Création, pouvait lutter victorieusement contre les atteintes des germes néfastes pouvant l'assaillir.

Notre vie à outrance, nos besoins de satisfaction, qui n'ont pas toujours respecté les lois de l'hygiène, ont perturbé cet ordre de choses.

C'est-à-dire que les germes destructeurs ont conservé leur puissance, tandis que nos organes protecteurs ont perdu peu à peu la plus grande partie de leur résistance.

Nous avons ainsi pas à pas cédé le terrain à la gent microbienne.

La conséquence, c'est qu'au lieu de la longévité des premiers âges, nous sommes arrivés à une moyenne vitale de 38 à 45 ans suivant les pays. Triste conséquence !

Cette moyenne, disons-le de suite pour nous réconforter, est bien inférieure à celle indiquée par Flourens, lequel l'a précisée devoir être de cent ans.

La chaleur bien employée peut tendre à atteindre ce résultat.

Cette théorie de l'atténuation de la vie microbique est la base du système de conservation par le froid, qu'il m'a été donné de réaliser.

Je n'ai jamais, en effet, entendu tuer les microbes offensifs ; simplement les engourdir, les rendre inaptes à la lutte, constituer, en un mot, ce que j'ai déjà dit :

Le sommeil de la vie organique.

Hé bien, cette théorie, avec la chaleur, est tout aussi probante qu'avec le froid, et elle est alors, chez l'homme, plus facile à appliquer.

Ce qu'il faut donc produire chez les bactéries nous assaillant, c'est moins leur destruction immédiate, difficile à obtenir parfois, que, je le répète, l'affaiblissement de leur vitalité, permettant d'en triompher.

La chaleur n'est par suite pas à mes yeux un moyen direct,

absolu de guérison, au moins dans bien des cas, mais une aide permettant cette guérison, par la défaillance de l'ennemi, en présence du réconfort donné à nos organes.

Devant cette action rationnelle, qui ira grandissante, la pharmacopée actuelle disparaîtra peu à peu ; ou plutôt, elle modifiera, par des actions physiques méthodiquement appliquées, les errements suivis jusqu'à ce jour.

Ceci pour le bien de l'humanité.

Là, je le crois, est l'avenir réservé à la thérapeutique. Il est immense en ses conséquences.

Les vues de nos maîtres, en cette si noble science, devraient se porter instamment de ce côté.

Je disais, il y a quelques instants, que j'avais écrit sur ce sujet, dès 1874, dans la *Nature* (n°⁵ 55 et 61 ; 20 juin et 1ᵉʳ août 1874).

Je ne reproduirai pas la totalité de mes articles. Je rappellerai seulement le dernier, qui précise certains points utiles et montre un moyen d'employer la chaleur dans les cas nous occupant.

Nous trouverons bien, chemin faisant, quelques redites avec ce qui précède. Elles sont inévitables en semblables rapprochements.

Voici comment, dès cette époque, je m'exprimai :

« La chaleur, on le sait, est le fluide qui anime toute existence ; mais, en ce qui concerne les ferments et les germes organiques (microbes, bactéries, etc.), on peut dire que c'est l'élément modérateur de leur vie.

« En effet, avec son aide, on l'endort, on l'active, on la multiplie chez les germes microscopiques.

« L'homme a donc là, sous la main, un instrument puissant, lui permettant de disposer à son gré de la vitalité de ces êtres inférieurs. C'est cette puissance que j'ai proposé et propose d'appliquer chaque fois que l'organisme peut être en butte à leurs déprédations.

« On a fait à ce système une objection qui, à première vue,

semble plausible. On s'est dit qu'il y aurait risques, en tuant l'atome nuisible, de cuire le sujet.

« Ce résultat assurément néfaste n'est pas à craindre.

« Et d'abord, il n'est même pas question de cuire le parasite, mais de le paralyser, de le mettre en un état inactif, permettant à l'organisme de s'en emparer et, comme je l'ai dit déjà, soit de le digérer, soit de l'expulser par les organes excréteurs.

« Pour bien faire comprendre l'action qu'il s'agit de mettre à profit, prenons quelques exemples dans les faits se passant autour de nous.

« Voyons le moût de bière, ce breuvage si richement azoté, qu'il présente une certaine analogie avec les liquides animaux; voyons, dis-je, ce qui arrive dans sa fermentation, sous l'empire de la chaleur :

« A 0° cette fermentation est presque nulle;

« De + 6° à 7°, elle est lente;

« De + 8° à 9° elle s'active;

« De + 12° à 14°, elle devient rapide et change, sinon de nature, au moins de forme;

« De + 25° à 30°, le ferment lactique se manifeste.

« Après viennent les fermentations butyriques et putrides, qui, finalement, détruisent le liquide bienfaisant qu'on voulait former.

« Enfin, vers 50° à 52°, il n'y a plus rien, tous ces ferments sont tués.

« Ainsi donc, voilà un corps qui était inerte à 0°, et qui, sous l'influence de la chaleur, a vu se succéder dans son sein différentes fermentations. Celles-ci ont tour à tour disparu et les dernières venues sont mortes ou au moins ont été neutralisées à 52°.

« Or, à cette température, il n'y a cependant pas encore de cuisson, dans le sens propre du mot!

« En effet, si nous prenons pour point de départ de cette action la coagulation de l'albumine, ce qui nous paraît exact, il faut atteindre, pour pouvoir observer ce fait, une température minima de 65°. La cuisson n'a donc pas pu se produire dans les cas que nous citons.

« Laissons le moût de bière et passons au vin.

« Au-dessous de 12°, le jus de raisin fermente peu ou pas.

De 15° à 20° il fermente très bien et là il ne s'agit pas de ferment sélectionné, mais bien d'un ferment naturel par excellence.

De 50 à 55°, Pasteur l'a démontré par des expériences répétées, non seulement la fermentation vinique est arrêtée, mais encore toutes les maladies des vins, qui ne sont autre chose que le résultat de fermentations accessoires.

« La chaleur a donc, là encore, exercé l'influence que nous signalons. Elle a été victorieuse.

« Voyons maintenant la production de l'alcool :

« A 15°, la fermentation est peu rapide ;

« A 25°, elle marche dans de bonnes conditions ;

« De 30° à 35°, elle devient galopante ;

« De 45° à 48°, on la tue.

« D'autres applications pourraient être invoquées.

« La fermentation panaire, la conservation par la méthode Appert, etc., nous fourniraient de nouveaux arguments.

« Pour abréger, bornons-nous à constater que, dans tous les cas, et à une température qui, en bien des circonstances, n'est pas très élevée, la chaleur paralyse les germes fermentescibles, quelle que soit leur nature (microbes, bactéries, etc.).

« Mais ce n'est pas tout.

« Dans tous les exemples que nous venons de citer, il n'était question que de substances inanimées.

« Chez l'homme, chez les animaux, il y a un facteur puissant qu'il faut faire intervenir. Ce facteur c'est la force vitale, qui, produisant la digestion, la sécrétion, en un mot les multiples manisfestations de la vie organique, vient agir sur les germes microbiens, alors qu'ils sont sous l'influence de la chaleur et ont perdu leur activité.

(Je ne parlais pas alors des phagocites, ils n'étaient pas, nous l'avons vu, découverts.)

« Ainsi donc, qu'il soit bien entendu que, dans la plupart des cas, il ne s'agit pas de tuer directement les germes parasitiques, mais bien de les amener à un état de torpeur, de malaise, de somnolence, si je puis dire, qui, paralysant leur énergie, permettra aux fonctions digestives ou éliminatrices de s'en emparer et de les faire disparaître, soit en les digérant, soit en les expulsant par les sécrétions.

« Pour montrer encore l'influence de la vitalité sur les êtres parasitaires, il est utile de se rappeler que la plupart des helminthes, d'un ordre beaucoup plus élevé que les microbes nous occupant, ne sont évacués que parce que nous arrivons à les assoupir et que certains virus, pris par les voies digestives, ne causent aucun ravage, tandis qu'inoculés dans le réseau sanguin ils tuent inévitablement.

« Une objection contre la théorie que je viens d'énoncer est la difficulté d'élever la température du corps de l'homme ou des animaux au delà de celle normale.

« Ainsi qu'on l'a fait remarquer judicieusement, de très hautes températures ont été subies dans quelques cas (certains expérimentateurs sont allés jusqu'à 130°), sans que la température interne du corps ait sensiblement changé. On pourrait dès lors inférer de ces faits que la température de l'homme est immuable, qu'en conséquence le moyen indiqué ne saurait être appliqué.

« Ce point mérite quelques développements.

« Le phénomène de stabilité, dans la température animale, est dû à deux actions principales :

« La première est la résistance qu'oppose la chair musculaire à la pénétration du calorique.

« J'ai eu occasion de mesurer cette résistance. Elle est vraiment considérable. Il faut près de trois jours, dans une atmosphère à 0°, pour faire pénétrer cette température à une profondeur de 18 centimètres, la viande entrant à 38° dans l'appareil.

« La seconde est l'énorme pouvoir diffusif produit par la transpiration.

« D'où ces deux forces de neutralisation de l'action calorifique :

« Résistance à la pénétration ;

« Puissance de dispersion.

« Convaincu de la justesse de ces faits, je n'ai eu garde de proposer l'emploi simple d'étuves, mais bien l'usage de bains liquides, lentement élevés à la température voulue et combinés avec une respiration oxygénée.

« Par l'action du bain, un premier résultat serait obtenu : l'annihilation de la perte de chaleur causée par la transpiration, la vaporisation des produits de cette sécrétion ne se faisant plus.

« Reste à expliquer la pénétration de la chaleur dans les tissus.

« Elle résulterait de la double action que voici :

« D'une part la circulation, en amenant constamment à la périphérie des corps le liquide sanguin, l'échaufferait ; il entraînerait par suite avec lui une quantité constante de calorique, qui, dissiminé ainsi dans l'organisme, en augmenterait la température ;

« D'autre part la respiration oxygénée venant dissoudre dans le sang le carbone, c'est-à-dire l'élément calorifique par excellence, compléterait le résultat cherché.

« Qui ne connaît les phénomènes de combustion et la croissance de leur énergie avec la proportion d'oxygène introduit dans le milieu comburant?

« De cet emploi de l'oxygène résulteraient trois faits principaux :

« Le premier serait, comme nous venons de le voir, une combustion plus complète des matériaux charriés par le sang, d'où épuration de ce liquide ;

« Le second, qui n'est que la conséquence de ce premier fait, serait un dégagement de chaleur, ce que nous cherchons;

« Le troisième, très probablement une action toxique sur les germes qu'il nous faut combattre, l'oxygène libre ou dissous étant défavorable à quelques-uns d'entre eux.

« Revenons au côté général de la question et précisons. Nous voyons que, par la méthode que nous venons de décrire, nous obtenons le double résultat que voici :

« Chauffage extérieur, en empêchant la vaporisation de la transpiration et en profitant de l'action circulatoire du sang;

« Chauffage interne au moyen d'une absorption plus grande d'oxygène.

« Reste à voir comment obtenir facilement, et à coup sûr. ces résultats sur tous les sujets. quelles que soient leurs dispositions.

« C'est ce que nous allons immédiatement examiner.

« La figure 32 montre l'appareil me paraissant le plus propre à administrer la chaleur concurremment à l'emploi de l'oxygène.

« Évidemment. il pourra varier en bien des cas.

« Tel qu'il est indiqué ici. il prouve qu'il est facile de modifier,

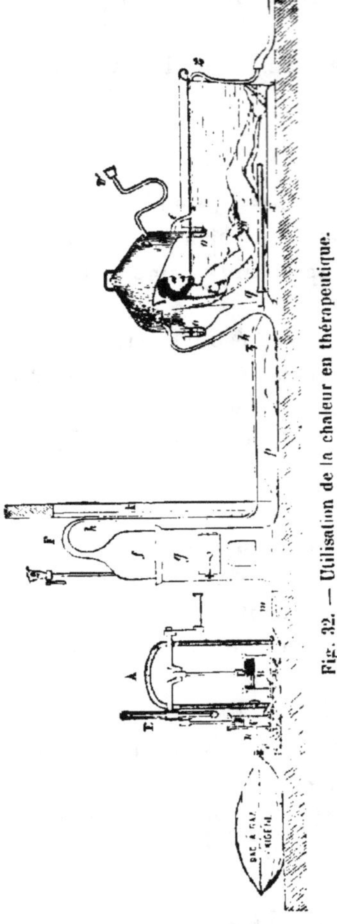

Fig. 32. — Utilisation de la chaleur en thérapeutique.

au gré de la médication, et la température du bain et l'oxigénation.

« Il se compose principalement d'une baignoire munie d'une gouttière *OO*, de telle façon qu'on puisse, à l'aide de la cloche *ut*, circonscrire l'atmosphère dans laquelle respire le malade. L'eau même du bain remplissant la gouttière *OO* fait joint hydraulique. Plus simplement la cloche *ut* peut plonger directement dans le liquide du bain. Elle peut s'enlever à volonté.

« Un appareil de chauffage F, placé à l'extérieur de la chambre du malade, permet d'envoyer un courant de vapeur par le tube *x*.

« Ce courant détermine une aspiration d'eau, par conséquent une vive circulation, en sorte que l'afflux de chaleur se mêle directement et de lui-même au bain.

« La température s'établit donc graduellement, avec régularité, sans qu'il y ait gène pour le malade.

« Un trop plein *z* emmène constamment l'eau excédante, le niveau reste ainsi constant.

« En ce qui concerne l'oxygénation, elle est produite à l'aide de la pompe à double cylindre A.

« L'un des cylindres, le cylindre B, aspire l'air ordinaire, qui peut être puisé au dehors pour l'avoir plus pur.

« L'autre, le cylindre C, puise l'oxygène dans un sac à gaz.

« Mais tandis que le cylindre à air B reste invariable dans sa production, le cylindre à oxygène peut graduer à volonté sa capacité, en sorte qu'on puisse ainsi, suivant le besoin, saturer l'air d'une proportion déterminée d'oxygène.

« Ce résultat est obtenu d'une manière simple.

« Le volant, qu'actionne la pompe à oxygène, est muni de dix bras.

« Chacun de ces bras (fig. 33) porte un œil, s'éloignant graduellement du centre. D'autre part le cylindre peut glisser le long d'une rainure ménagée dans le bâti qui le porte. Il résulte de cette disposition qu'en moins d'une minute on peut changer la longueur de la course du piston et par conséquent la quantité d'oxygène envoyé.

« Ainsi, avec cet instrument, l'air étant admis à 21 p. 100 d'oxygène, on pourra constituer, par le simple mouvement de la pompe, une atmosphère artificielle contenant un excès de 2 à 20 p. 100 d'oxygène; soit constituer de l'air contenant de

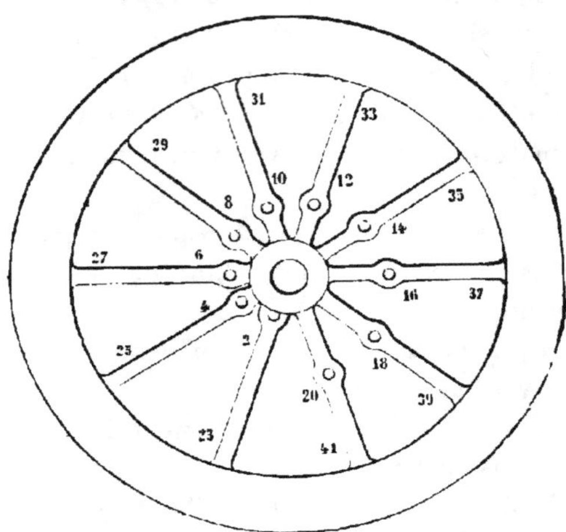

Fig. 33. — La chaleur en thérapeutique. Volant régulateur de la proportion d'oxygène à employer.

25 à 41 p. 100 d'oxygène, au delà si cela est nécessaire[1].

« Comme, d'autre part, un compteur, établi sur l'arbre, indique

[1]. En 1857, j'avais eu la pensée d'utiliser l'oxygène en thérapeutique, non pas en inhalations saccadées, ce qui se fait depuis, mais bien en respiration permanente, à des degrés différents d'intensité suivant les cas. J'écrivis à ce sujet à l'Académie de médecine. Une commission fut nommée; mais l'idée n'eut pas de suite. Il faut dire qu'à cette époque l'oxygène apparaissait comme un corps inabordable. On croyait difficilement à la possibilité d'utiliser son influence.

Aujourd'hui les choses ont changé.

La fabrication de l'oxygène est devenue tout à fait courante.

Il devient donc possible de l'utiliser partout, mais surtout d'installer dans les hôpitaux, sanatoriums, des salles à atmosphères permanentes, enrichies d'oxygène en des proportions déterminées. Nul doute que des résultats précieux seraient recueillis des respirations suroxygénées, qu'il serait ainsi facile de réaliser. Plus simplement, les établissements de bains pourraient créer des cabines respiratoires, à atmosphères graduées, dans lesquelles on pourrait passer une heure, deux heures, de manière à réconforter l'acte circulatoire, qui, en définitive, est bien le critérium de la vie humaine.

Les cafés, eux-mêmes, entreraient avec avantages dans cette voie.

le nombre de tours faits par la pompe dans un temps déterminé, on voit qu'avec l'aide de cet appareil le médecin peut prescrire à sa volonté, suivant l'âge, les aptitudes du malade, sa force, sa maladie, etc., telles proportions d'oxygène jugées utiles, comme aussi régler la température du bain.

« Ainsi donc, grâce à la disposition que j'indique, il devient facile de distribuer, en proportion déterminée, les deux agents les plus puissants de la vie, c'est-à-dire :

« La chaleur qui anime;

« L'oxygène qui vivifie. »

Tout ceci, écrit il y a vingt-six ans, reste encore vérité, et en somme s'appuie sur cette grande loi de la Création;

Que les microbes ont une influence considérable sur la vie organique, mais qu'avec l'aide de la chaleur, du froid, nous pouvons les gouverner, nous rendre maîtres de leurs agissements.

Cette déduction est le résultat de nos conquêtes scientifiques, lesquelles datent seulement de ces temps derniers.

A l'origine de la vie on ne pouvait compter avec elles.

L'homme avait alors, comme je l'ai fait déjà observer, des forces naturelles innées en lui et dont nous venons à peine de constater l'existence.

Grâce à elles, la vie se développait largement.

Nous avons perturbé tout cela.

A nous maintenant de profiter des données que la Science, cette émanation de la Divinité, met à notre disposition.

Mais je m'aperçois que je me suis laissé entraîner loin de mon sujet par les questions si intéressantes, au point de vue de nos santés, que je viens d'élucider.

J'y reviens rapidement, terminant avec lui en quelques mots.

Les infiniment petits dont j'ai parlé dans ce chapitre (on estime qu'il en faut deux milliards et trois cent millions pour un gramme) étant répandus d'une manière aussi générale dans la nature, on comprend la puissance de leur action.

On comprend également que la matière organique, dès que

la vie a cessé, se trouvant sous leur immédiate influence, doit subir l'action de leur incessante activité.

Cette conséquence, l'humanité ne la connaissait que trop, ou plutôt n'en éprouvait que trop les effets.

Depuis les premières heures de la vie, elle s'était manifestée par la détérioration rapide des matières alimentaires.

Combattre l'influence des agents dont nous venons de signaler la puissance était donc œuvre utile à tous points de vue.

Pour le faire sûrement, efficacement, il fallait agir au moyen de principes faciles à appliquer, ayant cependant une action énergique.

J'ai reconnu, dès le début de mes recherches, et je l'ai expliqué, que ces principes sont immuablement :

Le froid ;

La dessiccation.

Avec leur concours normalement employé on obtient ce que j'ai appelé dès l'origine de mes travaux : *Le sommeil de la vie organique.*

État particulier de la matière organisée, dont nous allons immédiatement nous occuper.

CHAPITRE XX

LE SOMMEIL DE LA VIE ORGANIQUE

**La fabrication de la bière. — La bière vivante.
Le sarclage naturel des ferments. — Les salaisons réussies.**

Le froid, au moins celui dont nous disposons, ne tue pas les microbes.

Melsens, le premier, a tenté des expériences pour démontrer l'exactitude de ce fait.

Il a placé de la levure de bière sous des froids intenses, résultant du mélange de neige d'acide carbonique et d'éther dans le vide.

Cette levure, ramenée à la température ordinaire, a végété.

Elle n'avait donc pas été tuée par le froid de plus de 125° par elle subi.

Cette expérience avait un intérêt capital.

D'autres opérateurs la répétant, sont descendus à 200° au-dessous de 0°, la levure a encore résisté.

Mais si le froid ne tue pas les micro-organismes, et cela était nécessaire étant donnée la mission à eux confiée, il paralyse, chez beaucoup d'entre eux, le développement de la vie.

Leur prolification s'arrête.

En un mot il les rend inertes.

Cela se comprend.

Ayant chacun une mission déterminée à accomplir, leur activité est en rapport avec la température qu'ils doivent normalement rencontrer. Tout a été prévu dans la création.

C'est par suite la chaleur, à des degrés spéciaux pour chacun d'eux, qui est, pour ces organismes, l'excitateur absolu de la vie.

En conséquence de ces précédents, la matière organisée, soumise au froid, reçoit comme toutes autres l'implantation des microbes.

Elle les supporte.

Toutefois, elle ne subit plus leurs atteintes!

La sécheresse, nous l'avons vu, est un second stupéfiant microbien.

C'est donc bien vraiment le sommeil de la vie organique qui, par l'emploi de ces deux actions, est obtenu.

La preuve, c'est que, si nous replaçons ensuite la matière ainsi endormie sous l'influence de la chaleur, de l'humidité, alors même qu'elle ne serait plus en contact avec l'air, la vie va se réveiller et se manifester active.

Quittant un instant le monde microbien, qu'on me permette une citation tombant plus aisément sous nos sens, laquelle montre bien cet état d'être.

Si l'on jette du grain sur un terrain sec et froid, nul ne doute qu'il ne restera inerte indéfiniment.

Qu'on fasse intervenir la chaleur seule, les choses ne se modifieront pas.

Mais si l'humidité vient joindre son action, aussitôt la germination va se produire, la vie apparaîtra.

La matière organique est, elle, le terrain constamment ensemencé par l'atmosphère; avec cette circonstance favorable que le grain, ou plutôt le germe implanté, est justement et providentiellement approprié à la matière devant disparaître, laquelle, cependant, nous voudrions bien conserver intacte.

Nous reportant à l'exemple ci-dessus indiqué, nous voyons que si les germes ainsi reçus ne trouvent ni chaleur ni humidité, ils sommeilleront, resteront à l'état latent.

Dès lors, nous aurons obtenu la conservation désirée et cela effectivement jusqu'au moment où, replaçant les corps sous les influences signalées, les lois naturelles reprenant leur empire rendront l'activité aux microbes.

Ces faits ont pour eux la sanction des siècles, puisque des grains de blé trouvés dans le cercueil de momies ont végété et produit quand on les a rendus à la terre.

Ce sont ces données qui m'ont amené à réaliser la conservation par le froid sec.

Quand on réfléchit à tout ce qui précède, on comprend combien sont infinies les vues de Dieu.

Car ce fait, le transport par l'atmosphère, qui nous paraît pure, transparente, des germes propres à chaque fermentation, nous montre :

Quelles précautions extrèmes ont été prises, lors de la Création, pour assurer, comme il a déjà été expliqué. la réduction des matières organiques, par suite à nouveau leur facile assimilation et par conséquent la perpétuité de la vie.

L'industrie, et surtout la brasserie, se servent depuis longtemps de l'action paralysante du froid, mais sans se rendre compte de sa raison d'être.

En effet, de temps immémorial, on utilisait en Alsace, en Allemagne, en Autriche, la glace pour refroidir la fermentation du moût de bière.

Même dans le Nord, où la bière se fait à fermentation haute, c'est-à-dire relativement chaude, celle de mars, je l'ai dit, avait une réputation restée légendaire.

Cette réputation, que le temps avait sanctionnée, venait de ce que mars étant précisément le mois où les caves sont très froides, les fermentations se font par suite le plus régulièrement.

Cette régularité tenait et tient à ce que le froid, exerçant un véritable sarclage (nous reviendrons plus loin sur ce mot), les fermentations parasitaires étaient écartées.

Il importe effectivement de se garer de leurs atteintes. C'est parmi elles que se trouvent les ferments lactiques, butyriques, acides, qui nuisent tant à la qualité comme à la conservation de la bière.

Certes, le brasseur s'évertue à n'employer que des levures bien préparées, formées surtout de *saccharomyces cerevisiæ*, lui donnant autant que possible sécurité.

Cela ne suffit pas.

En effet, dans les nombreuses manipulations que comporte la fabrication, l'extrait de malt, nommé *moût*, qui en est la base, reçoit des influences diverses.

Non seulement ces influences trouvent à se manifester au contact des capacités, des ustensiles employés à la fabrication ; mais, par son exposition dans les bacs, pour obtenir l'oxygénation et le refroidissement, le liquide, en travail, reçoit largement et sur de vastes surfaces les influences atmosphériques. C'était l'objection que j'avais faite à M. Pasteur, sur sa méthode, très rationnelle d'ailleurs, de fabrication de la bière.

Or, nous l'avons vu il y a un instant (page 127), ces influences se résument par les milliers de germes contenus dans chaque mètre cube d'air ambiant, quantité variant suivant les locaux. Elle peut s'élever beaucoup.

Voilà donc, par la succession naturelle de toutes les opérations comportées par la fabrication de la bière, le moût implanté :

D'abord de la levure, je dirai orthodoxe ;

Ensuite, d'un grand nombre de germes recueillis comme il vient d'être expliqué, et qui deviennent autant d'ennemis, au moins pour la plupart, étant donnée surtout leur pullulation rapide, dès qu'ils rencontrent une température favorable.

Naturellement un devoir surgit pour le brasseur.

Ce devoir, c'est de favoriser les *saccharomyces* utiles, mais en même temps de rendre inertes, les germes nuisibles.

Cette sélection, c'est le froid seul qui va la fournir, et voici comment :

Les mauvais ferments exigent des températures assez élevées pour végéter. Les bons, au contraire, prospèrent à basse température (voir page 142).

Le remède se trouve donc tout indiqué. C'est le froid, qu'il faut largement employer et, nous pouvons le dire, il est bien le meilleur aide du brasseur.

Je n'avais eu garde, au début de mes travaux frigorifiques (1858), d'oublier une aussi importante question.

Dès 1860 je fis campagne dans la brasserie.

On m'écoutait, je dois le reconnaître, avec attention. Je me rappelle volontiers l'accueil qui me fut fait à cette époque lointaine par un certain nombre de brasseurs, entre autres à **Dijon**, M. Karcher, père je le crois du directeur de l'importante brasserie de ce nom à Paris, aussi par MM. Tourtel, de Tantonville.

Mais quand on m'interrogeait sur la dépense d'installation du froid et que j'arrivais à parler de 15, 20 000 francs et plus, les choses changeaient immédiatement de ton.

Poliment on m'éconduisait; quand encore on ne me regardait pas comme un illuminé.

Les faits se sont singulièrement modifiés depuis.

Maintenant, il n'y a plus une bonne brasserie qui n'ait son ou ses appareils réfrigérants. Aussi les constructeurs d'appareils frigorifiques venus après moi ont ils fait bonne récolte, sur le terrain ainsi préparé. J'en ai été heureux pour eux.

Mais il est encore une action, amenée par le froid, intéressant vivement la brasserie.

Cette action, c'est qu'il est utile, suivant l'expression que j'indiquai alors, de *faire boire la bière vivante*, absolument comme il faut manger les huîtres vivantes aussi.

Cette indication, que je faisais ressortir à cette époque au cours de mes démonstrations, avait frappé *Grüber*, de Strasbourg, qui fut tout à la fois un grand savant et un industriel distingué. Il aimait à la répéter, tellement il avait trouvé qu'elle portait juste.

Je viens de dire que *Grüber*, que j'ai beaucoup connu, était un grand savant.

Cette assertion est vraie et méritée.

C'est lui qui, le premier, a appliqué quotidiennement l'examen microscopique des germes se produisant pendant la fermentation.

Dès que cet examen décelait la présence de mauvais ferments, le froid était prodigué et, avec lui, se rétablissait la marche normale des choses.

Je suis heureux de lui rendre justice.

Longtemps il fut méconnu.

On le traitait dédaigneusement de pharmacien, profession qu'il avait en effet exercée au début de sa carrière. On oubliait que c'était un réel initiateur.

Peu à peu, il a fait école et justice lui a été rendue.

Mais je reviens à la nécessité de boire la bière vivante.

Que faut-il pour que ce résultat se manifeste, que, par suite, la bière soit dégustée avec ses qualités réelles?

Qu'elle conserve, à l'état naissant, l'acide carbonique, de façon à ce que celui-ci, se dégageant dans l'acte de la déglutition, excite les papilles du palais, c'est-à-dire du goût, et fasse mieux apprécier la délicatesse du liquide.

A cet effet, il faut que la fermentation se prolonge lentement, et pour cela que la bière conserve toujours partie de la matière sucrée en elle existante.

C'est cette matière sucrée qui fournit, par la lente et longue fermentation signalée, l'acide carbonique nécessaire à l'excitation de la gustation; ce qui fait que, par suite, la bière reste vivante.

Là est le secret de toute bonne fabrication, laquelle se résume par le titre donné à ce chapitre : — *Le sommeil de la vie organique.*

Or, ne l'oublions pas, pour obtenir la permanence de cet état de vie somnolente, il faut que, dans la brasserie, le froid règne en maître.

Il importe, je ne crains pas de le dire, qu'il soit là en excès.

Ces vérités sont maintenant généralement appréciées.

Mais à l'époque à laquelle nous nous reportons, il en était bien autrement.

Puis les établissements étaient nombreux.

Par suite l'importance de chacun d'eux était moindre, ce qui rendait plus difficile les installations, à cause de leur coût élevé.

Dès lors surgissait le recul que je constatais quand j'arrivais à parler de la dépense nécessaire à l'application du froid.

Disons, pour être justes, que les faits sont maintenant jugés à leur valeur et que, de toutes les industries, c'est assurément la brasserie qui, en France, a le plus développé l'utilisation du froid.

Aujourd'hui, d'après M. de Loverdo, 300 brasseries en France exploiteraient le froid. Ce chiffre est extrait d'un excellent article de M. André Lebon dans la *Revue économique*.

Ajoutons, pour clore cette rapide revue du froid appliqué à la brasserie, que deux sortes d'économies sont encore produites par le froid dans cette industrie :

La première est relative à la perte d'alcool ;

La seconde à l'acidification de ce corps.

Tout le monde connaît le pouvoir vaporisateur de l'alcool.

D'après Regnault, dont l'autorité en ces matières ne saurait être contestée, la tension de sa vapeur serait :

$$\text{à} + 10° \dots \dots \dots \text{de 24 millimètres de mercure}$$
$$\text{à} + 20° \dots \dots \dots \text{de 44} \qquad —$$

Ce serait donc une différence de 20 millimètres qui s'établirait dans la tension de la vapeur d'alcool de 10 à 20°, soit près du double, ce qui explique l'énergie avec laquelle l'alcool tend à s'échapper, surtout de la bière en fûts.

Quant à l'acidité de l'alcool, elle est causée par le *mycoderma aceti*. Or l'influence de ce mycoderme est presque nulle de 5° à 10°, tandis qu'elle devient active au-dessus, Il y a donc grand intérêt, encore là, à employer le froid.

Je parlais, il y a un instant, du sarclage naturel produit, **dans les ferments,** par l'action frigorifique.

Ce n'est pas seulement dans les infiniment **petits que cette** action peut s'exercer.

Les plantes les plus grandes nous en **montrent des exemples.**

Fig. 34. — Fabrication de la bière. Nageoire à serpentin.

Produisons dans nos serres une température suffisante, et toute la végétation des tropiques va pouvoir se développer.

Mais laissons la température s'abaisser, revenir à la normale de nos climats, le sarclage naturel, que j'ai indiqué, va s'opérer. Les plantes tropicales cesseront de fructifier, puis elles succomberont, la place étant envahie par celles de notre zone, qui, à leur tour, manifesteront l'exubérance de leur vie au détriment des végétations ayant préexisté.

La production de la bière est plus que toute autre industrie une perpétuelle répétition de ces phénomènes. Elle est en effet basée sur une constante fermentation, correspondante avec toutes les étapes de la fabrication.

Pour régulariser la première de ces fermentations, celle qui s'exerce aussitôt l'ensemencement de la levure, les brasseurs, de temps immémorial, emploient des nageoires plongées dans le moût en travail. Ces nageoires reçoivent de la glace. La fusion de cette glace amène le refroidissement désiré !

J'avais pensé à remplacer avantageusement la glace par un courant froid liquide.

La figure 34 montre la disposition pouvant être utilisée dans ce cas.

L'appareil est formé d'un flotteur D, portant un serpentin *nn*.

Le poids du flotteur est calculé pour maintenir le serpentin à la surface du moût, renfermé dans la cuve *aaaa*, quel que soit le bouillonnement subi par celui-ci.

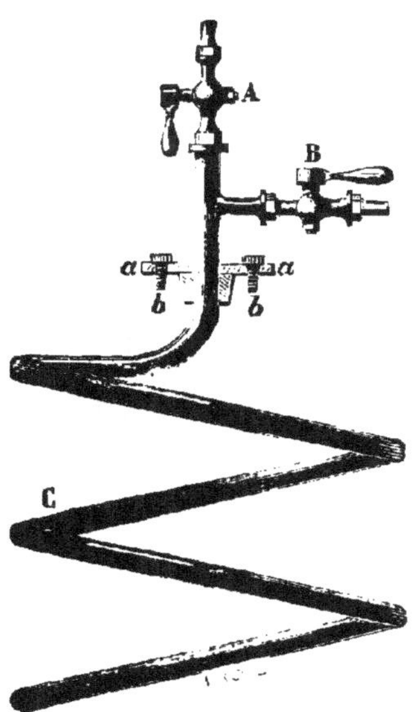

Fig. 35. — Fabrication de la bière. Serpentin refroidisseur de la bière en fûts.

On fait passer dans le serpentin *nn* le liquide froid fourni par la machine frigorifique. Il est possible d'établir ainsi des surfaces aussi grandes qu'on le veut, et par suite d'obtenir un résultat très énergique ; d'autant énergique que l'action réfrigérante est plus intense que celle produite par la fusion de la glace. De plus, on peut trouver une économie dans le froid employé.

Pour refroidir la bière dans les barriques ou les foudres, on ne pourrait utiliser l'appareil que nous venons de décrire. Il ne peut toutefois s'employer que dans des cuves ouvertes à l'air libre comme *aaaa*.

Il est intéressant de modérer dans d'autres récipients l'action calorifique et par suite la fermentation en étant la conséquence. A cet effet on peut employer une variante de la figure 17, que présente la figure 35 par le serpentin C.

Nous rappelons que ce serpentin C, qui peut s'introduire par le trou de bonde, au besoin s'y fixer, est formé de deux tubes concentriques, enchâssés l'un dans l'autre.

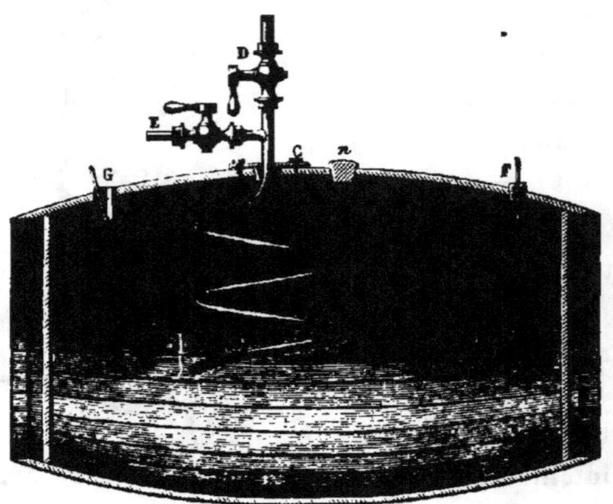

Fig. 36. — Fabrication de la bière. Serpentin refroidisseur dans le fût.

L'extérieur, en contact avec la bière à refroidir, constitue la surface refroidissante. Il est parcouru par le liquide froid arrivant par B.

L'intérieur, au contraire (voir fig. 18), reprend le courant échauffé qui sort par A. Il retourne à la machine frigorifique se refroidir à nouveau.

Il est important de faire attention à ce que le serpentin, contrairement à ce qui se passe pour le vin (voir la fig. 17), agisse à la partie supérieure du liquide à refroidir, de manière à produire dans le fût une circulation interne ramenant à la partie inférieure la bière froide, tandis que celle plus chaude, qui a besoin de se refroidir, vient naturellement en haut entourer le serpentin.

Cette opportunité nous est montrée par la figure 36.

Cette figure laisse voir le serpentin, logé à la partie supérieure du fût, et exerçant normalement son action refroidissante.

La figure 37 nous montre le serpentin introduit latéralement à la partie supérieure de la barrique.

Cette disposition est surtout applicable aux foudres et récipients difficiles à remuer.

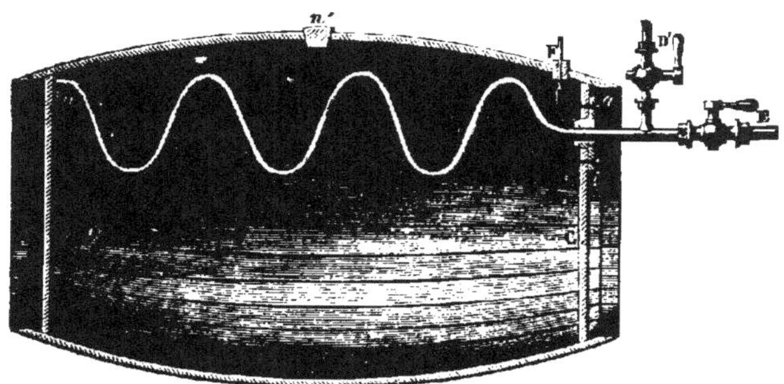

Fig. 37. — Refroidissement de la bière. Serpentin refroidisseur introduit latéralement.

Un autre exemple de l'influence frigorifique employée dans la pratique du passé nous est fourni par les salaisons.

Il était d'usage, et cela est encore dans nombre de contrées, de tuer les porcs dans les premiers mois de l'année, alors que la froidure est bien établie.

L'observation séculaire ayant amené cette pratique avait sa raison d'être, quoique son opportunité ne fût pas alors comprise.

Il ne suffit pas, en effet, de jeter du sel sur une matière organique pour que la conservation soit. Il faut encore, comme il a été expliqué, qu'il ait le temps de fondre, de s'incorporer aux sucs, de pénétrer, avec leur aide, dans les moindres parties des tissus.

Or, s'il fait chaud, la corruption va vite.

Elle se produit avant que le sel ait eu le temps d'agir.

La conserve est mal faite, le produit défectueux.

Si, au contraire, il fait froid, ce qui est le cas des mois de janvier, février, les microbes sont paralysés ; le sel a le temps de s'infiltrer dans la chair, en un mot, d'exercer son action préservatrice avant que l'influence adverse n'ait pu s'exercer ; l'opération est alors efficace, la salaison parfaite.

On voit, par ces exemples, le combat persistant que nous offrent les microbes, toujours sur le terrain, toujours prêts à la lutte, trop souvent vainqueurs.

Mais aussi l'action antagoniste que nous pouvons exercer sur eux grâce aux éléments puissants, actuellement en nos mains, et déjà définis :

Le froid,

La dessiccation.

CHAPITRE XXI

L'ACTION DU FROID SUR LES VÉGÉTAUX

**La végétation retardée. — Les serres frigorifiques. — Conservation
des fleurs coupées. — La société des Agriculteurs de France.**

Mais ce n'était pas seulement à la végétation microbienne
que j'entendais appliquer le sommeil de la vie organique.

A mes yeux cette loi pouvait s'attacher à toutes matières
organisées.

C'est ainsi que pouvaient être maîtrisées :

L'activité qui se développe dans les plantes ;

La survie se produisant dans les fruits, les légumes, les
fleurs, etc.

Toutes ces manifestations pouvaient être régies par ce phénomène, en ménageant son influence, suivant la nature des
produits.

Pour les plantes, l'action est très simple : il n'y a qu'à paralyser leur vitalité par le froid.

C'est ainsi qu'en 1872 je pus présenter à la Société d'Horticulture des jonquilles, plantes de printemps, fleuries en
septembre ; qu'à la même époque des pommes de terre furent
préservées de la germination pendant une année, etc., etc.

En un mot, il est aussi facile de retarder la végétation dans
les plantes que de l'activer comme on le fait dans les serres.

Tout dépend surtout des quantités de lumière, de chaleur,
d'humidité qu'on leur distribue soit en plus, soit en moins.

C'est sous l'influence de ces résultats que j'indiquai à la
Société d'Horticulture la possibilité d'établir des serres frigorifiques apportant, par le retard donné à la végétation, de

nouvelles satisfactions horticoles. J'avais même proposé au Grand Hôtel d'en établir une ainsi agencée, ce qui eût été une attraction.

Pour tout cela, je ne fus pas compris. L'heure n'était pas venue.

Je ne le fus pas plus quand, vers la même période, j'indiquai la conservation par le froid des fleurs coupées.

J'en écrivis à quelques grandes maisons s'occupant à Paris de ce commerce, croyant leur être utile.

Aucune ne daigna me répondre.

Aujourd'hui la situation est bien changée.

Voici ce que dit à ce sujet *La Revue générale du Froid* :

« Hambourg monopolise l'exportation des fleurs d'Europe pour le Japon et la République Argentine.

« Au commerce, Hambourg avec Berlin, joignent la production florale.

« Mais quels résultats ?

« Grâce au froid artificiel, la récolte des fleurs, pour les mêmes plantes, se répète deux et trois fois par an. Cette industrie, rien que pour la greffe du muguet, se chiffre par plusieurs millions par an.

Les choses, on le voit, ont changé et, si j'ai prêché dans le désert, l'heure de la récolte est venue cependant à son tour.

Je n'avais pas été plus heureux en 1870, je l'ai dit, lorsque, dans un autre ordre d'idées, je présentai un appareil utilisant le froid, pour pratiquer les amputations sans atteinte des actions microbiques.

Écouté d'abord, je compris vite que j'anticipais sur l'avenir.

Les faits ont marché depuis.

En voici la preuve.

« Le Professeur Pozzi a fait à l'Académie de Médecine une communication relative aux opérations chirurgicales tout à fait remarquables, que fait un chirurgien français, M. Alexis Carrel, établi à New-York et actuellement un des directeurs de l'Institut Rokefeller. Il enlève et remplace des portions entières d'artères et de veines, des reins, la rate, et même une patte entière. La plupart de ces opérations, faites sur des animaux, ont jusqu'ici parfaitement réussi ; les fonctions intéressées ont continué à s'exercer.

« Le Docteur Carrel n'a pas encore tenté la transplantation chez l'homme ; mais il opère avec succès sur des animaux.

« Sa chienne souffrait d'une artère abdominale. Il ouvrit l'animal et remplaça l'artère malade par l'artère poplitée d'un jeune homme à qui l'on avait amputé la cuisse. La chienne, ainsi traitée, recouvra la santé.

« Une question importante devait être résolue. Pour cette chirurgie de l'avenir, il fallait pouvoir disposer, à tout instant, de vaisseaux ou de membres de rechange, pour les utiliser au moment voulu.

« M. Carrel a trouvé le moyen de conserver la vitalité des tissus à transplanter en les immergeant dans une solution de composition chimique particulière (solution de Locke, puis vaseline tiède) et en les plaçant dans une glacière *dont la température est maintenue constante entre zéro et 1 degré centigrade.*

« M. Carrel n'hésite pas à dire que les transplantations de membres pourront, dans un avenir prochain, être tentées sur l'homme avec des membres provenant d'une amputation ou du cadavre d'un individu mort de mort violente. Cependant, M. le Professeur Pozzi pense que, pour l'instant, il faut encore être prudent.

« Dans l'état actuel de ces recherches, aurait-il dit, je ne me laisserais point remplacer un rein malade par un rein sain, mais je crois que, sans hésitation, je me laisserais remplacer une artère par un morceau de veine fraîche si un anévrisme me menaçait. (*Revue générale du Froid,* septembre 1909.)

C'est bien là le sommeil de la vie organique à 0° dont, dès l'origine de mes travaux, j'ai signalé l'existence et sur laquelle j'insistais il y a un instant.

Revenons au passé.

Ce ne fut pas seulement à la Société d'Horticulture que je fis part de cet ordre de recherches.

En 1874, j'en fis communication à la Société des Agriculteurs de France.

L'accueil, là, fut plus empressé.

Je transcris le compte-rendu même de la docte Compagnie.

SOCIÉTÉ DES AGRICULTEURS DE FRANCE

Cinquième Section.
Horticulture et Cultures arbustives.
5 février 1874.

« La séance est terminée par un exposé verbal des plus intéressants présenté par M. Tellier, membre de la section d'hygiène, qui a dirigé sa science et ses efforts vers la production du froid appliqué à l'industrie, dans tous ses effets et à toutes ses limites, depuis la formation de l'eau congelée, de la glace à rafraîchir et des carafes frappées, dont l'usage est aujourd'hui passé dans nos habitudes, jusqu'à la production du froid à la limite suffisante pour obtenir des résultats industriels, qu'à titre d'inventeur il entrevoit comme destinés à jouer un rôle important dans l'industrie.

« Le froid, aujourd'hui, dit M. Tellier, dans la pratique, a deux sources :

« La glace naturelle et la chaleur, c'est-à-dire l'emploi de machines combinées avec l'action de produits chimiques.

« Ce dernier moyen peut facilement suppléer, même pour les applications industrielles, même pour les usages domestiques, à l'insuffisance des froids dans la saison d'hiver; on n'a à en chercher d'autres preuves que dans la livraison journalière dans tout Paris de carafes contenant l'eau congelée à l'état très solide. Mais là, cet intelligent producteur ne veut pas s'arrêter ; il a envisagé tous les usages dans lesquels on peut tirer parti du refroidissement gradué selon les besoins de toute nature qu'on peut rencontrer.

« Ces procédés seront appliqués aux industries agricoles, et c'est à ce titre que M. Tellier s'adresse à la Sociétés des Agriculteurs de France, aux différentes sections qui la composent et notamment la 5ᵉ section qui embrasse l'horticulture et les cultures arbustives, par conséquent les fruits, les légumes, les tubercules, les bulbes, les graines, en un mot les objets destinés à la consommation ou à la reproduction et dont la conservation, lorsqu'ils sont pris à un certain point de leur vie naturelle, peut être d'un grand intérêt pour l'alimentation ou la culture.

« Le froid sec, ne donnant pas prise à la gelée, suffit pour arrêter la germination, la végétation, paralyser les parasites et les ferments contraires à la conservation des aliments, des fruits, des légumes. Le résultat peut être considérable si l'on parvient à ralentir la végétation au moment où ses produits doivent craindre les gelées.

« La conservation des fruits et légumes, dans un état de maturation, jusqu'à une époque à laquelle la terre nous les refuse et où nos moyens de garde sont insuffisants, sera un avantage considérable. L'industrie, qui nous ménagera ces ressources, aura devant elle un vaste champ à exploiter. M. Tellier s'adonnera à la construction des appareils qui donneront les moyens d'exécution. En ce qui concerne principalement la conservation des fruits et des légumes, voici la réunion des faits sur lesquels se base son procédé.

« La maturation n'est qu'une lente combustion par absorption d'oxygène; le froid la prolonge indéfiniment.

« Le froid paralyse la transformation de la pectose en pectine et celle de tous les ferments.

« Il empêche l'évaporation des liquides; en un mot il immobilise la vie.

« De là on entrevoit les services, que pourront rendre les moyens frigorifiques.

« La section entend avec intérêt ces explications, qui font espérer un procédé pratique et efficace pour la conservation des fruits et légumes. Elle est surtout frappée de l'observation de l'inventeur, que le but pourrait être atteint avec une économie, qui assurerait seule la vulgarisation du moyen et son application aux cultures industrielles.

« Elle charge MM. Mounot-Leroy et Michelin de se rendre à Paris-Auteuil, route de Versailles, n° 99, où M. Tellier s'offre à leur montrer les appareils fonctionnant et les objets qu'il a entrepris de traiter, par sa méthode, pour en faire la base d'expériences et d'études dans lesquelles, il espère puiser de nouvelles forces pour marcher plus avant dans l'application.

« Ces Messieurs prennent rendez-vous pour se transporter le jour même à Auteuil avec M. Tellier. »

Séance du 6 février 1874.

« Messieurs Michelin et Mounot-Leroy ont exécuté la visite dont ils ont été chargés, suivant le procès-verbal de la séance précédente, dans l'établissement de M. Tellier. Ils rendent ainsi compte de leur mission :

« L'appareil de M. Tellier est fondé sur la compression de l'éther méthylique produit par un moteur à vapeur ordinaire. Ce corps, entre autres propriétés spéciales, possède celle de bouillir sous la pression atmosphérique à 30° au-dessous de 0°, c'est dire l'énergique pouvoir frigorifique de ce liquide. C'est ce pouvoir que mettent à profit les machines de M. Tellier.

« Nous n'avons pas à les décrire; nous savons seulement qu'elles ont pour objet la production du froid et de la glace.

« Nous renfermant dans le cadre des applications qui se rattachent à notre mission, nous dirons qu'à l'aide d'une faible partie de froid produit par ces machines on maintient, dans un local soustrait à la lumière et suffisamment isolé de la chaleur, une température uniforme de 0° qui, néanmoins, pourra varier, être plus élevée ou moindre, son intensité devant dépendre des objets à conserver.

« Pour ce qui concerne les objets qui nous ont été montrés et sont des matériaux pour les expériences entreprises par M. Tellier, la température de 0° paraît le plus profitable. En effet, elle paralyse la fermentation tout en n'ayant pas les inconvénients de la gelée. Il s'agit, par exemple, de fruits, légumes, bulbes, tubercules, viandes et autres matières organiques.

« Toutefois, nous avons observé que du beurre, du fromage, du lait se trouvaient placés, sans inconvénient apparent dans un compartiment distinct dans lequel ils sont soumis à une température de 5° de glace (— 5°).

« Voici, en résumé, comment est garni ce magasin d'expériences et ce que dénotent les dates d'entrée inscrites sur chaque article :

« Quartiers de viandes, morceaux de bœuf, moitiés de moutons : six semaines.

« Canards, poulets non vidés, oiseaux, gibiers non plumés, volailles plumées : six semaines.

« Lièvres, lapins de garenne, frappés du coup de fusil : cinq semaines.

« Graines, bulbes, oignons de tulipes et de crocus, ces derniers, dont la germination antérieure est indiquée par les pousses vertes de quelques centimètres, sont restés entièrement stationnaires depuis plusieurs semaines.

« Choux, choux-fleurs, pommes de terre, carottes, introduits depuis six semaines, tous ces légumes restent en état de stagnation complète.

« Des poires, des pommes, apportées il y a environ six semaines, le 23 décembre, et dont la maturation n'a pas avancé. Une poire, entre autres, qui était tachée sur plusieurs points et dont la décomposition bien caractérisée est restée stationnaire.

« Il nous est permis d'entrevoir des chargements de gibiers, de viandes froides apportés de pays lointains, où ils sont à bas prix, et extraits de caisses ou appareils frigorifiques pour être mis en vente sur nos marchés.

« Mais laissons à d'autres le soin de s'occuper de ces denrées, qui ne sont pas de notre compétence. Bornons-nous à raisonner sur les légumes frais et les fruits abondants dans certaines saisons de l'année, dont la maturation, suspendue, serait différée jusqu'à cette époque, pendant laquelle la nature en repos nous oblige à vivre avec nos seules réserves. Espérons avoir la conservation, avec la qualité, des pommes de terre qui, à l'approche du printemps, commencent si vite à se détériorer.

« Toutefois, nous ne pouvons voir aujourd'hui, dans les mains de M. Tellier, qu'un champ d'expériences en exploitation, mais dont les résultats, qui ne sont pas suffisamment appréciables, ne peuvent encore fournir un élément à des conclusions définitives.

« En admettant même que le principe de la conservation par le froid puisse se poser d'une manière absolue, il y aura encore beaucoup à étudier avant d'entrer résolument dans la pratique.

« Quels sont les fruits qui pourront utilement supporter l'opération ?

« Nous donnera-t-on en janvier ou février une cerise, une pêche, une prune prise en été ou en automne, en état d'être mangée ?

« Nous fournira-t-on de même une poire de Cressane ou de Louise-Bonne, ou telle autre, que nous aurions mangée en octobre ?

« Ces fruits auront-ils conservé leur qualité ?

« Les saisira-t-on par le froid, aussitôt après l'élaboration spontanée de la maturation, ou bien les prendra-t-on sur l'arbre, avant que cette opération ait pu se faire ?

« Voilà des détails sur lesquels devra porter l'attention des futurs exploitants d'une industrie qui, selon les probabilités, doit apporter des ressources à l'alimentation et des chances à une spéculation qui sera dirigée avec intelligence.

« Il y a bien des incertitudes dans les essais de M. Tellier ; il a beaucoup fait en étudiant la gelée qui conserve, mais finalement détruit. Si, dans les limites du simple refroidissement où il peut se tenir, il a évité un grand écueil, il n'a pas encore touché le but dont il s'est beaucoup approché.

« Quoi qu'il en soit, cet Ingénieur, actif, instruit, en s'appuyant sur la science, ouvre la voie à une industrie des plus intéressantes, et ses travaux méritent les encouragements de tous les amis du progrès et l'attention des hommes dévoués à l'horticulture.

Le Secrétaire :   *Le Vice-Président :*
MICHELIN.   MOUNOT-LEROY.

Cette communication n'avança pas beaucoup la question.

Il faut à toute idée neuve, je l'ai dit, et une voix plus autorisée que la mienne l'a proclamé, un surnumérariat, long parfois à supporter. Je ne le sais que trop.

Le moment est venu, cependant, depuis ces recherches, où l'Agriculture, l'Horticulture, manœuvrant le froid comme la chaleur, ont trouvé en lui un auxiliaire précieux, actif, fertile en résultats avantageux.

Disons en effet que, depuis l'époque déjà lointaine dont je parle, les choses ont marché et que des progrès réels ont été faits en ce sens. Nous l'avons vu par la citation page 164, sur ce qui se fait à Hambourg, Berlin.

Paris commence à prendre part au mouvement pour le muguet, le lilas.

Pour les fruits, les légumes, la situation est différente de celle des plantes.

Ce n'est plus la vie effective, qui est là à modérer, mais bien un phénomène de survie, amenant leur conservation plus ou moins longue, qu'il s'agit de maitriser.

Or, ce phénomène se relie intimement aux faits signalés et que toujours nous retrouvons :

L'intensité de la chaleur atmosphérique ;

Sa durée.

En un mot : la quantité de chaleur reçue.

Quelques mots sur ce dernier sujet. Il a grande importance. Il mérite les méditations de ceux qui veulent, le plus possible, profiter des lois naturelles.

CHAPITRE XXII

LA MESURE VRAIE DE L'INTENSITÉ DE LA CHALEUR ATMOSPHÉRIQUE

L'unité de mesure à adopter.
Les moyennes annuelles et mensuelles.

Il est réellement utile d'apprécier nettement la quantité de chaleur tombant journellement sur le sol.

On pourrait déduire de cette observation maintes conséquences profitables.

Or, ce fait n'existe pas encore, officiellement du moins.

Jusqu'ici, on s'est borné à relever les degrés du thermomètre, et à les comparer à la normale.

Cette méthode ne donne aucune notion exacte sur ce qui se produit en chaleur atmosphérique. Elle ne se relie en rien d'effectif avec le passé. D'où absence de déductions possibles.

L'appréciation vraie des faits exige une autre marche.

Il faut tout à la fois, pour être dans le vrai, tenir compte de l'intensité de la chaleur, mais, de plus, de la durée de cette intensité.

Pour préciser sur ce point, je vais reproduire une note que j'ai adressée à l'Académie des Sciences, il y a bien longtemps déjà, et qui reste vérité.

Voici cette note :

« A différentes reprises, j'ai insisté sur l'utilité qu'il y aurait à établir une unité calorifique applicable à la mesure quantitative de la chaleur atmosphérique, cette unité permettant de se rendre compte de nombres de phénomènes insuffisamment étudiés.

« Le thermomètre donne bien l'intensité de la chaleur.

« Mais il ne dit pas la *quantité* reçue dans un temps déterminé.

« Ce dernier fait, cependant, domine la question. Il a beaucoup d'importance, surtout dans la conservation des fruits par le froid.

« Le degré d'abaissement calorifique nécessaire à cette opération est facile à établir.

« Comme je l'ai maintes fois indiqué, il faut se maintenir le plus près possible de 0°.

« Il s'agit en effet de combattre :

« 1° L'activité de la survie, qui se manifeste dans presque tous les végétaux, laquelle est puissamment aidée par la chaleur.

2° « L'action microbienne, pouvant se produire.

« Or, plus la température sera basse, sans congélation bien entendu. plus le succès sera certain.

« Mais, ce que nous ne savons pas, et ce qu'il importerait de déterminer, c'est la quantité de chaleur nécessaire pour la parfaite maturation, c'est-à-dire la transformation intime des éléments constitutifs du fruit, afin de l'amener au degré de sapidité, le rendant agréable, et par suite, véritablement marchand.

« Cette quantité se résume surtout par les deux facteurs déjà signalés :

« L'élévation de la température ;

« La durée de son action.

« Dès lors surgit la nécessité, comme je l'indique plus haut, d'une unité comportant cet ensemble de remarques, laquelle pourrait servir de base comparative pour toutes les observations.

« Il est possible de constituer cette unité en combinant les deux termes que voici :

« La longueur du temps, qui serait l'heure ;

« L'intensité calorifique.

« Celle-ci serait l'élévation d'un degré dans la température atmosphérique.

« J'ai proposé de nommer *héliorie* l'unité ainsi établie.

« Ce mot a l'avantage de rappeler la calorie, qui est la mesure physique de la chaleur (un kilogr. d'eau élevé de 1°).

« La quantité de chaleur, indiquée ainsi, permettrait de nous rendre compte des diverses actions calorifiques, que nous avons à apprécier journellement, surtout dans la conservation des fruits, des légumes.

« En ces conditions, l'héliorie représenterait l'élévation, dans la chaleur atmosphérique, de 1° pendant la durée d'une heure. C'est simple, on le voit.

« Admettons un instant, qu'il s'agisse de poires.

« Admettons encore qu'il faille, à ces poires, quinze **jours** après la cueillette pour accomplir leur maturation à une température automnale moyenne de 11°. Nous verrons que ce phénomène de maturation aura exigé 15 jours, d'où $15 \times 11° \times 24$ heures $= 3\,600$ héliories.

« Si la survie du fruit était proportionnellement obtenue, nous pourrions conclure qu'à $+ 1°$ la conservation pourrait se déduire de $3\,600$ héliories divisées par 24 heures $\times 1°$, ce qui nous donnerait 150 jours de conservation.

« Mais nous ne savons encore exactement en quelle proportion la vie secondaire est paralysée dans ces basses températures.

« Nous ne pourrions, par suite, nous baser maintenant sur un résultat vraiment précis.

« Ce qui est possible, c'est de déduire de l'observation des faits des conséquences utiles. Il est facile d'étudier, à l'aide d'un thermomètre enregistreur, à défaut avec un thermomètre ordinaire, les quantités de chaleur agissant à l'état normal sur les différents fruits méritant la conservation. Il serait loisible ensuite de dresser une table indiquant les moyennes nécessaires à l'évolution maturative de chacun d'eux.

« Évidemment, il n'y aurait rien d'absolu.

« L'absolu n'existe pas en ces matières. Mais on aurait des données.

« Ces données guideraient, non seulement dans les facilités à rencontrer dans la conservation, mais encore fourniraient la possibilité de prévoir le moment où il serait utile de rechercher la vente.

« Cette dernière considération a une grande importance pour le commerce s'occupant de conservation frigorifique. Elle permettrait de déduire l'instant de la parfaite maturation, par conséquent d'assurer l'écoulement normal des produits conservés, sans être pris par un excès, causant une perte grave. »

Cette influence de la quantité de chaleur se manifeste tous les jours sous nos yeux.

Voyons les bouchers, par exemple.

La durée de la conservation n'est-elle pas chez eux en raison inverse de l'intensité de la température ?

Il y a donc intérêt à analyser ces facteurs : « Durée, chaleur », et l'héliorie employée à les supputer faciliterait singulièrement la vente des denrées altérables, en permettant de prévoir la marche de leur conservation.

C'est parce que j'avais été frappé de la puissance de ces faits que j'avais eu soin, lors des expériences que je fis en 1868, sur la conservation de la viande, de mettre celle-ci au froid dès qu'elle était abattue. Je gagnais ainsi tout le travail microbien qui se serait inévitablement fait si, pour économiser un peu de froid, j'avais préalablement utilisé la température atmosphérique.

Évidemment, en bien des cas, il n'y a pas que la chaleur qui intervient.

La lumière, l'état électrique de l'atmosphère, l'humidité, l'ozone, etc., etc., entrent en fonctions.

Mais, de tous ces éléments, la chaleur est le plus énergique, le plus facile à combattre et c'est pour cela que tous les moyens d'en mesurer l'action, l'intensité ont leur importance.

L'emploi de l'héliorie, au point de vue des sciences météorologiques, astronomiques, médicales, culturales, aurait également une haute valeur.

A l'appui de tout ceci nous indiquerons seulement certaines données générales utiles à mettre en évidence. Elles permettront d'apprécier ce mode d'observation.

C'est d'abord la moyenne de chaleur reçue annuellement par le sol.

En se basant sur une durée d'observations de vingt-cinq ans, nous trouvons que cette moyenne se traduit par 94 406 héltories, en chiffres ronds 95 000.

Nous verrons ensuite que les différences annuelles sont considérables, puisque :

Dans l'année la plus chaude il a été
reçu par le sol. . . . . 104 179 héliories.
Alors que dans la plus froide il n'en
est arrivé que . . . . 75 849   —

La différence . . . 28 330 héliories

est énorme. Bien peu se doutent de son existence.

Elle représente, comparée avec la moyenne annuelle :

     0.096 pour mille pour l'année la plus chaude ;
     0.201 pour mille pour celle la plus froide.

Enfin, comme classement d'intensité calorifique, nous trouvons, nous appuyant toujours sur une moyenne de vingt-cinq ans, que les mois se répartissent ainsi :

Janvier. . . . . avec	2.077	héliories
Décembre. . . . . —	2.398	—
Février. . . . . —	3.287	—
Novembre . . . . —	4.524	—
Mars. . . . . —	5.086	—
Avril. . . . . —	7.655	—
Octobre. . . . . —	7.996	—
Mai . . . . —	10.014	—
Septembre . . . . —	11.270	—
Juin . . . . —	13.728	—
Août. . . . . —	13.713	—
Juillet . . . . —	14.147	—

On voit, par ce tableau, que les mois ne se présentent pas dans le calendrier suivant l'ordre de leur puissance calorifique, ce qui devrait être, si des raisons accidentelles, surtout les taches solaires, ne venaient perturber la marche naturelle des faits.

Juillet est le mois le plus chaud. En prenant Janvier comme unité, nous voyons qu'il nous apporte environ sept fois plus de chaleur que ce dernier.

Le tableau précédent est utile à consulter en matière de conservation frigorifique. Il permet d'apprécier la durée possible des matières après leur sortie des appareils, celle-ci étant toujours en raison inverse de la quantité de chaleur rencontrée.

Je dis apprécier, car, en toutes ces choses, on ne saurait trop le répéter, ce ne sont, à l'heure présente, que des prévisions qui peuvent être établies. Mais plus les données se compléteront, plus ces prévisions prendront un caractère de certitude.

Ces considérations font ressortir tout l'intérêt présenté par la question.

Ce n'est pas seulement en agriculture qu'elle éclairerait bien des faits.

En météorologie, elle conduirait à des déductions précieuses.

La relation entre la chaleur reçue du soleil et l'importance de ses taches se trouverait nettement appréciée. Or, comme celles-ci ne disparaissent pas tout à coup, on voit de suite les conséquences à tirer de cette étude dans la prévision du temps.

Pour le travail du sol, elle permettrait de déterminer les quantités de chaleur nécessaires à chaque plante pour progresser; par conséquent de prévoir, en tenant compte de celles reçues, les retards ou les avances dans la maturation des récoltes ou des fruits.

A ce sujet, M. Tisserand, l'ancien et distingué directeur de l'Agriculture, me disait, au Congrès frigorifique, que la grande culture commençait à entrer dans cette voie. Je l'en félicite.

Au point de vue de l'hygiène, il y aurait, par la comparaison exacte des sommes de chaleur éprouvées, eu égard aux influences pathologiques, des observations utiles à recueillir.

L'art médical en tirerait certainement profit.

Enfin, en conservation de matière organique, on pourrait arriver, évitant le gel bien entendu, à graduer le froid, proportionnellement à la durée de la conservation désirée.

Je sais que ces observations ne seraient pas à la portée du grand nombre.

Mais les observatoires météorologiques sont outillés pour obvier à cette difficulté.

Ils recueilleraient facilement tous les éléments utiles.

Les condensant, les classant, ils publieraient les résultats trouvés, comme on le fait pour le vent, l'intensité de la température, la hauteur barométrique, etc., etc.

Sous l'influence de ces communications, les observations se grouperaient, des déductions utiles en ressortiraient, tout cela au grand bénéfice des productions du sol et des producteurs.

Il ne faut pas oublier que, plus nous allons, plus la science doit venir aider au labeur général. Là est sa grande et noble mission.

Pour terminer sur ce sujet, précisons que le mode présenté donnerait des résultats bien supérieurs à la notation actuelle.

Celle-ci se borne, je le répète, à indiquer quotidiennement les différences thermométriques constatées chaque jour et à les comparer, avec la moyenne correspondante, sans tenir compte de la durée de l'action calorifique exercée.

Mais quelles conséquences utiles ?

Aucune ! Qu'un simple rapprochement, sans relations avec le passé, par suite sans déductions possibles pour l'avenir.

C'est cependant le point capital, puisque seul il permettrait des prévisions profitables.

Au contraire, avec le système d'observations présenté, les bulletins météorologiques tiendraient compte des deux éléments utiles :

Intensité ;

Durée.

Ils indiqueraient journellement :

1° La quantité de chaleur reçue ;

2° Celle observée depuis le 1ᵉʳ janvier ;

3° Celles constatées pour la même période des années précédentes ;

4° Enfin la moyenne annuelle correspondante.

On aurait donc ainsi une indication sûre des manifestations calorifiques atmosphériques, celles qui nous intéressent et que nous pourrions mettre en regard des résultats agronomiques et autres fournis par le passé.

Les déductions seraient, par suite, aisément mises à profit.

Leur analyse permettrait de conclure à des conséquences utiles, sérieuses, que la pratique utiliserait rapidement.

Il y a là une lacune à combler, que comprendront tous les bons esprits et, pour le faire, il n'y a qu'à compléter les observations de chaque jour.

Donc, aucunes complications de ce côté.

CHAPITRE XXIII

LE FROID APPLIQUÉ AU RÈGNE ANIMAL

Conservation de la graine de vers à soie. — Communication à la Société des Agriculteurs de France. — Introduction en Europe d'une espèce nouvelle de poisson.

Les règles que j'ai plus haut énoncées pour la matière organique inanimée peuvent s'étendre en certains cas au règne animal.

Dès le début de mes travaux (1858) je songeais à appliquer le froid à la préservation des œufs de vers à soie.

Quand le printemps est froid, la végétation du mûrier, en nos climats surtout, est en retard; par suite, l'éclosion des œufs, si elle se fait avant la poussée des feuilles, laisse les vers sans nourriture. Fatalement ils succombent.

En 1872, je fus amené à endormir longtemps la vie d'une quantité considérable de ces graines. Il y en avait 500 cartons.

Expédiés du Paraguay intempestivement, à un de mes amis, Gélot, dont nous retrouverons le nom, ils arrivèrent en France à l'automne, c'est-à-dire hors de saison.

Gélot était désolé. Dans son embarras, il vint me trouver.

Je le consolai, lui garantissant que nous attendrions le printemps.

Je soumis les 500 cartons à zéro. La vie en eux se trouva paralysée.

Quand vint la végétation du mûrier, nous laissâmes la chaleur revenir peu à peu, les éclosions se firent dans des conditions magnifiques.

En 1874, je repris la question devant la Société des Agriculteurs de France.

Elle l'intéressa fortement.

Voici le procès-verbal de la section à laquelle je fis cette communication. Il a le mérite de montrer dans quelle étendue l'action du froid peut être utilisée à la graine des vers à soie, aussi de faire apprécier toute l'importance du procédé, lequel n'offre d'ailleurs aucune difficulté dans son application.

Société des Agriculteurs de France.

8ᵉ Section.

Sériciculture et Entomologie.

7 février 1874.

« A ce moment M. Ch. Tellier, inventeur du mécanisme appliqué à produire industriellement le froid dans *l'Usine Frigorifique* d'Auteuil, 99, av. de Versailles, demande à être entendu de la Section et lui apporte la communication suivante, au sujet de *l'emploi du froid* dans l'industrie séricicole :

« L'application du froid à la conservation de la graine de vers à soie comprend deux sortes d'installations :

« L'une, donnant à domicile les facilités de conserver de petites quantités de graines ;   .

« L'autre, permettant la création de magasins cantonaux ou régionaux, pouvant conserver, pour compte de tiers, 25 000 à 50 000 onces de graines et plus.

« Dans le premier cas — conservation à domicile — l'appareil se compose d'une sorte d'armoire, parfaitement isolée, dans laquelle se trouve un compartiment métallique, entouré d'air froid.

« Cet air froid est produit à l'aide de la glace, mais en telles conditions que la glace ne touche pas la graine et n'est même pas en contact avec l'atmosphère intérieure.

« Dans ces conditions, la graine se trouve soumise à l'action conservatrice du froid, tout en n'ayant pas à craindre celle de l'humidité. Pour atteindre d'une manière complète ce dernier résultat, qui a une importance sérieuse dans la conservation nous occupant, un cylindre en toile métallique est placé dans chaque récipient. Ce cylindre peut recevoir du chlorure de calcium ; l'air peut donc être aussi sec que possible.

« Mais ces appareils supposent l'emploi de la glace, et dans quelques contrées, il n'est pas possible d'en avoir. Dans ce cas, on pourrait créer des magasins régionaux qui recevraient la graine de tout un canton, la conserveraient l'hiver, pour la rendre aux éducateurs au moment paraissant propice à chacun d'eux.

« Un magasin contenant de 25 000 à 50 000 onces, présentant une capacité intérieure de cent mètres cubes, comporterait l'emploi d'une machine de 10 500 francs, utilisant trois chevaux de force motrice.

« Si cette machine était montée sur un cours d'eau, elle ne coûterait d'autre dépense que la surveillance. Or, en hiver et au printemps, les cours d'eau sont toujours abondants et facilement utilisables.

« Installés avec machine à vapeur, on pourrait placer ces magasins près de centres populeux. L'été, la machine pouvant être employée à faire de la glace, le coût de la conservation serait infiniment réduit.

« Disons ceci : c'est que ce mode aurait une supériorité considérable sur ce qui se fait actuellement. En effet, non seulement il n'y aurait plus d'éclosions hâtives ou, pour mieux dire, intempestives, mais ces éclosions se gradueraient à volonté, en raison de l'activité de la végétation locale.

« De plus, on éviterait la conservation dans les caves, moyen aussi propre que possible à donner des résultats funestes.

« En effet, les caves sont toujours humides, leur température, dans la zone des vers à soie, est assez chaude, soit 12 à 14°, circonstances aussi favorables que possible à la végétation des moisissures et autres parasites qui, ne vivant qu'aux dépens des corps organisés sur lesquels ils végètent, en altèrent toujours la constitution.

« Sans vouloir exagérer le mal que produit cet ordre de choses, il est permis d'y voir l'une des causes qui contribuent à augmenter l'état maladif des vers et par conséquent l'état de souffrance dans lequel se trouve, depuis longtemps, l'industrie séricicole. Éloigner cette chance d'insuccès, c'est évidemment marcher vers des résultats meilleurs, accomplir en un mot un progrès utile.

« A tous ces titres, l'emploi du froid se présente à la sériciculture avec une valeur incontestable.

« La Section, après avoir entendu cette communication, en souhaite la prompte application si, dans l'avenir, on doit voir la création de machines *banales*, offrant à tout un canton, moyennant une faible rétribution, la place de loger des graines en conservation. Il convient de remarquer que la machine peut emprunter la force à n'importe quel moteur, moulin à vent, etc., par conséquent s'établir dans les pays séricicoles.

Deux ans plus tard j'eus à exercer la même action sur une autre catégorie d'embryons.

La Société d'Acclimatation avait plusieurs fois tenté d'importer de Californie une espèce de poisson fort estimée, le saumon des fontaines (*Salmo fontinalis*).

L'échec fut toujours complet. Pas un œuf n'arriva permettant l'éclosion.

On s'adressa à moi.

Je construisis un appareil dans lequel le froid devait se

maintenir normalement, tout en respectant les autres conditions de la vie du frai.

Le succès fut absolu. Sur 10 000 œufs que nous fîmes venir, il n'y eut pas 5 p. 100 de perte.

C'est grâce à ce fait que le saumon des fontaines a été introduit en France et de là dans toute l'Europe.

Depuis — chose curieuse — il a été de France, reporté en Amérique, mais dans l'Amérique du Sud, où il n'existait pas. Le même appareil servit à cette réexportation. J'ai donc le droit de dire que j'ai introduit en France et en Sud-Amérique une espèce nouvelle de poisson.

CHAPITRE XXIV

LE LAIT. — LE BEURRE

**Nécessité d'opérer à très basse température.
Expérience concluante.**

Le lait, le beurre, attirèrent, dès cette époque (1868-1873), mon attention.

Je pus démontrer qu'en gelant le lait sa conservation pouvait être indéfinie.

Mes amis d'alors : Barral, Vianne, Valserre, de Lavalette, etc., etc., tous rédacteurs agricoles ayant laissé un nom, furent témoins de nombreuses expériences en ce sens.

Le beurre surtout devait exciter mon attention.

Avec lui, du reste, la question était plus facile à résoudre qu'avec la viande et autres matières organisées délicates.

La mobilité de ses molécules n'ayant aucun lien entre elles permettait leur glissement aisé. Par suite, la congélation, dont j'ai été l'ennemi permanent pour la matière organique en général, n'avait plus là d'inconvénients.

Elle n'amenait plus, comme avec la viande et autres substances, le déchirement des tissus. Un simple déplacement moléculaire s'opérait, déplacement que, dans le pétrissage, on exerçait dès la ferme. De plus, l'obligation de conserver l'arome conduisait à l'emploi d'un froid intense, aussi à la nécessité d'opérer en vase clos.

Le grand abaissement de température employé agissait encore sur le beurre en paralysant énergiquement le travail des microbes, qui, par suite des diverses manipulations subies dans la préparation, s'introduisent dans sa masse si aisément. De plus, solidifiant l'eau interposée, et chacun sait combien son action est active sur la délicate denrée, on annihilait son influence néfaste.

Sous l'empire de ces raisonnements, que j'étais seul alors à faire et à pratiquer, je me rendis à Carentan-Isigny pour y expliquer mes moyens, leur opportunité, faire comprendre aux intéressés leur raison d'être.

Je fus peu écouté.

Cependant une maison prit en considération ma communication, la maison Enos, et voulut bien m'envoyer à Paris un échantillon.

Je le conservai le temps jugé convenable par elle.

Voici, préférablement à **toute** digression, le procès-verbal rédigé par M. Enos à la demande d'une tierce personne, que la question intéressait. Ce procès-verbal montre avec quels scrupules fut conduite l'expérience et ses résultats.

Je laisse la parole à M. Enos :

« Voici une sorte de procès-verbal de ce que j'ai constaté.

« Deux faits sont à considérer :

1° le beurre conservé à l'état frais;

2° le beurre salé.

« Le beurre frais a été envoyé à M. Ch. Tellier le 16 avril 1872 et avait été acheté à Isigny le 15 avril. Il est arrivé à l'usine à Paris le 17 et a été mis en préparation le soir même (soit deux jours après l'achat). Ce beurre avait la même forme que les mottes adressées à la halle de Paris; il était enveloppé de toile exactement de la même façon. Cette enveloppe avait été achetée par moi avant le départ.

« Cette motte de beurre pesait 20 kilogr. et elle avait été coupée dans une motte (même fabrication et même fermier) pesant 42 kilogr. J'ai donc envoyé 20 kilogr. à M. Tellier et j'ai gardé les 22 kilogr., restés du même morceau à l'état frais, dans un de mes magasins, afin de pouvoir établir une sorte de comparaison, lorsque le beurre conservé par M. Tellier reviendrait.

« Le beurre m'a été retourné le 9 juin, c'est-à-dire près de deux mois après que je l'avais adressé à Paris-Auteuil. Je n'ai ouvert le colis que le 11 juin, soit deux jours après l'arrivée et le dépôt dans mes magasins. Voici une sorte de procès-verbal de constatation de l'ouverture, qui a eu lieu en ma présence, ainsi que celle de mon principal employé et de mon contre-maître de salaisons, qui avaient, ainsi que moi, assisté à l'expédition.

« 1° J'ai constaté que la motte de beurre était, comme apparence extérieure, dans le même état que lors de l'expédition ; les cachets et l'enveloppe de toile étaient intacts, ce dont nous nous sommes aperçus après avoir enlevé la glace qui entourait encore cette enveloppe, deux jours après l'arrivée à Carentan [1].

« 2° Le morceau de beurre (22 kilogr.) que j'avais conservé frais à Carentan, et qui provenait du même pain que les 20 kilogr. envoyés à Paris, a été ouvert en même temps que celui conservé (procédé Tellier).

« 3° Le beurre que j'avais conservé chez moi *était perdu, rance et gras*, et devenu d'une couleur plus foncée.

« 4° Le pain de beurre, dont ce morceau conservé chez moi faisait partie et que j'avais adressé à Paris-Auteuil le 16 avril et qui m'était retourné à Carentan le 9 juin, *était parfaitement conservé à l'état de beurre frais* ; seulement il avait perdu un peu de ce que nous appelons de la fleur, c'est-à-dire la bonne odeur que, généralement, les beurres très frais ont quand ils sont d'une qualité extra. Mais, quant au goût, à la couleur, il n'avait rien perdu et était comme lorsqu'on l'avait expédié à Paris deux mois auparavant.

« 5° La motte de beurre de 20 kilogr. (retour de Paris) a été salée comme d'usage et mise dans un baril pour être expédiée au Brésil et afin de constater, après trois semaines de salaison, si ce beurre, salé au bout de deux mois qu'il était conservé frais, serait et aurait la même qualité que du beurre de la même qualité acheté par moi le 11 juin, salé le même jour de l'achat et mis dans un autre baril pour établir une comparaison.

« 6° Comme conclusion de l'expérience faite pour la conservation à l'état frais et de l'épreuve dont je donne le résultat, c'est qu'il y a eu trop de temps entre l'achat et le fait conservateur, ce qui certainement a pu causer une déperdition de la bonne odeur. Cela pourrait être évidemment évité en établissant l'acte conservatoire le plus tôt possible après l'achat. Ce qu'il importe de constater, c'est que ce fait n'a pas d'importance au point de vue de la consommation, et quant au goût il reste absolument intact.

« Arrivons maintenant à ce beurre conservé frais pendant deux mois et salé dans la même proportion et exactement de même que le beurre acheté et salé le jour de l'achat pour le Brésil.

« 7° Le beurre salé le 11 juin a été ouvert et vérifié le premier juillet, soit trois semaines après la salaison, et j'ai dû reconnaître qu'il était de très bonne qualité et semblable à peu de chose près à celui qui avait été acheté et salé le jour de l'achat, et qu'à ce point de vue, comme au point de vue de la conservation à l'état frais, le procédé est loin de doute.

« Voici, je pense, tous les renseignements que vous m'avez demandés au sujet de l'essai de conservation des beurres, qui a été fait par

---

1. La glace n'était pas ajoutée, mais simplement formée par la condensation de la vapeur atmosphérique sur le bloc de beurre très refroidi, conservant longtemps son froid, en raison de sa mauvaise conductibilité calorifique.

M. Ch. Tellier, renseignements que je garantis de la plus entière exactitude et vrais de tous points.

Je m'arrête sur ce point, qui me paraît suffisamment élucidé.

Ce que je tiens à constater, c'est que, dès 1872, j'avais résolu le problème de la conservation du beurre par le froid, en opérant à très basse température, — 10° à 12°, de plus, dans une atmosphère confinée, pour empêcher le goût, l'arome du beurre d'échapper.

En présence de ces résultats, je ne puis m'empêcher de sourire, quand je vois des producteurs, encore maintenant, s'évertuer à chercher des températures spéciales soi-disant favorables à la conservation du beurre.

Tout cela est du tâtonnement inutile. Ce qu'il faut, c'est agir aussi rapidement et vigoureusement que possible et en vases clos. Aller à — 15° sans crainte.

Se souvenir que, là encore, comme je le disais pour la viande, toute minute perdue est un coefficient sérieux.

Me préoccupant ainsi des choses agricoles, je n'avais eu garde d'oublier la question de l'élevage national, laquelle touche à des intérêts si divers et si importants.

C'est ainsi que je fus amené à proposer la création d'abattoirs régionaux, ce que je développerai dans le chapitre suivant.

CHAPITRE XXV

LES ABATTOIRS RÉGIONAUX

Leur utilité. — La société des Agriculteurs de France. — L'emploi de ces abattoirs pour les armées. — Retour vers la question générale.

Tout en ne perdant pas de vue la grande question de la conservation de la viande et de son transport entre les continents, je n'avais pas oublié l'intérêt qu'il y avait, pour la production française, la consommation, à appliquer le froid au commerce de la boucherie.

Ls Société des Agriculteurs de France, dont j'ai déjà parlé, tenant chaque année des assises solennelles où les questions les plus intéressantes sont traitées et discutées, c'est vers elle, naturellement, qu'à ce point de vue se tournèrent mes efforts.

C'est ainsi que je fus amené à élucider devant la dite société, lors de la session de 1874, l'application du froid à la viande, particulièrement la création d'abattoirs régionaux que je considérais et considère encore comme étant la solution vraie du problème :

La viande à bon marché,

Tout en respectant, bien entendu, les intérêts de l'Agriculture.

Pour rester dans la vérité des faits, je vais transcrire le résumé des débats qui eurent lieu alors.

Outre qu'ils auront le mérite de préciser la situation, ils montreront, une fois de plus, les résistances que je rencontrai; aussi la persévérance qu'il m'a fallu apporter dans la lutte persuasive entreprise.

Les étrangers y mirent moins de façon.

Trouvant le procédé vrai, pratique et bon, ils l'adoptèrent sans hésiter et ils firent bien.

La suite de ce récit montrera combien, chez eux, il **a pris de** développements; tandis qu'encore à cette heure nous sommes. en France, à l'arrière-plan!

Ceci expliqué, j'entre dans le sujet, reproduisant les faits tels que les énoncent les procès-verbaux de la Société des Agriculteurs de France; ce qui est la meilleure manière d'établir leur réalité.

DEUXIÈME SECTION

Économie du Bétail et Médecine vétérinaire.
Séance du 7 février 1874.

« M. Tellier a la parole pour exposer un nouveau mode de conservation de la viande.

« M. Tellier s'est avant tout occupé de supprimer les ingrédients chimiques pour obtenir une bonne conservation de la viande.

« Après plusieurs mois, il a reconnu que c'était le froid seul qui donnait un résultat satisfaisant, ou plutôt la température de 0° sans variation et dans un air parfaitement sec; si la température est au-dessus de 0°, la viande ne se conserve pas: si elle est au-dessous, la viande perd alors toute sa saveur.

« A l'aide de cette température égale et de cet air sec, M. Tellier est parvenu à conserver pendant très longtemps du mouton, des volailles non plumées même, qui avaient autant de goût que si elles venaient d'être tuées.

« Quant à la production du froid, elle revient à 5 centimes par kilogramme et par mois, c'est-à-dire à un prix excessivement minime. On est même parvenu à construire des appareils qui permettront d'apporter jusqu'à Paris, en parfait état de conservation, les viandes des Pampas de l'Amérique du Sud.

« Voici maintenant quel serait le projet de M. Tellier, si le procédé inventé par lui réussit en grand, ainsi que tout le porte à croire d'ailleurs, et pour lequel il sollicite l'appui d'un avis favorable de la 2ᵉ section.

« Personne ne conteste qu'aujourd'hui le prix excessif de la viande est une question économique des plus graves au point de vue de l'alimentation générale; de plus, il y a malheureusement une inégalité très grande entre la consommation de la viande dans les villes et celle qui se fait dans les campagnes.

« Pour remédier à cet état de choses, M. Tellier voudrait créer dans les grands centres de vastes magasins réfrigérants, où l'on pourrait accumuler des provisions de viande considérables. Ainsi l'on arriverait à faire baisser le prix de la viande et à égaliser la consommation de cet aliment, si indispensable aux travailleurs. M. Tellier ose donc croire que la section voudra bien approuver la création de ces magasins.

« Cette question, dit M. de Tourdonnet, se rattache à celle de l'abattage et du commerce de la boucherie, que l'honorable membre a cherché à faciliter le plus possible, puisqu'il avait obtenu de la Ville de Paris la création d'une vente à la criée, concurremment avec M. Benoît d'Azy, actuellement vice-président à l'Assemblée nationale, qui a fourni les fonds nécessaires à cette entreprise.

« Mais si M. de Tourdonnet apprécie l'idée de M. Tellier comme consommateur, il la repousse énergiquement comme agriculteur. Ce n'est pas la première fois, du reste, qu'une entreprise de ce genre est sur le point de se réaliser, entreprise industrielle, il faut bien l'avouer.

« En 1870, il s'est présenté un inventeur qui, par d'autres procédés, croyait arriver au même but, c'est-à-dire à l'importation en grand des viandes américaines sur nos marchés, en sorte qu'il en sera bientôt, si cela continue, de notre viande comme de nos laines, qui ne peuvent plus soutenir la concurrence étrangère. La Commission, chargée d'examiner ce premier projet, avait refusé d'émettre une opinion sur cette question, pensant avec raison qu'il ne fallait pas qu'une société, comme celle des Agriculteurs de France, puisse servir de réclame, puisqu'il faut dire le mot, à une invention quelconque, et on avait même été jusqu'à décider qu'on ne ferait aucune mention de cette communication au procès-verbal.

« M. Talamon pense au contraire que, lorsqu'il s'agit d'une question humanitaire comme celle de l'alimentation, l'intérêt particulier, en admettant même qu'il fût lésé, ce qui pourrait être contesté, doit se taire en présence d'un intérêt aussi général.

« C'est aussi l'opinion de M. Mathieu, qui estime qu'on ne peut pas rejeter un projet ayant pour but d'améliorer et de diminuer le prix de l'alimentation des classes ouvrières; c'est pour elles surtout que cette invention peut avoir une grande importance, car il est incontestable que les classes aisées préféreront toujours la viande fraîche, provenant d'animaux de boucherie, à de la viande conservée et fournie par des bœufs à l'état sauvage, c'est-à-dire de qualité très inférieure, tant à cause de leur nourriture que de leur âge.

« M. de Monicault, quoiqu'il produise lui-même de la viande, et qu'il ne se dissimule pas la perte qui peut résulter pour l'Agriculture Française de cette invention, n'hésite pas à se rallier à l'opinion de MM. Talamon et Mathieu, en présence de l'intérêt général qu'elle présente.

« M. de Tourdonnet insiste sur ce qu'il vient de dire, relativement au projet qu'on va tirer du vœu émis par la section. C'est de suite un appui moral et une publicité très grande donnés à cette entreprise et c'est, à son sens, entrer dans une voie dangereuse que de prêter un concours semblable à quelque invention que ce soit; à bien plus forte raison quand on n'a pas pu examiner en détail un procédé et juger, par conséquent, s'il est bon ou mauvais.

« Il h'y a pas, réplique M. Talamon, à s'occuper du procédé en lui-même ; s'il est mauvais, il sera abandonné ; s'il est bon, il sera admis quand même. C'est du principe qu'il s'agit et la question est de savoir si la section est, oui ou non, disposée à encourager les inventions ayant trait à la conservation en grand de la viande. Quant à la concurrence pour la production indigène, nous ne devons pas nous en occuper, car si les autres pays adoptent ce système, nous nous trouverons toujours débordés en France. L'honorable membre demande, en terminant, que M. Tellier fasse un rapport sur son mode de procéder qui, après avoir été soumis à l'appréciation de la section, serait lu en séance générale.

« M. de Champagny se rallierait au projet de M. Tellier s'il croyait que la viande pût baisser positivement de prix par ce procédé ; mais il ne pense pas que le prix de production de la viande en soit notablement abaissé, tandis qu'au contraire, l'importation étrangère peut être désastreuse pour l'Agriculture française.

« M. Tellier croit, avant tout, devoir déclarer qu'il n'a jamais eu l'intention de tirer un profit quelconque de l'opinion favorable de la section. Membre de la Société des Agriculteurs de France, il avait pensé, que la section de l'économie du bétail serait heureuse de s'associer à une découverte importante et qu'elle tiendrait à honneur de la patronner, sans s'inquiéter de l'interprétation qu'on donnerait à son appui.

« M. de Monicault croit aussi qu'il faut écarter la question de la réclame, puisque ce mot a été prononcé, car enfin, lorsque dans cette enceinte chaque agriculteur vient prôner telle ou telle race, et que la section engage les éleveurs à l'employer, on pourrait reproduire la même objection.

« En principe, M. de Tourdonnet est favorable à l'idée de M. Tellier, lui qui a toujours combattu pour la liberté de la boucherie et demandé des étaux publics d'abord, puis le colportage de la viande, qui a rendu de si grands services dans les quartiers populaires et ouvriers. Mais M. de Tourdonnet voudrait qu'une commission fût nommée pour examiner la question au point de vue essentiellement agricole, qui doit être l'unique préoccupation de la section.

« M. Jobey, ainsi que M. de Tourdonnet, demandent qu'une commission soit nommée à l'effet d'examiner quel peut être le résultat de cette invention pour l'Agriculture française, seul point de vue sous lequel doit être traitée cette question dans la deuxième section.

« M. Jobey fait donc la proposition suivante :

« Que la commission nommée pour examiner le procédé Tellier s'attache à étudier la question de savoir si ce procédé a clairement une portée utile à l'Agriculture française.

« Cette proposition, mise aux voix, est adoptée.

« Après une discussion à laquelle prennent part MM. Jobey, Mathieu, de Monicault, de Tourdonnet et Talamon, le nombre des membres de la Commission est fixé à cinq.

« MM. de Monicault, de Tourdonnet, du Buat, Jobey, de Champagny, ayant réuni la majorité des suffrages, sont déclarés membres de la Commission.

Séance du 11 février 1874.

« La parole est donnée à M. de Monicault, au nom de la commission chargée de la question de la conservation de la viande, pour rendre compte de ses travaux.

« La Commission s'est réunie pour entendre M. Tellier, inventeur du procédé à étudier, qui lui a donné lecture du rapport ci-joint, dont la Commission a demandé l'insertion au procès-verbal de la Section.

« La Commission se plaît à reconnaître que ce rapport, parfaitement rédigé, a été écrit par M. Tellier spécialement dans le sens demandé par la Section et qui était l'examen de ce procédé, au point de vue du commerce de la boucherie et de l'influence qu'il pourrait avoir sur la production de la viande en France.

« Voici ce rapport :

Messieurs :

« Vous m'avez demandé de vous présenter une note résumant les avantages que l'Agriculture *française* retirerait de mes moyens de conservation par le froid. Je m'empresse d'obtempérer à vos désirs.

« Mon but, en poursuivant ces expériences, a été de soustraire l'Agriculture à deux exigences, que je considère comme étant préjudiciables à ses intérêts.

« Ces exigences sont :

« 1° La nécessité d'expédier l'animal sur pied ;

« 2° L'aléa qui résulte pour l'éleveur de la vente à la criée[1].

« Mieux que moi, vous connaissez les inconvénients qu'amène le transport des animaux vivants :

« Manque de nourriture et de boisson, troubles dans les habitudes, malaises amenés par la peur, entassement dans les wagons, rapidité des transports, etc., etc., toutes circonstances qui, en un mot, font que l'animal, pris sain dans vos pâturages, arrive à Paris sinon malade, du moins dans un état qui n'est pas la santé, subissant par suite une dépréciation dans la qualité, comme dans le poids.

« Avec l'abattage aux lieux de production, l'animal est au contraire tué dans le milieu ayant constitué sa vie. Sa viande est saine, succulente. De plus, on recueille les avantages suivants :

« Les déchets animaux restent pour engrais ;

« Les peaux alimentent l'industrie locale et, par ce temps d'immigration des populations rurales, cet avantage n'est pas à dédaigner ;

« Les bas morceaux constituent pour nos populations ouvrières une alimentation à bon compte ;

1. On pourrait ajouter une troisième raison ayant surgi depuis cette époque : c'est la nécessité de soustraire producteurs et consommateurs au joug d'intermédiaires pesant lourdement sur eux, sans utilité. Les abattoirs régionaux frigorifiques conduiraient immédiatement à ce résultat.

« Les transports ne pèsent plus que sur la viande de qualité ;

« Enfin, celle-ci arrive sur le marché débarrassée de tous les inconvénients inhérents à la conduite d'animaux vivants; ce n'est plus qu'une marchandise.

« Mais à l'obtention de ces divers résultats, et avant moi vous avez su, Messieurs, en apprécier l'importance, un obstacle s'oppose. Cet obstacle, c'est l'inconvénient que je signalais il y a un instant, c'est-à-dire l'aléa présenté par la vente à la criée.

« Avec l'animal vivant, on peut reculer d'un jour, de deux jours, la réalisation.

« Avec la viande abattue, il faut fatalement s'exécuter à l'arrivée.

« Eh bien, c'est cette circonstance défavorable que j'ai voulu éviter, laissant ainsi à l'agriculteur la possibilité de profiter de tous les avantages que je viens d'énumérer, sans avoir désormais la crainte d'une exécution.

« Pour ce faire, je vous l'ai expliqué, je conserve la viande à l'aide d'une simple température de 0°.

« Le résultat de cette conservation est tel, qu'au bout de huit jours la viande est sensiblement améliorée et qu'on peut ainsi la conserver deux mois et plus.

« Grâce à ce moyen, la situation change profondément.

« Comme vous le voyez, Messieurs, la question, quel que soit le point de vue auquel on se place, touche à d'immenses intérêts.

« Membre de la Société des Agriculteurs de France, je ne pouvais oublier de l'entretenir sur ce sujet et par conséquent d'aborder votre Comité plus spécialement chargé de l'étude de la boucherie.

« J'ajouterai qu'à côté du fait principal, que je viens de résumer, s'en présentent d'autres découlant des mêmes moyens d'action et méritant aussi l'attention de l'Agriculteur français.

« C'est la conservation du beurre, pendant plusieurs mois, absolument frais : des témoignages authentiques peuvent en faire la preuve.

« C'est la conservation pendant un mois, deux mois et plus, de la volaille, ce produit si intéressant de vos fermes.

« C'est la conservation de la pomme de terre dont la végétation est arrêtée à volonté.

« C'est celle du lait, dont le refroidissement prolonge l'état marchand.

« C'est celle du fromage, dont la fermentation est complétement maintenue.

« C'est celle du miel, qui, aisément, fermente au printemps.

« C'est, en un mot, le moyen de maîtriser la vie organique partout où sa manifestation peut être nuisible, et à tous ces titres, permettez-moi, Messieurs, de l'espérer, vous voudrez bien ne pas passer outre sur cette communication.

« A la suite de cette lecture, la Commission a pris les conclusions suivantes :

« 1° La Commission écarte l'examen de la valeur du procédé et demande le renvoi de cette question au Bureau de la Section pour être soumis à qui de droit.

« 2° Déclare l'incompétence de la Section au point de vue de l'importation des viandes d'outre-mer.

« Et pense qu'au point de vue de l'Agriculture française il est utile d'encourager l'application du procédé de conservation présenté par M. Tellier.

« Les conclusions de la Commission, mises aux voix, sont adoptées.

Les abattoirs régionaux dont j'avais ainsi précisé l'importance n'intéressent pas que la consommation ordinaire.

Appliqués aux armées, ils rendraient le plus grand service. Ils mettraient fin à l'intoxication, que nous voyons périodiquement se produire dans nos régiments.

Faire le procès de la viande à soldat, triste mot sous lequel on désigne l'alimentation de ceux constituant la partie la plus vive de la nation, serait peine perdue. Tout le monde connaît ses inconvénients. Disons mieux : ses dangers.

Ce qu'il faut dire, c'est qu'avec des abattoirs créés dans les centres d'élevage, frigorifiquement installés, l'État, l'Armée recueilleraient des avantages considérables, aussi l'Agriculture.

Pour l'un, ce serait l'économie ;

Pour l'autre, la sécurité dans l'alimentation ;

Pour la troisième la vente directe, sans charges de frais inutiles.

En effet, vendant la viande de luxe à la consommation riche, la pouvant payer ; celle de qualité moyenne, suffisante à la troupe, reviendrait à bon compte.

Cette viande, traitée par le froid, aidé d'une légère dessiccation, se conserverait à l'air libre plusieurs jours. On pourrait donc se contenter d'approvisionner les garnisons une fois par semaine, ce qui donnerait de grandes facilités, tout en donnant un aliment excellent à tous points de vue.

Non seulement la viande ainsi délivrée serait fraîche, mais elle serait plus rassise, c'est-à-dire succulente, digestive, profitable.

Elle constituerait, pour nos hommes, une nourriture de premier choix, assimilable au plus haut point.

Il y a longtemps, que j'ai saisi le Ministère de la Guerre de cette question.

Mais ce qui vient de France est négligeable pour nos bureaux.

Il faut, pour que leur attention soit apportée, l'estampille de l'étranger. Alors l'empressement succède à l'inertie.

Les mêmes abattoirs, placés à l'intérieur hors la portée de l'ennemi, disséminés dans les centres favorables, pourraient, à l'aide d'une dessiccation plus prolongée, fournir de la viande pour nos armées en campagne.

Ce sujet est fort intéressant. J'y reviendrai dans le chapitre traitant de l'influence du froid sec sur la viande.

Mais tous ces labeurs, malgré leur intérêt, n'étaient que des questions secondaires. Ils ne me faisaient pas oublier le but considérable dont j'avais poursuivi la réalisation si ardemment, c'est-à-dire la conservation et l'importation de la viande fraîche, véritable objectif de ma vie.

Le temps passait.

Avec lui la blessure au cœur du pays se cicatrisait.

Par suite les affaires se ranimaient, l'heure des idées nouvelles semblait pouvoir venir. Je songeais donc à me remettre à l'œuvre et à poursuivre la croisade commencée, il y avait déjà si longtemps!

Au commencement de 1873, je crus le moment arrivé.

Malheureusement, comme je l'ai expliqué, ceux qui avaient suivi utilement mes travaux étaient presque tous disparus. Pour les autres, le souvenir des expériences n'existait plus. On m'avait si peu accordé créance!

Bref, à part quelques fidèles, je me sentais seul.

Parmi ces derniers, je reviens avec plaisir sur le nom de Gélot, que j'écrivais il y a quelques instants, et qui fut un homme de bien.

Gélot avait été deux ans retenu par Lopez, dictateur du Paraguay.

Lopez, comme ses prédécesseurs, ne comprenait le gouvernement qu'absolument fermé. Gélot ayant pénétré au Paraguay sans autorisation, Lopez l'avait gardé, bien contre son gré à lui, Gélot, et le droit des gens.

Il ne put quitter ce pays qu'à la mort du despote.

Ce séjour forcé lui avait fait beaucoup apprécier cette contrée, dans laquelle, tout en étant interné, il avait joui d'une liberté intérieure complète.

Il connaissait aussi l'estuaire de la Plata, qu'il avait longtemps et préalablement habité.

Il comprenait donc, mieux que personne, les résultats à tirer de mes travaux.

Mais lui, et quelques autres de même envergure, ne pouvaient rien, au point de vue argent.

Or, dans une expérimentation aussi considérable, c'était là où le bât me blessait.

Résolu à reprendre l'offensive, je ne me dissimulai pas une chose, c'est qu'avant tout, il était nécessaire de démontrer à nouveau la réalité des faits, de réchauffer ainsi l'opinion publique.

Je me décidai donc à ouvrir une nouvelle ère expérimentative.

Toutefois, il fallait, n'ayant plus les patronages anciens, lui donner la sanction d'une autorité incontestable.

Dans ce but, je m'adressai à la plus élevée de nos institutions scientifiques : « L'Académie des Sciences », dont j'ai toujours révéré la haute autorité.

CHAPITRE XXVI

L'ACADÉMIE DES SCIENCES

Nomination d'une commission. — Le vrai zéro thermométrique. Expériences prolongées. — Discussion et acceptation du rapport.

Sous l'influence de cette détermination, je rédigeai en 1873 une note sollicitant de l'Académie des Sciences l'examen de mes moyens par une commission prise dans son sein.

Cette commission fut en effet nommée.

Elle était composée de trois hommes, qui ont, à bien des titres, laissé des noms respectés et honorés :

MM. Milne Edwards,. Péligot, Bouley, que je m'honore toujours avoir connus et auxquels j'ai voué toute reconnaissance.

Obtenir la nomination d'une commission est relativement facile, même à l'Académie des Sciences.

La voir fonctionner n'est plus du tout la même chose.

Ceci, du reste, dans tous les milieux possibles.

J'attendis longtemps que la mienne me donnât signe de vie.

J'attendrais peut-être encore si, ne voyant rien venir, je n'avais pris le parti d'aller à la montagne, puisque la montagne ne venait pas à moi.

C'était un lundi, jour de séance publique à l'Académie des Sciences.

Je pris un gigot ayant un mois de conservation et, l'enveloppant d'une serviette, je me rendis à l'Institut.

Là, j'attendis M. Bouley, qu'alors je connaissais à peine de vue.

Quand il parut dans la salle précédant celle des séances, je l'arrêtai et lui montrai mon gigot.

M. Bouley l'examina attentivement.

« C'est bien, me dit-il, mais combien de temps de conservation?

— Un mois!

— Ce n'est pas vrai, me répondit-il, en une vive répartie.

Je l'ai beaucoup connu depuis; et c'était bien l'homme le meilleur que l'on puisse rencontrer ; mais tout d'abord cette brusque apostrophe m'avait un peu décontenancé.

« Je vous affirme, dis-je.

— Hé bien, envoyez-le chez moi et venez me voir demain matin à 8 heures. »

Comme on le pense, j'étais à l'heure. La lutte recommençait enfin, je ne lui aurais pas failli.

A peine la porte de son cabinet était-elle ouverte et avant que j'aie eu le temps de le saluer, je l'entendis ;

« Parfait! Quand commençons-nous les expériences?

— Mais, quand vous voudrez, M. Bouley!

— Demain.

— Demain! C'est un peu tôt. Il faut que j'aie des animaux, que j'obtienne la permission de les abattre chez moi; tout ceci va demander quelques jours.

— C'est exact. Mais nous allons faciliter les choses. »

En effet, il me remit un mot pour que je puisse obtenir de la Préfecture l'autorisation d'abattre à domicile, ce qui, cela se comprend, ne s'accorde à Paris que dans des circonstances exceptionnelles. Bref, quatre jours après, une génisse, six moutons attendaient pantelants, sa venue.

A l'heure dite, M. Bouley arriva. Il apposa sa signature sur chaque quartier de viande, les vit introduire dans la chambre froide et l'expérience commença.

Cette fois, la partie était à nouveau et solennellement engagée.

Un délai de trois à quatre mois avait été jugé utile pour donner à l'opération toute l'ampleur qu'elle devait avoir.

Je l'avais accepté bien volontiers, sûr que j'étais du succès.

Au bout de six semaines environ, j'eus la visite de M. Péligot. Il resta une heure et demie, tant à voir les viandes, qu'à étudier les machines.

Une expérience, qu'il ne connaissait pas, l'intéressa beaucoup, celle de la cristallisation instantanée de l'eau, amenée au-dessous de 0°, surliquéfiée si je puis dire, au moyen d'un petit fragment de givre et que le premier j'avais réalisée.

Appliquant ce phénomène à un résultat utile, je lui montrai comment, avec son concours, on pouvait obtenir la graduation vraie des thermomètres.

L'eau, mélangée de glace, n'est pas toujours fidèle pour ce travail.

Le réchauffement des parois fait que le zéro absolu n'est pas obtenu régulièrement dans la masse, d'où départ faux de l'échelle thermométrique et cause que bien des thermomètres ne marchent pas d'accord.

Au contraire, en refroidissant l'eau lentement *dans le verre*, on abaisse facilement la température à 4° ou 5° au-dessous de zéro. Ayant mis préalablement les thermomètres à graduer dans cette eau, on n'a plus, quand l'abaissement voulu est produit, qu'à y jeter un petit glaçon gros comme une tête d'épingle.

Immédiatement on voit se former une multitude d'aiguilles de glace qui, par leur solidification, absorbent le froid existant au-dessous du point de congélation.

La température, par suite, revient instantanément au zéro absolu.

On a donc là un moyen, tout à la fois élégant et positif, de graduer les thermomètres; le point de départ de l'échelle étant alors tout à fait certain [1].

---

1. A l'époque dont je parle les thermomètres n'étaient pas toujours bien gradués J'ignore s'il en est encore ainsi, je le crains.

Malgré toute l'attention apportée par M. Péligot à ce qu'il voyait. je ne sais quelle impression s'était produite en moi, mais il m'avait paru ne pas être favorable à l'expérience relative aux viandes; celle-là qui, à juste titre, m'intéressait le plus.

J'étais par suite inquiet à ce sujet. Aussi, quand il fut sur le point de me quitter. je lui demandai si sa seconde visite serait prochaine.

— Je ne reviendrai pas, me répondit-il!

Nouvelle anxiété!

Je lui manifestais mon étonnement.

« Mais non, ajouta-t-il, c'est inutile. A mes yeux le résultat est acquis. Vous êtes absolument dans le vrai. Ce que j'ai vu est parfait. »

Comme bien on pense. je le laissai aller sous une tout autre impression que celle éprouvée quelques instants auparavant.

En fait, j'ai eu la preuve plus tard que ce que m'avait dit M. Péligot était bien l'expression de sa pensée.

Ainsi qu'il avait été convenu, les expérimentations se sui-

J'engage par suite les chefs de laboratoires à vérifier, avec le moyen que j'indique plus haut et qui est très fidèle. les instruments à leur usage.

Même observation pour ceux qui pratiquent la température de 0°. Un demi-degré d'écart, comme par exemple avec les *cucurbitacées*, amènerait le gel, ce qu'il faut éviter, et souvent il y a des erreurs de 1° et plus dans les thermomètres.

Voici comment il convient d'opérer :

Dans un vase en verre on place les instruments à vérifier et on les entoure d'eau bouillie et filtrée. Le tout est soumis à un mélange réfrigérant, en ayant soin d'éviter toutes secousses.

La température descend rapidement à — 4° ou — 5°, l'eau restant liquide.

Avec le verre, à surfaces très polies, on arrive aisément au résultat. Dans du métal la réussite serait compromise. Elle est plus difficile.

Cela étant, on jette dans l'eau une parcelle de glace, même un cristal de givre.

Spontanément de nombreuses aiguilles glacées se projettent dans tous les sens, ramenant immédiatement la température du milieu sur lequel on opère au zéro absolu.

En raison de la dissémination des aiguilles de glace dans le liquide, celui-ci se maintient assez de temps à zéro pour que toutes les observations puissent se faire aisément et sûrement.

Il est donc facile de déterminer, lors de la graduation primitive, le vrai zéro de chaque instrument et de noter, au laboratoire, les erreurs qu'ils peuvent présenter. Circonstance d'autant utile que, tout le monde le sait, ces instruments se modifient avec le temps, qu'il est par suite utile de les vérifier assez fréquemment.

virent pendant 120 jours, durant lesquels, maintes fois, M. Bouley, rapporteur de la Commission, vint en vérifier la marche.

Le plus souvent, il était accompagné d'un de ses confrères français ou étranger.

C'est ainsi que, successivement, j'eus la visite de **MM.** Pasteur, Thenart, Melsens, etc.

L'expérience terminée, je croyais que tout était fini, qu'enfin, j'allais avoir un rapport favorable.

Il n'en fut pas ainsi.

L'Académie était très timorée, parce qu'elle savait que je voulais créer une grande Société d'importation de viande fraîche.

Elle n'était pas opposée à cette conséquence. Elle la savait bonne, utile. Mais elle ne voulait pas sortir de son rôle purement scientifique et surtout paraître patroner une affaire industrielle.

Ce sentiment était certes tout à son honneur, jamais je ne me suis inscrit contre lui.

Sous l'empire de cette manière de voir, l'Académie décida que communication du rapport de M. Bouley lui serait faite, d'abord, en comité secret.

Là, il fut objecté par M. Pasteur, que je connaissais cependant beaucoup et qui, maintes fois, m'avait témoigné ses sympathies[1], que les animaux avaient été débités en trop petits morceaux, qu'il était à craindre qu'avec des pièces de boucherie plus fortes nécessitées par les transports, la réussite ne soit pas, etc, etc.

M. Bouley, me racontant ce qui s'était passé, me dit qu'il n'y avait qu'une solution : Recommencer avec de plus gros morceaux.

---

1. Lorsque j'allais le voir à son laboratoire de l'école normale, il me signalait à ses élèves comme le grand-prêtre du froid. J'étais donc bien loin de croire à une opposition de sa part. Elle ne témoigna, du reste, que de son intégrité en toutes questions et ne m'a jamais empêché de rendre à sa mémoire le tribut de respect lui étant dû, chaque fois que j'en ai trouvé l'occasion.

J'étais donc en présence d'une nouvelle déconvenue.

Ce ne fut pas sans un vif déplaisir que je m'en rendis compte.

Les expériences de la nature de celles-là sont très coûteuses et je n'ai jamais été un favori de la fortune.

Pas même au moment où j'écris ces lignes.

Mais qu'y faire?

Il fallait, suivant un mot célèbre, souvent réédité depuis :

Ou se soumettre, ou se démettre.

Cette dernière résolution, après tant d'efforts consacrés à l'œuvre, ne pouvait un instant m'arrêter.

Aussi, quelle que fût ma contrariété, je n'hésitai pas. Plus que jamais je résolus d'agir.

M. Bouley, voyant l'impression que je ressentais et l'attribuant à la question d'argent, m'offrit de m'envoyer des chevaux.

Je le remerciai.

Incontinent, je me rendis à la boucherie Duval, rue Tronchet. J'y achetai deux bœufs coupés en deux. Cette fois il n'y aurait plus à objecter la petitesse des morceaux.

Dès que cette viande fut arrivée, nous recommençâmes.

Cette seconde expérience eut ceci de particulier, qu'elle fut faite pendant la saison chaude.

Au bout de 51 jours (soit du 19 mai au 7 juillet) M. Bouley, qui était autant convaincu que moi, y mit fin, ayant préalablement pris l'avis de M. Pasteur. Lui-même se déclara satisfait.

Le succès fut, bien entendu, tout aussi complet.

Le rapport était enfin acquis. Il fut, avec conclusions favorables, adopté par l'Académie (5 octobre 1874).

Là encore, une contrariété me fut réservée.

Je savais que la Commission avait demandé pour moi une récompense académique, ce qui m'avait singulièrement flatté, on le comprend aisément.

Mais la docte Société, toujours par les raisons plus haut déduites, décida que l'adoption du rapport suffirait, que la récompense ne serait pas accordée.

Entre temps, M. Bouley, de sa propre initiative, fit un rapport sur la question au Comité d'Hygiène publique de France. Le savant M. Poggiale en fit un autre au Conseil de Salubrité de la Seine.

Tous concluaient au résultat obtenu par l'emploi de l'air froid et sec. Je me trouvais donc armé au point de vue scientifique.

CHAPITRE XXVII

RAPPORTS DIVERS

**Rapport de M. Bouley à l'Académie des Sciences et au comité
consultatif d'hygiène de France. —
Rapport de M. Poggiale au Conseil de salubrité de la Seine. —
Refroidissement des halles. — Accueil administratif.**

Voici quelques extraits des rapports que je viens d'indiquer.
Ils prouveront mieux la vérité des faits que tout ce que je
pourrais dire.

Ils montreront, de plus, que c'est bien en France qu'ont été
produites les conditions de la conservation des matières organiques par le froid, qu'elles y ont été réalisées aux yeux de
tous par mes moyens, il y a plus de quarante ans, avec toute
l'ampleur et les garanties désirables.

Je laisse d'abord la parole à M. Bouley, rapporteur à l'Académie des Sciences :

Les expériences dont il vient d'être rendu compte se sont prolongées du 29 novembre 1873 au 7 juillet 1874. Et comme la chaleur des
mois de mai et de juin a été exceptionnellement élevée, ces expériences ont donné la démonstration que l'influence de la température
extérieure a pu être complètement arrêtée par celle de la chambre
froide, maintenue d'une manière à peu près constante au voisinage
de zéro, sauf quelques exceptions, dont il a été parlé plus haut.

Voici les exceptions de température auxquelles M. Bouley fait
allusion :

Les expériences d'Auteuil ont prouvé que la température pouvait
osciller, sans inconvénient, entre + 3° et — 2°, c'est-à-dire dans une
mesure de 5°. Malgré l'abaissement à 2°[1] la congélation de la viande,

1. La température de — 2° n'a pas été maintenue bien longtemps. Elle a été
accidentelle. En pratique, je conseille de ne pas descendre au-dessous de 1° sous
zéro, et surtout d'employer des thermomètres gradués au 1/10 de degré, ce qui
facilite la surveillance. (Ch. T.)

qu'il faut éviter, n'est pas à craindre, parce que ses sucs, en raison des corps qu'ils tiennent en dissolution, ne gèlent pas à — 2° et, d'autre part, son réchauffement ne peut pas se produire immédiatement, en raison des masses conservées, quand bien même la température de la chambre monte jusqu'à + 3°.

Une expérience fortuite a mis ce fait hors de doute à Auteuil.

Pendant les fortes chaleurs du mois de juin dernier, trois fois, par suite de circonstances accidentelles, la température est remontée à + 8° dans la chambre froide, et une fois l'action frigorifique a dû être suspendue pendant trente-six heures ; malgré cela, la conservation des viandes exposées n'a pas été compromise.

Un cuissot de bœuf du poids de 70 kilogrammes, qui était dans la chambre froide pendant ces oscillations et qui y a été maintenu du 19 mai au 7 juillet — soit pendant 51 jours — était dans les meilleures conditions de conservation après ce long laps de temps. Il a été distribué à des personnes qui ignoraient sa provenance ; on l'a accommodé à toutes les formes, y compris celle du pot-au-feu, et toutes les opinions recueillies ont été favorables. Tous ceux qui en ont mangé ont été d'accord pour reconnaître qu'il avait toutes les qualités comestibles, plus une tendreté de beaucoup supérieure à celle du bœuf, dont l'abatage ne remonte qu'à vingt-quatre ou quarante-huit heures.

Puis, plus loin, M. Bouley ajoute, répondant aux objections formulées par M. Pasteur.

Une question devait être examinée : celle de savoir si un quartier de bœuf entier se conserverait aussi facilement qu'un quartier de mouton. On se demandait si, pendant le temps nécessairement plus long, qu'un quartier de bœuf exigerait pour être refroidi jusque dans sa profondeur, des phénomènes de fermentation ne pourraient pas se produire autour de l'axe osseux.

Des expériences ont été faites pour éclaircir cette question. Dans un cuissot de bœuf pesant 70 kilogr., un thermomètre enfoncé au centre de la partie la plus charnue, soit à une profondeur de 18 centimètres, a mis trois jours pour descendre de + 36°,6, température initiale, à 0°. Mais cette lenteur, dans le refroidissement de la masse totale, n'a pas d'inconvénient. D'abord parce que l'air de la chambre froide est absolument défavorable, par l'abaissement de sa température, à l'activité des germes dont, du reste, suivant toutes les probabilités, il s'est en grande partie dépouillé en perdant son eau hygrométrique, et, en second lieu, ce qui pouvait rester de germes fermentescibles, dans l'atmosphère de la chambre froide, n'a pu trouver les conditions de la manifestation de son activité sur la couche extérieure de la pièce de viande, laquelle couche s'était mise en équilibre de température avec l'atmosphère du local. On peut ajouter, d'après les expériences faites sur des pièces de gibier déjà en voie de putréfaction au moment de leur introduction dans la chambre froide, qu'à supposer que des phénomènes de fermentation eussent eu le temps de se produire dans la partie centrale d'une grosse pièce de boucherie pendant les trois jours qu'elle met à se refroidir, ces phénomènes s'arrêteraient immédiatement, dès que la température serait descendue à zéro.

Les grosses pièces peuvent donc demeurer tout autant imputré-fiées dans la chambre froide que celles moyennes ou petites. La pureté de l'air de la chambre froide, son état de sécheresse relativement à l'abaissement de la température sont, pour toutes, des conditions de préservation contre les atteintes de la putréfaction.

Ces conditions sont telles que des pièces de volaille et de gibier restent imputrescibles quand bien même on les conserve entières, c'est-à-dire sans en extraire les intestins. Malgré l'amas de matières fermentescibles que renferme l'appareil intestinal, aucun phénomène putride ne se manifeste, et le foie lui-même *conserve ses qualités comestibles, quoiqu'il soit au contact immédiat de ces matières.*

M. Poggiale, dans son rapport au *Conseil de Salubrité de la Seine*, est aussi concluant.

Voici comment il s'exprime :

M. Ch. Tellier a fait de nombreuses expériences pour démontrer l'efficacité de son procédé. J'ai trouvé, dans les chambres frigorifiques établies dans l'usine d'Auteuil, diverses pièces de viande : des moutons, des lièvres, des perdreaux, des faisans, etc., parfaitement conservés.

J'ai constaté, en outre, que deux perdreaux pesant 804 grammes, qui avaient été déposés dans cette chambre le 1er février dernier et qui en ont été retirés le 5 mars, étaient en parfait état de conservation. Au sortir de la chambre, le poids des deux perdreaux n'était plus que de 786 grammes. Le perdreau que je mets sous les yeux du Conseil a été conservé pendant *cinquante-cinq jours.*

J'ai reconnu également qu'un demi-mouton, maintenu à 0° pendant trente-sept jours, présentait les caractères de la viande fraîche. On l'a rôti et plusieurs personnes, qui en ont mangé, ont déclaré qu'il était excellent. Le poids, qui était de 8 k. 800, s'est abaissé à 7 k. 750. La perte en poids, due à la dessiccation, a donc été d'environ 12 p. 100 en trente-sept jours.

A la suite de ce rapport, M. Poggiale, frappé des résultats obtenus, m'avait prié d'étudier le refroidissement d'un des pavillons des Halles centrales.

J'acceptai avec empressement.

Je fus trouver l'architecte chargé de celui qui m'avait été désigné.

Il me répondit que j'étais libre d'agir, mais que je ne pourrais mettre de moteur, ni toucher aux portes, fenêtres, etc., etc.

Devant ce mauvais vouloir, je le saluai, lui disant qu'il était inutile, en présence de semblables dispositions, que je m'occupasse de la question.

J'en référai naturellement à M. Poggiale, qui fut lui-même surpris d'une semblable malveillance.

Il me dit qu'il entretiendrait le Conseil de Salubrité de ce fait. Mais la mort venant à le frapper, l'incident n'eut pas de suite et encore à ce jour les Halles ne sont pas réfrigérées.

C'est ainsi qu'en France, malheureusement, les nationaux sont trop souvent accueillis et enrayés par des personnalités malveillantes, sans valeur.

Par contre, pour les étrangers, les portes ne sont pas assez larges [1].

Voici comment, au Comité consultatif d'Hygiène publique de

---

1. La situation semble actuellement vouloir se modifier.

Voici en effet ce qu'en 1910 (trente-huit ans après les circonstances que je viens de signaler) disait M. Maurice Quentin, le distingué conseiller municipal du quartier des Halles :

« Nous avons été amenés, par la force des choses, à rechercher quelle serait l'utilisation la meilleure de cet élément important de notre domaine. Nous avons à notre disposition une machinerie très intéressante, tout un réseau de canalisations, des locaux appropriés à une affectation industrielle. La deuxième commission a recherché de quel emploi tout cet ensemble serait susceptible, et elle a pensé qu'il s'adapterait très bien à la production du froid.

« Elle a participé tout entière, ainsi que vous le savez, aux travaux considérables du premier Congrès international du froid tenu à Paris en octobre 1908 ; et le Conseil municipal a décidé qu'elle suivrait encore les études et les débats du deuxième Congrès qui doit avoir lieu à Vienne cette année. Elle sait les ressources de toute nature, financières, économiques et hygiéniques que l'on peut tirer de cet agent puissant de conservation et de transformation ; et s'associant aux préoccupations du gouvernement et de tous les gouvernements du monde dans cet ordre d'idées, elle a pensé à le faire entrer dans son domaine pour en faire profiter ses habitants.

« Le maintien en état de fraîcheur des denrées périssables est une question qui est de plus en plus à l'ordre du jour.

« Et c'est pour ces motifs que le projet de création d'un frigorifique aux Halles va être mis à l'étude. Les dépenses en seraient inscrites dans les grandes opérations de l'emprunt de 900 millions.

France, M. Bouley précisait la question, résumant en quelques mots sa véritable valeur.

Les viandes soumises à l'action du froid par M. Ch. Tellier restent imputrescibles, ou cessent de se putréfier, lorsqu'elles sont mises en expérience, au moment où déjà le mouvement de la fermentation s'est produit en elles.

Elles conservent l'odeur de la viande fraîche et son aspect extérieur, à part, au bout d'un certain nombre de jours d'exposition dans l'atmosphère refroidie, la teinte plus sombre de leur coupe et un certain degré de dessiccation qui s'y produit. Mais si l'on enlève une très mince couche de cette surface plus sèche, immédiatement exposée à l'air, la couleur de la viande fraîche apparaît à l'instant et témoigne de son état complet de conservation.

Les graisses se dessèchent également à leurs surfaces mais n'acquièrent pas l'odeur de rance. L'odeur des viandes est celle qui leur est propre, dans chaque espèce, sans aucune intervention des émanations par lesquelles s'accusent les fermentations s'emparant des matières animales humides, quand elles subissent les influences atmosphériques ordinaires.

Outre la dessiccation de leur couche la plus superficielle, les viandes exposées dans la chambre froide éprouvent une diminution graduelle de leur poids, résultant de leur légère dessiccation, qui enlève lentement partie de l'eau qu'elles contiennent.

Je m'arrête dans ces citations.

Elles suffisent pour démontrer l'importance des résultats obtenus par la conservation à 0°, dans le froid sec, lesquels furent constatés alors par la plus haute institution scientifique de notre pays.

Ainsi que nous le verrons plus loin, ces résultats furent victorieusement confirmés par le voyage du *Frigorifique*.

CHAPITRE XXVIII

INFLUENCE DU FROID SEC SUR LA VIANDE.

**La viande conservée par le froid sec n'est pas altérée.
Sa conservation indéfinie. — L'alimentation des armées.**

Un préjugé, qu'on ne saurait trop combattre, parce que, répandu surtout en France, il nuit singulièrement à l'application du froid, c'est la croyance que les viandes, quand elles sont sorties des magasins frigorifiques, ne se conservent pas.

Les viandes gelées, oui, s'altèrent assez rapidement, par la raison simple que le gel modifie leur état constitutif, que, de plus, elles n'ont pas perdu d'humidité, qu'enfin le dégel les rend aptes aux altérations ordinaires.

J'ai expliqué longuement ceci dans les précédents chapitres. Je n'ai plus à y revenir.

Les viandes non gelées, simplement conservées à zéro, se comportent autrement, parce que d'abord elles restent intactes.

Que, de plus, deux circonstances aident à leur conservation ultérieure, c'est-à-dire après la sortie des appareils.

Ces circonstances font que la durée de cette conservation, loin d'être diminuée, est au moins le triple, dans les cas les moins favorables, de celle de la viande de boucherie.

Pour préciser, disons que, si l'on tue un bœuf et que la conservation de sa chair dure 24 heures à l'étal du boucher, celle d'une pièce de viande sortie du magasin frigorifique au moment de l'abatage du susdit bœuf se chiffrera par 72 heures dans les mêmes conditions.

Les deux circonstances dont je parle se résument ainsi :

La première, c'est que le bœuf tué délivre sa viande à une

température de 37 à 38°, laquelle, l'été surtout, ne s'abaisse que très peu. Cette viande est donc dans les conditions les plus favorables à l'action microbienne. Celle-ci, en effet, agit alors très rapidement.

Au contraire, la viande sortant du magasin frigorifique est à 0°. Comme elle conduit très mal le calorique, elle se réchauffe lentement. Elle a donc acquis, de ce chef, une qualité conservatrice très précieuse.

La deuxième raison, sur laquelle nous ne saurions trop insister, c'est que, pendant son séjour dans le magasin frigorifique, la viande a perdu une quantité relative d'eau.

Suivant la théorie expliquée précédemment, elle est par suite beaucoup moins apte à subir l'action des micro-organismes.

Il y a mieux. Si l'action frigorifique et desséchante a été maintenue assez longtemps, la conservation peut se prolonger indéfiniment *à l'air libre*.

Donnons la parole, sur ce point, à M. Bouley, au sujet des expériences constatées par lui chez moi.

Outre la dessiccation de leur couche la plus superficielle, les viandes exposées dans la chambre froide éprouvent une diminution graduelle de leur poids, résultant de leur légère dessiccation, qui enlève lentement partie de l'eau qu'elles contiennent.

D'après les observations de M. Ch. Tellier, la viande, au bout de 30 jours, a perdu 10 p. 100 de son poids. Passé ce délai, la perte causée par l'évaporation s'atténue ; elle n'est plus, pendant la deuxième période de 30 jours, que de 5 p. 100 moyennement

Au bout de huit mois, la chair intérieure conserve encore l'humidité.

Cet état de sécheresse relative des surfaces exposées constitue, pour les viandes, une condition de leur conservation actuelle et ultérieure, car elle s'oppose à l'hydratation des germes atmosphériques et conséquemment à leur développement.

En ces conditions, elle n'a plus à redouter la putréfaction ; on peut la conserver indéfiniment.

Voici ce que dit encore M. Bouley, au sujet d'un gigot ainsi préparé, et que je lui avais remis :

Un gigot de mouton, mis au froid le 3 janvier, en est sorti le 4 avril. Il est ensuite resté exposé à la fenêtre d'une cuisine, chez le rapporteur de votre Commission, pendant les trois mois d'avril, mai et juin. Il n'a fait que s'y dessécher davantage, mais il est resté *exempt de toute putréfaction*, malgré les fortes chaleurs de la saison.

Voilà donc un témoignage précis, lequel émane d'une autorité si haute, qu'elle ne peut être contestée.

J'ajoute à ces faits ceci :

J'avais donné à un ami un morceau de filet ainsi préparé. Il lui a servi longtemps de presse-papier.

Pendant l'Exposition de 1878, j'avais attaché à la corne du « Frigorifique » un demi-mouton ayant séjourné un mois dans la cale froide. Il est resté *nuit et jour* exposé, pendant quatre mois, à la pluie, au vent, à la chaleur, en un mot à toutes les fluctuations extérieures et ce, sans se putréfier.

Rappelons qu'en toutes ces circonstances — on ne saurait trop le répéter — rien n'intervient :

Que l'action préservatrice du froid, celle de la dessiccation.

Partant de ces données, on comprend qu'il est possible de fabriquer dans des abattoirs régionaux, comme je le disais précédemment, des viandes pour les armées en campagne, mettant celles-ci à l'abri de toutes éventualités inhérentes à la conduite et à l'entretien des troupeaux.

Ceux-ci, en effet, mal nourris, fatigués, donnent une nourriture inalibile, une viande malsaine, trop souvent cause d'épidémies graves. Il ne faut jamais l'oublier. Il y a là un danger permanent.

Puis, les animaux qui meurent en route ne remplissent pas l'estomac du soldat, pas plus ceux ne figurant que sur le papier. Quelque criminels que soient ces derniers agissements, ceci se voit en tous pays.

Enfin, l'animal, par suite des privations subies, perd beaucoup de son poids, de plus, les abats sont sans valeur.

Cette dernière cause comporte une perte d'au moins 20 p. 100 de la valeur du bétail.

Avec la viande desséchée, comme je le dis, tous ces inconvénients disparaissent. Des vagons, non refroidis, chargés de cet aliment, peuvent aller, venir, suivant les circonstances de la guerre, sans aucune crainte d'altération de la viande. La seule précaution à prendre est de soustraire celle-ci à la dent des rongeurs, ce qui est facile.

Avec ce moyen, plus de fourrages à trouver pour nourrir le bétail, plus d'eau à chercher pour l'abreuver, plus de repos à lui accorder, plus de maladies à redouter.

La matière comestible est inerte. Elle reste à la portée de la troupe et, chose précieuse, elle est d'autant réparatrice que, préparée avec des animaux sains, vigoureux, elle constitue une nourriture de premier ordre.

De plus, à notre époque, où la mobilisation des armées est si rapide, si changeante, l'approvisionnement peut se faire plus aisément, puisqu'il reste inerte sur wagons, lesquels peuvent, à distance, suivre toutes les marches, contre-marches commandées par les nécessités de la guerre. Les ravitaillements sont donc de ce chef singulièrement facilités.

Le froid à employer dans les installations militaires doit être très sec.

A ce point de vue, il importe, au lieu d'agir par surfaces absorbant la chaleur directement, sans circulation d'air, ce qui laisse la viande flasque, d'une conservation ultérieure moins aisée; il importe, dis-je, d'utiliser des courants aériens fortement refroidis par leur passage dans des frigorifères pour ce disposés (voir fig. 2, p. 51, en A). Ils abandonnent là, à l'état de givre, l'eau entraînée, et se sèchent.

Il faut aussi se souvenir que l'air est un excellent véhicule de la vapeur; que, par son action sur les viandes réfrigérées, il provoque la formation de cette même vapeur, aussi l'enlèvement des germes microbiens reçus antérieurement.

On peut prévoir le volume d'air à faire circuler par heure, en considérant le travail de la machine frigorifique comme étant employé sous une différence de 2° d'écart à 2° 1/2 dans l'air en circulation ; c'est-à-dire que, sortant à 0°, même — 1/2° du frigorifère, il y rentre à + 2°, réchauffement produit par son passage à travers le magasin frigorifique.

Il est possible de disposer sur le passage de l'air, préférablement après sa sortie du frigorifère, une buse dans laquelle on aurait introduit du chlorure de calcium *cristallisé*. (Cette cristallisation, pouvant se répéter indéfiniment sur la même quantité de chlorure, est une opération peu coûteuse). Le chlorure de calcium, ainsi employé, aide à la dessiccation de l'air, laquelle n'est jamais absolue.

En cas de presse, et cela peut être nécessaire à prévoir dans les installations militaires, ce moyen, que j'ai utilisé quelquefois, peut rendre service. Il active la dessiccation des viandes, qu'il faut toujours obtenir.

Je ne m'en suis pas servi à bord du *Frigorifique*, je n'y ai utilisé que le simple refroidissement par circulation de l'air dans les tubes du frigorifère, ainsi qu'on le verra plus loin.

Mais, avec les exigences militaires, ce mode d'action peut être à considérer, surtout dans le cas de locaux humides.

J'ai écrit, à diverses reprises, depuis plus de trente ans au Ministère de la Guerre et dernièrement encore (1908), insistant sur ces faits si simples, si importants.

J'ai été jusqu'ici peu écouté.

Et cependant, il y va de la santé de nos hommes, de la sécurité de nos armées.

Cela est fâcheux.

D'autant plus fâcheux que l'État s'est préoccupé jusqu'ici de congélation pour les viandes destinées à l'alimentation des places fortes.

C'est évidemment plus facile, mais beaucoup moins tranquillisant. Je dirai plus :

Là est une faute grave, très grave, exposant les villes assiégées aux pires dangers.

L'ennemi est toujours renseigné sur la position des installations utiles à la défense.

J'ai raconté précédemment que, pendant le siège de Paris, j'avais eu la satisfaction de loger les marins de la flottille fluviale.

La conséquence a été que, dès le début du bombardement, j'ai reçu en trois jours 7 obus. Les marins m'ayant quitté, je n'ai plus eu de projectiles; ce qui prouve, qu'à juste titre, l'ennemi sait comment diriger son feu.

Dans le cas nous occupant, il saura atteindre les bâtiments dans lesquels le froid se produira et où, par conséquent, s'emmagasineront les réserves de viandes.

Son tir naturellement s'acharnera de ce côté.

Qu'un projectile frappe les machines, un seul éclat d'obus suffit. Voilà l'action réfrigérante paralysée.

Avec la viande gelée, la conséquence est fatale. Le dégel se fait rapidement, amenant, en peu de jours, la putréfaction.

C'est la faim, pour les assiégés, avec ses horreurs!

C'est, par suite, la capitulation forcée à bref délai!

En un mot, c'est le désastre irréparable, entraînant des pertes considérables en tous genres.

Avec la viande conservée par le froid sec, très sec, la situation change du tout au tout, puisque, quelques dommages causés aux installations frigorifiques, elle ne s'altère pas.

L'approvisionnement en vivres reste donc par suite intact.

Or, en fait de défense des places fortes, c'est l'alimentation qui domine la situation. Sans elle, forcément, l'attaque triomphe.

Cette question est donc importante entre toutes, puisque d'elle dépend la durée de la résistance et que parfois celle-ci se répercute sur le salut du pays entier.

J'ai, je le répète, insisté sur ce sujet près de l'autorité militaire.

Je n'ai pas été écouté, comme je l'aurais désiré.

L'avenir dira combien sont justes mes prévisions et quelles calamités nous réserve l'oubli de moyens réellement préservateurs.

Les lignes précédentes étaient écrites depuis longtemps et je ne pensais plus au Ministère de la Guerre, quand je reçus, fin de 1909, avis que le dit Ministère renvoyait l'étude, que je lui avais soumise, à l'examen de la Commission d'études des inventions concernant les armées de terre et de mer, siégeant aux Invalides.

J'avoue franchement, qu'étant données les expériences réalisées sous le contrôle de l'Académie des sciences, l'application faite largement à l'étranger des moyens que j'avais étudiés et réalisés, je ne crus voir, en cette dernière communication, qu'une fin de non recevoir. Je l'accueillis par suite très froidement.

Je dois dire de suite que je me trompais, car je reçus de la commission, particulièrement de son secrétaire M. le Colonel Barthal, le plus bienveillant accueil.

J'ai voulu répondre à cet accueil.

Dans ce but j'ai rédigé une dernière note, résumant le moyen de produire la dessiccation relative de la viande, sûrement, économiquement, sans machine frigorifique, lequel n'est pas encore employé.

Je reproduirai cette note dans le chapitre suivant.

Avant de quitter la question de l'influence du froid sec sur la viande, j'insisterai en quelques mots sur un fait déjà signalé, lequel, à bien des titres, a son importance.

Je veux parler de la tendreté donnée à cet aliment par le froid convenablement appliqué.

J'ai expliqué comment ce phénomène se produit. Ce que je veux rappeler, c'est qu'il n'avait pas échappé à M. Bouley, lors des expériences que je lui avais soumises.

L'autorité qui s'attache à sa parole rassurera les esprits indécis.

Voici comment il s'exprime sur ce sujet :

Dans les 40 à 50 premiers jours les viandes de boucherie conservées par le froid retiennent complètement leurs qualités comestibles ; il est même vrai de dire qu'elles s'améliorent, à ce point de vue, pendant la première semaine, en ce sens que, tout en conservant leur arome, *elles acquièrent plus de tendreté* et sont par cela même *plus facilement digestibles*.

Voilà, je pense, qui est précis.

C'est donc en toute sécurité qu'on peut maintenant délivrer aux estomacs de nos troupiers la nourriture agréable, digestive, qui leur est nécessaire. Il en est de même pour la consommation générale.

Convaincu de l'excellence de ce fait, y voyant pour les malades une amélioration notable à obtenir, j'écrivis, à l'époque dont je parle (1874). et depuis, à l'Assistance publique, pour lui signaler la possibilité d'obtenir ce résultat dans l'alimentation des hôpitaux.

Je n'ai pas encore la réponse (1909)[1].

Pour terminer sur ces différentes questions, je citerai la conclusion du rapport de M. Bouley, laquelle justement précise la question de froid sec nous occupant.

« La connaissance de l'action conservatrice du froid sur les matières organiques doit être sans doute aussi vieille que l'humanité même, et tous les jours on a recours à cette vertu préservatrice pour mettre à

1. A l'étranger, les choses ont marché autrement.
Voici, en effet, ce que publie « La Revue générale du Froid » de septembre 1909 :
« Plus avisés, nos voisins d'au delà des Vosges, qui ont voué à l'hygiène publique une sorte de culte national, triomphateur de la mort, tiennent compte des bienfaisantes actions du froid sur les tissus de l'animal qui vient de mourir, et imposent la viande réfrigérée, non seulement aux jeunes et robustes organismes de leur armée, mais aussi aux débiles constitutions de leurs malades.
« Dans la majorité des hôpitaux militaires et dans les hospices civils de l'Empire Allemand prévalent des dispositions précisant — et c'est là le point le plus important — que la viande ne pourra être livrée aux hôpitaux, qu'après le *cinquième jour d'abatage* s'il s'agit de gros bétail, et le *quatrième jour* s'il s'agit de veaux, moutons ou porcs.
« Pendant cet intervalle, la viande devra être maintenue dans une chambre froide, ayant une température de + 2° à + 4°. »
Voilà qui est moderne, rationnel, et ce que depuis plus de trente ans, je l'ai dit plus haut, je n'ai pu faire comprendre en France.

l'abri de la putréfaction des matières alimentaires que l'on veut conserver. M. Ch. Tellier ne peut donc prétendre, à ce sujet, à aucune invention. Mais ce qui est nouveau dans le procédé qu'il a fait connaître à l'Académie, ce qui constitue une innovation réelle, c'est l'idée de créer une atmosphère froide et sèche dans laquelle les matières organiques que l'on veut conserver sont maintenues en permanence, atmosphère que l'on fait circuler incessamment de la chambre froide à l'appareil frigorifique et réciproquement, de manière à la maintenir toujours à la température que l'on peut appeler conservatrice, et à la dépouiller incessamment, par son passage sur les plaques du frigorifère, des vapeurs dont elle s'est chargée dans la chambre froide. Grâce à ce circulus on bénéficie de l'abaissement de température une fois acquis et l'air revient à la chambre froide desséché et purifié.

Tel est l'ingénieux procédé de conservation des matières organiques et particulièrement des viandes de boucherie, dont M. Ch. Tellier a donné communication à l'Académie.

Votre Commission l'a reconnue efficace dans les conditions où elle l'a vue appliquer. Mais elle croit devoir faire toutes réserves sur les applications industrielles qui pourront en être faites. L'expérience seule peut prononcer sur sa valeur économique.

Comme on le voit par cette dernière phrase l'Académie, je l'ai expliqué et j'en avais été prévenu par M. Bouley, ne voulait pas s'engager sur le terrain industriel.

Le *Frigorifique*, en expérimentant contre l'inconnu et toutes les chances de mer, a répondu victorieusement, on le verra plus loin, aux réserves que, dans sa prudence, l'Académie avait cru devoir manifester.

CHAPITRE XXIX

CONSERVATION DES VIANDES POUR LE SERVICE DES ARMÉES DE TERRE ET DE MER

Note remise à la commission d'examen des inventions
intéressant les armées de terre et de mer.
La production économique de la viande inaltérable à *l'air libre*.

La présente note me fait anticiper sur le cours de mon récit.

Mais comme elle trouve sa place naturelle à la suite du sujet principal du chapitre précédent, nous nous y arrêterons quelque peu.

En la lisant on trouvera des redites.

Nos lecteurs voudront bien m'excuser et ne pas voir en elles une faute d'attention à leur égard.

Il y a, dans l'exposé des faits nous occupant, forcément des contacts avec ce qui précède. Ils sont difficiles à éviter, si l'on veut être clair et sincère.

Cette situation est forcée, surtout quand il s'agit d'un moyen neuf à expliquer, ce qui est notre cas, sur lequel, par suite, il faut appuyer.

Voici en quels termes je m'exprimais dans ma note à la commission sus-désignée.

« La conservation des viandes, pour le service de la Guerre se résume par trois points :

« La Congélation;

« Le froid plus ou moins sec, à $0°$;

« La dessiccation par le froid relatif à différents degrés ($+ 10$ à $20°$).

« Je vais examiner successivement ces différents cas.

« La congélation est connue de toute antiquité.

« Pour les civils, elle a des inconvénients que ne méconnaissent pas les peuples usageant les viandes congelées.

« Pour l'armée, elle constitue un danger grave, surtout pour les places fortes, que ce moyen tient en perpétuel péril.

« Qu'un projectile vienne à frapper les machines, et cela sera l'objectif naturel de l'ennemi en tous sièges ; les masses de viandes amassées seront perdues en 4 ou 5 jours. C'est la famine presque immédiate, la reddition à bref délai.

« Pour les armées en campagne, les péripéties de la lutte ne permettent pas de compter avec des délais réguliers. Par suite, les viandes arriveront souvent dégelées, en mauvais état, si elles ne sont déjà putréfiées.

« Il faut se rappeler que la congélation détruit la structure même de la viande, qu'elle solidifie l'albumine, précipite les sels dissous dans son suc. Qu'en un mot, l'aliment formé par elle n'est plus celui produit par l'animal.

« Or, ce qu'il faut, pour des hommes fatigués par la lutte, épuisés, c'est la nourriture la plus substantielle, la plus assimilable possible, la viande, en un mot, telle que la nature la met à notre disposition.

« L'emploi de la congélation est donc absolument à proscrire pour le service de la guerre. On peut dire qu'elle constitue un crime de lèse-patrie.

« La conservation à 0° donne des résultats autres.

« Elle peut être faite de deux façons différentes :

« Avec dessiccation insensible ;

« Avec dessiccation plus ou moins prononcée.

« Le premier mode s'exerce surtout à l'aide de surfaces frigorifiques agissant par rayonnement.

« Je ne préconise pas, dans le cas qui nous occupe, ce moyen. Il rend la viande flasque, moins facile à garder. Le traitement paraît plus simple. Au fond, il est moins probant.

« La conservation avec ventilation plus ou moins active est plus avantageuse, je dirai topique.

« L'air en circulation est un véhicule de la vapeur. Il en favorise la formation. Il force les surfaces à se sécher, enlevant la transsudation se faisant insensiblement. Les microbes, soulevés par la vapeur se formant, sont entraînés. Ils vont se précipiter au dehors avec le givre produit.

« Il en est ainsi également de ceux que contenait l'atmosphère du magasin froid. Celle-ci, par suite, se purifie notablement.

« En ces conditions, la conservation est parfaite.

« Si la dessiccation est poussée activement, on fait perdre à la viande jusqu'à 20 p. 100 de son eau. En cet état, il n'y a plus besoin de magasins frigorifiques pour la conserver ultérieurement. On peut la garder à l'air libre.

« Qu'il me soit permis de rappeler ici, ce que disait Bouley, le savant rapporteur de l'Académie des Sciences au sujet de viandes que j'avais ainsi préparées :

« Un gigot de mouton, mis au froid le 3 janvier, en est sorti le 4 avril et est resté exposé à la fenêtre d'une cuisine, chez le rapporteur de votre commission, pendant les trois mois d'avril, mai et juin. Il n'a fait que de s'y dessécher davantage, mais il est resté exempt de toute putréfaction, malgré les fortes chaleurs de la saison. »

« Ceci précise tout le parti à tirer de la dessiccation opérée convenablement. On peut, avec son aide, préparer, en vue d'un siège, des quantités considérables de viandes, et par suite obtenir, autant que faire se peut, la sécurité désirée.

« Là donc est le moyen de préparer rationellement l'alimentation :

« 1° Pour les garnisons en temps de paix;

« 2° Pour les armées en campagne;

« 3° Pour l'approvisionnement des places fortes, en prévision de sièges.

« Le tout à l'aide d'abattoirs régionaux bien organisés et situés, lesquels j'ai depuis longtemps préconisés (voir page 186).

« Quant à la perte de 20 à 22 p. 100 accusée, le mot perte est impropre. Il n'y en a réellement pas.

« La viande, en effet, n'a perdu aucun de ses principes alibiles. Simplement un de ses constituants sans valeur :

« De l'eau !

« Mieux que cela, il y a avantage, puisque, de par ce fait, les transports sont moins onéreux.

« Mais est-ce à dire que cet état de siccité et les avantages qu'il comporte sont seulement obtenus par le froid et la ventilation ?

« Non ! Il est un moyen plus simple d'obtenir ces résultats, avec moins de dépenses comme installation et fabrication.

« C'est à décrire ce moyen que je vais m'attacher dans les lignes qui vont suivre.

« L'appareil propre à préparer rapidement les viandes par la dessiccation est représenté par la figure 38.

« La température employée dans cette opération est toujours basse, mais il n'est pas besoin de machine frigorifique, le jeu de l'appareil amenant une température d'environ 10°, laquelle permet d'opérer en toute sécurité. Si nous vaporisons 100 kilgr. d'eau en 12 heures, nous enlevons 60 500 calories. Nous produirions ainsi un froid dangereux. Mais l'appareil n'est pas isolé. Par suite, une grande partie de l'action frigorifique est dispersée. Il ne reste qu'une température moyenne de 10 à 15° favorable à l'opération.

« Voici la description de l'appareil, pour une production d'environ 500 kilogr. par 12 heures.

« Il se compose principalement de deux cuves métalliques *a* et *b* logées dans un bain d'eau *cccc* circonscrit par les parois de n'importe quelle nature *dddd*. Ce peut être une fosse.

« Un robinet *e* permet de faire descendre l'eau dans *dddd* au-dessous des couvercles *f* et *g*. Un autre robinet *h* laisse au contraire revenir l'eau à volonté, de manière à couvrir tous les organes employés. Dans ces conditions, on peut faire le vide

complet et le conserver sans crainte de rentrées d'air par les
pores du métal ou autres petites fissures se pouvant rencontrer. Cette sécurité est très importante avec des appareils devant
conserver le vide 12 heures et plus, ce qui est notre cas.

« Dans la capacité *a* est logée la viande à préparer. Elle se

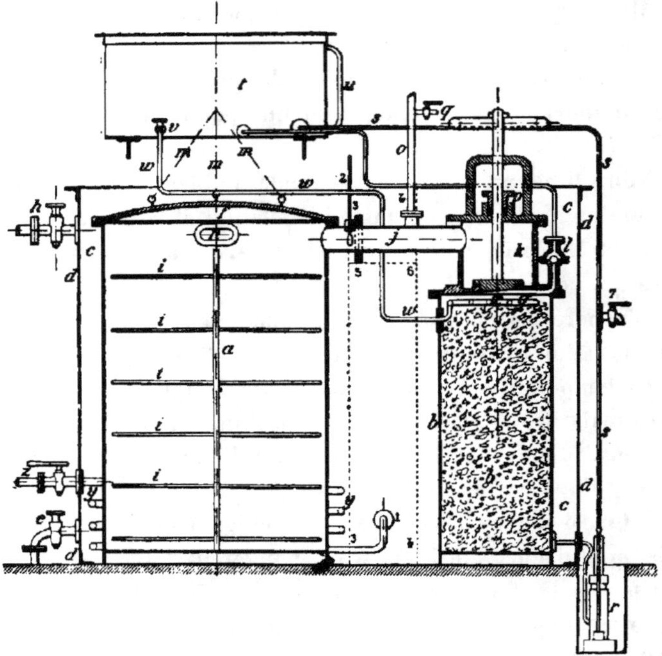

Fig. 38. — Vue de l'appareil pour préparer les viandes par la dessiccation
dans le vide.

range à volonté sur chaque rayon *iiii* de l'étagère logée dans
la cuve *a*.

« Le couvercle *f* est simplement posé sur un joint en caoutchouc. La pression atmosphérique suffit à rendre ce joint
étanche, sans qu'il y ait à se préoccuper d'autres moyens
d'action.

« Une tubulure est placée en *j*. Elle aboutit à une vanne *k*,
à joint en caoutchouc ou à rebords rodés.

Il nous faut ici une grande section, les vapeurs à faire passer étant très peu denses, dès lors très volumineuses.

« Le récipient *b* est plein de morceaux de ponce ou de coke, etc., etc. On peut le garnir de plateaux à déversement. Mais l'amas de corps spongieux est plus simple.

« Quand on veut mettre en route, on l'a empli préalablement, et absolument, d'une solution concentrée de potasse à la chaux. Un purgeur à soupape *l* permet l'expulsion automatique de l'air préexistant à chaque opération, par suite, le remplissage absolu de la capacité *b*.

« Ceci compris, voilà la suite de l'opération.

« On dénivèle l'eau de *dddd* de manière à découvrir le couvercle *f*. Cela fait, on le soulève à l'aide d'un palan et des cordes *mmm* pour pouvoir le mettre de côté.

« Pendant cette manœuvre, la vanne *k* est rigoureusement fermée.

« A l'aide de la poignée *n* et du palan sus-indiqué, on extrait de *a* l'étagère à rayons *iiii*. Il est dès lors facile de la charger des viandes à préparer en les rangeant sur les rayons *iiii*.

« Cette besogne accomplie, on replace l'étagère, ainsi garnie, dans *a*, puis on fait revenir le couvercle *f* sur *a*.

« Au moyen d'une machine pneumatique de n'importe quel système, on fait, à l'aide du tube *o*, un vide léger dans l'appareil.

« La pression atmosphérique appuie sur le couvercle *f* qui, par suite, occlut complètement *a*.

« Ceci fait, on ouvre le robinet *h* de manière à faire arriver l'eau dans *cccc* et à en couvrir tous les organes intérieurs, jusqu'au-dessus du presse-étoupe *p*.

« On donne ensuite tout le vide que comporte la machine pneumatique. En grand, ce vide est toujours faible. D'autre part, nous produisons du froid par le fait même de l'opération, ce qui nous conduit à des tensions de vapeur d'eau très réduites, environ 9 à 10 millimètres de mercure.

« Or, pour opérer rapidement, il nous faut, malgré ces faibles tensions, donner à la vapeur assez d'énergie pour qu'elle chemine vivement dans l'appareil et aille se condenser dans b en quantité suffisante.

« De là, la nécessité d'un vide presque parfait.

« Pour obtenir ce vide facilement et sûrement avec une machine pneumatique très ordinaire (je dis facilement, car nous ne sommes pas ici devant une manipulation de laboratoire, mais bien en face d'une exploitation industrielle) par le robinet q, placé sur le tube o, communiquant avec une réserve d'acide carbonique, nous laissons arriver ce gaz dans la capacité a de manière à l'emplir complètement.

« L'air restant dans a se diffuse naturellement dans l'acide carbonique ainsi amené.

« Quand l'appareil est plein, à la pression atmosphérique, ce qu'indique un mamomètre *ad hoc*, on referme le robinet q et à nouveau on remet en train la machine pneumatique.

« Elle aspire le mélange d'acide carbonique et d'air.

« En grand, l'acide carbonique est restitué presque totalement. Du reste, par des moyens que j'indiquerai, l'usine affectée à ce travail pourrait le produire pour ainsi dire gratuitement.

« Le second vide étant fait, il ne nous reste plus dans a que de l'acide carbonique très dilué, contenant une quantité infime d'air, soit $1/5000^e$ environ. Il faut nous débarrasser de cet acide, l'air restant alors étant devenu, pour ainsi dire, une quantité négative.

« Pour ce faire, nous ouvrons la vanne k. La communication est ainsi établie entre a et b. Ce dernier récipient est absolument plein de solution de potasse à haut titre.

« L'absorption de l'acide carbonique va se faire par cette solution de potasse et nous aurons, nécessairement, le vide presque parfait. A ce point, que l'éprouvette n'indique plus rien.

« On pourrait faire une troisième opération et diminuer encore le reste de tension de l'atmosphère interne. La pratique m'a démontré l'inutilité de cette précaution.

« Mais tout n'est pas dit.

« Il nous faut absorber l'eau de la viande dans la proportion d'environ 20 p. 100, ce qui est le *summum* de notre opération.

« La solution de potasse va nous donner cette satisfaction.

« Pour faciliter son action, il faut lui fournir des surfaces suffisantes, de manière à rendre plus vastes, plus complets les contacts entre la vapeur et la solution.

« A cet effet, nous mettons en route la pompe r, également entourée d'eau. Cette pompe retire la solution de potasse contenue dans b et la reporte, par le tube sss, dans le réservoir supérieur t. Un niveau u permet de surveiller l'opération.

« Nous mettons ainsi à nu l'amas de matière spongieuse logé dans b, lequel reste imprégné de potasse.

« Cette potasse agit alors énergiquement en raison de l'immensité relative des surfaces présentées par elle et que nous avons fait surgir par le travail de la pompe r.

« Mais la quantité de liquide imprégnant la masse absorbante se saturerait vite et l'opération s'arrêterait, si nous bornions là notre effort.

« Pour éviter cet inconvénient et assurer la permanence du travail, nous ouvrons le robinet v du réservoir t.

« Par suite de cette manœuvre, et à l'aide du tube $wwww$, un courant potassique arrive continuellement dans le disséminateur à trous x. Le liquide absorbeur, ainsi conduit, vient constamment s'épandre sur la matière poreuse de b.

« Pour produire la continuité de l'absorption, la pompe r, fonctionnant sans arrêts, remonte constamment en t, par le tube sss, le liquide absorbant en circulation. Il revient par $wwww$, et ainsi indéfiniment.

« Sous la double influence du vide, des surfaces absorbantes ainsi entretenues, une absorption rapide de vapeur se fait.

« En 12 à 15 heures, on peut réaliser une opération.

« Une couche de pétrole recouvre la solution de potasse logée dans *t*. Elle ne peut dès lors se carbonater par le contact de l'air ambiant.

« Quant à la petite partie de carbonate produite par l'opération, elle est aisément réduite, quand elle a atteint une certaine intensité.

« En concentrant la solution de potasse sur de la chaux, on obtient tout à la fois et le départ de la vapeur d'eau et l'absorption, au profit de la dite chaux, de l'acide carbonique, lequel passe à l'état de carbonate.

« En somme l'opération n'exige aucune manœuvre difficile.

« Elle est peu coûteuse, puisqu'elle se réduit :

« 1° A un peu de force motrice,

« 2° A la concentration de la potasse sur la chaux pour lui retirer son eau et son acide carbonique.

« Par ce moyen, on peut faire avantageusement et avec toutes garanties des viandes salubres et bonnes, se conservant à l'air libre comme il a été dit :

« Pour le service des garnisons ;

« Pour celui des armées en campagne ;

« Pour les places fortes.

« Alors, plus de bétail courant les routes, mais des abattoirs régionaux favorablement placés, produisant la viande à bon marché et dans des conditions de salubrité absolue.

« Au lieu de potasse, comme corps absorbant la vapeur d'eau, on peut employer l'acide sulfurique. L'appareil serait alors plus compliqué, puisqu'il faudrait deux absorbeurs :

« L'un, de potasse, pour l'acide carbonique.

« L'autre, d'acide sulfurique, pour la vapeur d'eau.

« L'acide carbonique pourrait être remplacé par un autre gaz. Mais il a deux avantages, qui me le font préférer :

« On peut l'avoir presque pour rien.

« Puis, je l'ai dit, il est antiseptique, sans dangers.

« Sa présence est donc, pour la viande en préparation, d'un excellent emploi.

« Il peut arriver, soit l'hiver, soit en opérant rapidement, que le froid, dans l'appareil, devienne trop intense et que, par suite, la congélation surgisse, d'où deux inconvénients :

« Mauvaise préparation ;

« Abaissement trop considérable de la tension de la vapeur d'eau, d'où prolongation du travail.

« D'autre part, la conductibilité, avec un bain $cccc$ à la température ordinaire, peut ne pas suffire à amener le réchauffement en ce cas nécessaire.

M. d'Arsonval nous a en effet démontré que le vide empêche la transmission calorifique.

« Le vide absolu avec nous n'existe pas, puisque nous avons de la vapeur d'eau en permanence dans l'appareil. Mais la teneur de cette vapeur est si faible, qu'il n'est pas prudent de compter sur elle absolument, et alors subsiste l'appréhension signalée.

« Pour parer à ces divers inconvénients possibles et avoir toutes facilités d'action, il faut pouvoir chauffer le bain $cccc$, soit qu'on le maintienne unique, soit qu'on en établisse deux : un pour a, un autre pour b, ce qui donnerait plus de facilités, en même temps conserverait une température basse, autour de l'absorbeur b, pouvant être entretenue.

« A cet effet, nous disposons un serpentin yy, qui peut affecter toute autre forme ou situation que celle indiquée. Ce serpentin, par un robinet z, reçoit à volonté de la vapeur d'eau venant d'un générateur quelconque. Cette vapeur se condense dans le serpentin yy et s'échappe par l. On peut donc ainsi amener, dans le bain $cccc$, la température désirée. Un thermomètre 2 permet à chaque instant de surveiller l'opération.

« Il est à noter que ce mode d'action s'applique aussi bien à la conservation des fruits, des légumes, etc., qu'à celle de la viande.

« A ce titre, il serait précieux pour la marine. Les matières de cette nature, ainsi conservées, ne subissant plus ni l'action de la chaleur ni celle d'une exposition prolongée à l'air, ne perdraient pas leur arome. Elles ne supporteraient plus la sorte de vie complémentaire causée par le fait de l'action du calorique, laquelle ne s'exerce qu'aux dépens des principes constitutifs des corps à conserver.

« Les fruits délicats, légèrement traités par ce moyen, acquerraient des conditions de facilité pour les transports, qu'à tort, on recherche en atténuant leur maturation. »

Ainsi, grâce au mode d'opérer que je viens d'énoncer, nos armées de terre et de mer seraient en possession de moyens de nutrition certains et efficaces :

D'abord la viande, substance alibile par excellence, de premier ordre, nécessaire surtout aux hommes obligés de dépenser, par instants, un excès de puissance (voir les travaux de Payen, Milne Edwards et autres).

Ensuite, les légumes conservés à froid par la dessiccation.

Là encore nous retrouvons le sommeil de la vie organique, tel que je le signalai au début de mes travaux. Mais, à titre plus complet, la privation de l'eau amenant, dans la matière organique, une véritable stagnation de vie, sans porter atteinte aux principes utiles.

En un mot il y a, dans le moyen décrit, un mode puissant d'action pour nos armées de terre et de mer.

CHAPITRE XXX

LA SALAISON ET LA DESSICCATION

**Inconvénients de la salaison. — Avantages de la dessiccation.
L'alimentation facilitée.**

La salaison est employée, de temps immémorial, dans la conservation des matières organiques. Hérodote nous apprend que ce mode était utilisé en Égypte de toute antiquité.

Pratiquée à temps, avec une température suffisamment basse pour que l'incorporation du sel, comme je l'ai déjà expliqué, puisse se faire normalement, elle donne des résultats rendant service.

Elle est un moyen relatif de déshydrater la viande.

Ce n'en est pas moins un travail barbare, si je puis dire, car il dénature les aliments, leur enlevant partie de leurs qualités alibiles. Il est inférieur certainement à la dessiccation, telle que je viens de l'expliquer.

En effet, quelle est l'action du sel?

Elle est double.

D'un côté, ce corps est un antiseptique.

A ce titre, il aide certainement dans la viande à préserver la fibre musculaire. Mais cette action a pour corollaire une conséquence mauvaise, c'est qu'elle agit sur l'estomac, paralysant en partie ses fonctions digestives. Le sel ne rend donc pas à l'entretien vital, la matière, telle que la produit la nature, ce qui est de première nécessité, en fait de conservation alimentaire.

D'un autre côté, il est hygrométique à un haut titre.

Sous l'influence de cette propriété, il exerce sur les liquides aqueux une énergique puissance. Il les attire par son affinité, les extrayant en partie des corps les contenant.

Or, dans la viande surtout, ce n'est pas seulement de l'eau qui est interposée ; mais un suc, pour mieux dire un sérum, contenant des sels, de l'albumine, nombre de matières utiles, qu'il importe de conserver à l'alimentation. Ce sont ces matières, qui, entraînées par l'eau, s'unissent au sel pour former la saumure, laquelle est rejetée ensuite comme inutile.

De plus la fibre musculaire, les cartilages, perdent sous l'influence du sel la possibilité de se transformer en gélatine, de laisser dissoudre par conséquent, lors de la digestion, la plupart de leurs principes préexistants.

Ainsi, d'une part :

Intrusion dans l'économie humaine d'un corps retardant les phénomènes digestifs ;

D'une autre part :

Détournement et dénaturation des matières alimentaires ;

Tel est le bilan de la salaison.

La dessiccation, non absolue mais relative, que j'ai indiquée et réalisée, exerce, elle, une action tout à fait opposée.

Elle n'apporte aucun élément étranger, d'où préservation absolue des facultés digestives.

Elle n'extrait que de l'eau. Comme cette eau, pour quitter les matières la contenant, est obligée de prendre la forme de vapeur, c'est en réalité de l'eau distillée qui s'en va, laissant aux substances en dessiccation, tous les éléments contenus dans leurs sucs.

L'avantage est donc tout entier pour ce dernier mode de préparation.

Je sais bien qu'il y a des cas où la salaison rend des services.

Elle peut être pratiquée partout, en famille, ce qui est de convenance parfois sérieuse.

Elle peut aussi s'exercer dans des circonstances où nul autre moyen, à moins d'agencements spéciaux, ne peut s'appliquer.

Telle, par exemple, la pêche en pleine mer.

Le poisson s'altère vite. Avec lui, il faut agir rapidement.

Mais est-ce à dire que cet emploi ne puisse se limiter?

Si! Et il faut ainsi faire, ceci au grand profit des classes consommatrices.

Puisque je parle du poisson, quelques mots à ce sujet.

Au large de Terre-Neuve, il n'est peut-être pas possible de supprimer l'usage du sel. Les croisières sont longues, il faut opérer aussitôt le poisson amené.

Mais en Islande, où l'on pêche plus près de terre, où par suite, des installations peuvent plus facilement s'utiliser, il peut être plus aisé de remplacer les salaisons par la dessiccation. On réaliserait là une sorte de préparation se faisant en Norvège. le stockfisch, qui, à tous points de vue, donne d'excellents résultats.

A Boulogne, à Dieppe, à Fécamp, où arrivent des quantités de poisson frais, harengs, maquereaux, il serait facile de les préparer par la dessiccation et d'obtenir ainsi un aliment sain, agréable, nutritif.

A Bordeaux, où l'on sèche à l'air libre les morues lavées, soumises dès lors à tous les inconvénients atmosphériques, il serait profitable d'agir ainsi.

De même dans les ports d'armements, comme Paimpol, Le Légué, etc.

Il est bien d'autres lieux de pêche, encore non exploités. Ils pourraient l'être fructueusement à l'aide de ce moyen.

Le Banc d'Arguin, entre autres, sur la côte septentrionale d'Afrique où s'échoua la *Méduse* en 1816.

J'ai dit comment, en 1867, j'avais consenti un traité pour exploiter sa pêche par le froid.

Là vivent, à côté d'espèces recherchées, nombre de poissons communs, qui constitueraient cependant un élément précieux pour les masses, à la condition de les préserver sûrement et à peu de frais.

Or, la dessiccation est un traitement coûtant moins cher que le froid. Elle s'approprierait donc absolument aux sortes dont je parle.

Elle aurait par suite un grand rôle à jouer, non seulement dans l'Atlantique, mais dans d'autres parages.

N'oublions pas que l'alimentation est le plus grand besoin, le premier à satisfaire pour chaque peuple.

Que, par conséquent, tout ce qui y touche doit être la préoccupation la plus sérieuse de ceux qu'occupe le bien-être public.

C'est en effet l'alimentation rationnelle, abondante, qui donne aux travailleurs la force utile à la production, celle qui fait la richesse des états.

Grandissant la question, comme elle mérite de l'être, disons que c'est elle, enfin, qui constitue la puissance d'une nation.

Cette vérité a été trop oubliée en France par les différents gouvernements se succédant.

Cependant ce problème :

Alimenter les masses à bas prix,

Se dresse toujours comme dominant toutes les situations.

C'est la solution vers laquelle devraient converger tous les bons esprits.

C'est celle dans laquelle nous mettons notre confiance, pleins de foi que nous sommes dans l'amour rationel de notre pays pour le progrès.

Les Romains, Juvénal nous l'apprend, disaient :

Panem et circenses.

Nous ne les imiterons pas.

Nous estimons que la tâche de l'homme est plus élevée.

Mais nous crierons volontiers :

Panem et Laborem.

Car si le travail est dû par nous à la société ; s'il est bien la plus noble aspiration de l'homme, celui-ci doit trouver pour lui et les siens, en retour de cette action méritoire, au moins une nourriture saine et abondante.

Ceci n'est pas toujours exact de nos jours et cependant devrait être la première des conséquences vitales recherchées.

Dans l'avancement de cette question, la dessiccation aura, avec le temps, à jouer un rôle considérable.

C'est pour cela que nous nous sommes appesantis sur elle.

Nous n'y insisterons pas autrement aujourd'hui.

CHAPITRE XXXI

NOUVEAUX EFFORTS

**Démarches vaines. — Une inspiration. — Mes annonces.
Une imprudence. — Difficulté imprévue. — Un financier sans le savoir.**

J'avais avancé d'un grand pas, en faisant consacrer par la
science officielle l'efficacité de la conservation des matières
organiques par le froid.

Toutefois, dans la longue étape restant à parcourir pour faire
connaître le moyen, ce n'était là qu'une fraction du labeur.

Ce qu'il fallait toujours, et ce qui restait difficile, c'était de
trouver l'argent nécessaire pour une tentative décisive à la
mer.

Celle-là seule, je l'ai précisé, devait entraîner le mouvement.
Sans elle.... Rien !

On peut, chez soi, avec ses propres ressources, faire une
expérience plus ou moins considérable; j'avais ainsi agi pendant plusieurs années.

Mais quand il faut construire, aménager un navire, lui faire
effectuer de longues traversées, la situation change totalement.

On arrive alors à des dépenses multiples, se chiffrant par un
million, et plus.

Ceci dépasse les pouvoirs individuels.

Forcément, il faut avoir recours à des ressources collectives.

Or, trouver un capital de cette importance, pour le livrer
aux péripéties d'une expérimentation, que beaucoup, et les
plus aimables, qualifiaient de douteuse, n'était pas chose facile,
surtout en France où la fortune est très divisée.

Fort du passé, des rapports obtenus, de ma conviction

absolue dans le succès définitif, j'allai encore une fois frapper à la porte de toutes les sociétés financières me paraissant pouvoir être intéressées par la question ainsi avancée.

Le succès fut complet;

Partout je fus éconduit.

Les uns me reçurent poliment, les autres froidement.

Beaucoup m'accueillirent comme un halluciné.

Personne ne voulut m'écouter sérieusement.

Et cependant, la vérité était là.

Malgré tous les déboires, elle brillait à mes yeux.

Quel que fût le mauvais vouloir rencontré, il n'altérait en rien ma conviction, ma foi.

En vain on me repoussait? Je restais convaincu, dévoué à l'idée, persévérant.

Ma pensée, absorbée, subjuguée par l'importance des bienfaits à répandre, ne pouvait se détacher du but à atteindre.

Je voyais :

D'un côté des masses de viande perdues, soit qu'elles fussent abandonnées à la pestilence, soit qu'on les brûlât pour fondre la graisse de l'animal, valeur alors la plus sérieuse, avec la peau et la laine, que l'élevage de certaines contrées retirait du bétail;

De l'autre, des peuples, je ne dirai pas affamés, mais auxquels manquaient en grande partie — ce qui est encore en France — la proportion utile de matière azotée fournie par la chair, matière faisant, de cet aliment, l'élément de vigueur, de santé, le plus précieux. Surtout à notre époque de surmenage à outrance;

De plus, je comprenais, qu'un trafic considérable devait surgir de ces applications au profit de nos travailleurs, puisqu'en portant la fortune chez des peuples pasteurs, mais sans industrie, c'était un moyen certain d'activer la nôtre.

Ceux-ci, effectivement en retour de la richesse à eux donnée, étaient naturellement amenés à nous demander les éléments du confort leur manquant.

Enfin, j'appréciais les énormes bénéfices à faire pour les capitaux engagés, en même temps que l'impulsion nouvelle à donner à la navigation.

Je voyais juste; puisqu'aujourd'hui, plus de quatre cents navires se livrent, en Angleterre seulement, à ce trafic, lequel était nul alors.

De tous côtés, avec les moyens que je rêvais pouvoir réaliser, c'était le bien-être pour tous que je voyais surgir devant moi.

Et ce bien-être se produisait sans léser aucun intérêt, car l'Agriculture nationale, en raison des produits plus fins de son élevage, devait toujours conserver ses débouchés.

Au besoin, je l'ai dit, des droits d'entrée, *rationnels*, auraient régularisé la situation dans l'intérêt de tous.

Puis, il est une vérité ne devant jamais être méconnue : c'est que la consommation augmente à mesure que les moyens de la satisfaire se produisent.

Il y avait donc avantages, pour tous les intérêts, dans mes combinaisons.

Toutes ces raisons dominant mon esprit, je gémissais de ne pouvoir me faire comprendre. Je me désolais, après tant d'efforts faits, de voir le temps se passer infructueusement.

Maintes fois, l'idée m'était venue, en désespoir de cause, de m'adresser directement au public.

Mais comment faire?

Comment le joindre?

Comment lui faire apprécier les résultats à atteindre!

Je n'avais ni les ressources utiles pour la publicité, ni l'appui de financiers pouvant, à ce point de vue, faciliter la tâche.

J'étais seul, bien seul!

Il me fallait donc repousser ce moyen, quand il venait à ma pensée.

Je me sentais trop faible, trop ignoré du grand public, sans influence, et tristement je voyais le temps passer et mes labeurs rester infructueux.

Cependant, après avoir longuement ressassé dans ma tête tous les côtés de la question, je m'étais dit qu'en formant une Société à deux étages, c'est-à-dire en engageant à la Société d'expériences les titres de la Compagnie d'importation à former ultérieurement (elle devait être dans ma pensée portée au capital de 30 millions), il était possible d'assurer à la Société d'initiative un bénéfice considérable, soit qu'on gardât les titres, soit qu'on les vendît.

Supputant ce bénéfice avec soin, je vis, qu'en créant mille parts de mille francs, on pouvait, par cette combinaison, arriver à recueillir un gain ultérieur de cent mille francs par part initiale, au moins.

Ce bénéfice peut paraître exagéré!

Pour se l'expliquer, il faut considérer qu'à cette époque — et les choses ne diffèrent peut-être pas beaucoup actuellement — on pouvait avoir, en certaines contrées, pour 45 centimes, la viande d'un mouton!

Un bœuf valait entier 35 francs!

Un porc 40 francs!

Quand on avait vendu la peau, la graisse, les os, la viande, je l'ai déjà dit, restait pour rien.

Ajoutons de plus que le champ d'exploitation était vaste, la population animale, dans les plaines des seules Républiques Argentine et d'Uruguay, se raisonnant dès cette époque, par :

18 millions de bœufs

87 d° de moutons.

Le coût du froid nécessaire pour la conservation, pendant 2 mois et demi, temps exigé alors pour l'abatage, le transport, la vente, se résumait par 3 centimes le kilogr.

Ces données disent le bénéfice énorme qu'il y avait à recueillir d'une exploitation bien comprise, suffisamment vaste pour alimenter la clientèle européenne, et là était mon rêve.

Fondant à Rouen l'opération, c'était par la Seine, les canaux, les voies ferrées, toute l'Europe, qui pouvait profiter de ce bienfait, puisqu'elle pouvait être ainsi alimentée.

Rouen se trouvait par suite dotée d'un puissant moyen d'action, qui eût vivifié son activité commerciale.

Les faits sont venus depuis prouver la réalité de ces vues, mais, à mon grand regret, ce n'est pas la France qui en a profité.

Bref, un jour, où je m'étais livré d'une manière plus approfondie à tous ces calculs, j'avais eu, sur la fin de l'après midi, à me rendre dans Paris.

Je pris le bateau.

Réellement enfiévré, par tout ce que mon esprit venait d'analyser, je souffrais vivement de ne pouvoir manifester, aux yeux de tous, ce que je savais si bien être une vérité.

Dans l'isolement relatif où je me trouvais momentanément, l'idée de m'adresser au public revint encore à ma pensée.

Sous l'influence de la surexcitation s'étant emparée de moi, cette fois je ne repoussai plus ce moyen.

Je résolus de tenter en ce sens au moins quelque chose.

Je fis bien, car la suite de ce récit le démontrera, ce fut le succès.

Mais je continue.

Sous l'empire de cette résolution nouvelle, je quittai le bateau à la première station favorable, me dirigeant vers les *Petites Affiches*. Leur publicité à bon compte avait d'abord fixé mon attention et pour raison.

A peine entré, je rédigeai une annonce conçue à peu près en ces termes :

« 5 000 francs de rente pour 1 000 francs. Affaire honorable et sûre, fonds déposés à la Banque de France. S'adresser bureau restant aux initiales C. T. »

Armé de mon papier, je m'approchai du guichet et tandis mon libellé à l'employé chargé de recevoir les insertions.

A ma grande surprise, celui-ci, quand il eut parcouru mon insertion, me la rendit, sans dissimuler son dédain, me déclarant qu'il ne pouvait accepter ce qu'elle portait.

J'insistai.

Il insinua que c'était une affaire de jeu, que ces annonces étaient défendues, etc., etc.

Mais j'étais résolu. Cette fin de non recevoir ne pouvait m'émouvoir. Je demandai à voir le directeur.

Celui-ci, homme très bienveillant, après avoir lu mon texte, me confirma, mais d'un ton poli, le dire de son employé.

Je vis que, lui aussi, s'égarait sur cette question de jeu et je compris qu'il fallait l'éclairer.

Plein de mon sujet, je lui expliquai toute mon affaire. Quand j'eus fini, il était gagné.

« Je m'étais mépris, me dit-il, et certes le but que vous poursuivez est fort honorable. Nous allons insérer votre annonce, mais ajoutez qu'il ne s'agit pas de jeu; puis pour qu'elle porte, il faut indiquer un domicile. Ensuite, si vous voulez le succès, ce n'est pas à notre journal trop spécial qu'il faut vous adresser, mais à la presse quotidienne. A une affaire de cette nature, le contact des gens du monde est nécessaire. »

J'ai toujours conservé le souvenir de cet homme aimable. Sans lui, sans son accueil cordial, je n'aurais peut-être jamais fait le *Frigorifique*.

Comme on le pense, je le remerciai beaucoup de son avis.

Après avoir échangé une bonne poignée de mains, je revins vers le guichet avec mon annonce rectifiée comme il avait été dit. L'employé fut cette fois tout à fait poli. Il avait reçu l'ordre.

L'annonce parut le lendemain.

Quelques demandes de renseignements me vinrent.

Je répondis en envoyant deux brochures :

L'une, comportant les rapports obtenus et quelques considérations économiques sur les pays à exploiter, la nécessité de la conservation et de l'exportation des denrées y abondant.

L'autre, résumant le mécanisme de l'opération faisait comprendre :

D'une part, les résultats généraux à obtenir;

D'une autre, les bénéfices à recueillir par les souscripteurs aux mille parts proposées, lesquelles, de l'accord de tous, furent portées ultérieurement à 1 200, soit 1 200 000 francs.

Une lettre annonçant ces brochures disait simplement :

Que j'expédiais les documents;

Que je priais de les lire attentivement;

De décider, suivant l'opinion conçue de l'affaire.

Aucune instance autre n'était faite.

Je tenais en effet à ce que le concours demandé fût spontané.

Je devais cette réserve à l'Académie des Sciences, aux autres corps constitués, qui m'avaient honoré d'un rapport; je la devais à moi-même.

Je reçus quelques souscriptions. Elles venaient justifier et encourager mes efforts. Elles montraient que j'avais eu raison de m'adresser au public.

Mais, comme j'en avais été prévenu, la correspondance amenée par les *Petites Affiches* était limitée.

Je me souvins de ce que m'avait dit leur directeur.

Justement, à ce moment, le *Figaro* inaugurait ses petites annonces.

Par la variété des sujets traités, elles attiraient l'attention.

Villemessant était un maître en journalisme. Il savait faire surgir l'intérêt dans les moindres questions. Les dites annonces, bien présentées, étaient donc beaucoup lues.

Je résolus de profiter de cette circonstance et je portai mon insertion à ce journal. J'avais eu soin d'éviter la poste restante et de donner une adresse, où était reçue la correspondance.

Là, les résultats furent excellents. Chaque jour je recevais quinze à vingt lettres.

Les réponses étaient envoyées, comme je l'ai expliqué plus haut.

Sur vingt lettres répondues, je recevais au retour une moyenne de cinq souscriptions. Les unes d'une part, les autres de deux, de trois et quelquefois cinq.

Au bout de quelques jours, il m'était facile de déterminer une moyenne et je pus prévoir le délai nécessaire pour compléter ma souscription. Ce n'était donc plus qu'une affaire de temps.

Je n'ai pas à dire le bonheur que j'éprouvai.

Cette fois, j'étais maître du terrain. J'étais affranchi de toute solidarité avec le monde financier. J'existais de ma propre initiative.

Je voyais enfin le moment où je pourrais, d'une manière définitive, réaliser l'entreprise absorbant, depuis des années, le meilleur de ma vie.

La correspondance, ainsi suivie, était généralement très agréable. Cependant, il y eut bien quelques grincheux. La plupart ne signaient pas. Ceci, parce qu'en province on s'imagine trop aisément que Paris veut tout dominer; ce qui est une erreur profonde.

Une fois entre autres, je reçus une lettre de Reims. Le signataire, car celui-là n'avait pas gardé l'anonymat, m'écrivait : « qu'il lisait mes annonces; que j'étais bien naïf de prendre les gens de province pour des sots; que leur habitude n'était pas d'attacher leurs chiens avec des saucisses, etc., etc. »

Je répondis simplement à mon homme qu'il se méprenait sur mes intentions et que, pour qu'il puisse les juger, je lui envoyais les documents.

Deux jours après, je reçus de lui une lettre d'excuses, me disant qu'il s'était mépris; qu'il approuvait complètement mes vues, et que, comme preuve, il souscrivait pour mille francs.

Comme on le voit, la besogne était au fond facile et se continuait sans embarras, quand un incident faillit me faire échec.

Étant un soir sur le boulevard, je fis la rencontre d'un des financiers qui m'avaient éconduit.

« Mais, me dit-il, j'ai appris que votre affaire marche parfaitement. Vous reste-t-il des actions?

— Trois cents environ, répondis-je.

— Je les prends. Je pars demain en voyage, mais venez me voir dans 3 ou 4 jours, nous réglerons cette affaire. »

Je rentre enchanté.

Sous l'influence de cette bonne nouvelle, j'annonce imprudemment que ma souscription est close et je cesse la publicité.

Au jour dit, je vais voir mon homme.

« A quel prix me cédez-vous vos actions? »

Surpris de cette question je réponds :

« Mais au prix annoncé, 1 000 francs!

— Cela ne se peut. Il me faut un bénéfice, je vous offre 800 francs.

— Impossible. Je ne puis avoir des souscripteurs ayant payé 1 000 francs et d'autres 800 francs.

— Et moi il faut que je gagne.

— Alors rien à faire, je garde mes titres. »

Je me retirai.

Mais je n'en étais pas moins vexé et inquiet.

Vexé d'avoir donné si imprudemment ma confiance;

Inquiet, car, ainsi que je l'ai dit, fort de la parole échangée, j'avais sottement clos la souscription.

J'étais vraiment contrarié, et vivement.

Cependant, je ne pouvais rester en route!

Mais comment renouer avec le public?

Là était la difficulté.

Après mûres réflexions, je me dis qu'il n'y avait qu'un moyen.

Ce moyen, c'était d'expliquer, en quelques lignes, qu'il y avait eu erreur.

Ce que je fis, et mes annonces reprenant leurs cours, la souscription se rouvrit plus aisément que je n'avais osé l'espérer.

J'en fus donc quitte pour la peur.

Vint enfin le jour où les dernières parts furent prises.

Cette fois, j'étais, comme disent nos marins, au vent de ma bouée.

Je n'avais pas cependant encore fini avec les ennuis.

Un surgit, que je n'aurais pu prévoir. Le voici !

La souscription étant faite, il s'agissait maintenant de faire verser l'argent, c'est-à-dire le premier quart, ainsi que le veut la loi.

Je ne pouvais pas recevoir directement.

Inconnu de tout le monde, je ne voulais pas qu'un soupçon, une méfiance, puissent m'atteindre.

J'allai donc à la Banque de France. On m'offrit d'encaisser, mais à mon nom.

Je m'adressai à d'autres institutions de crédit. Partout ce fut la même réponse.

Or, je le répète, je ne voulais pas qu'il en fût ainsi et, d'autre part, je pouvais encore moins déléguer ce pouvoir.

Je me promenai de banque en banque avec la situation d'un homme qui a 300 000 francs — car, je l'ai dit, le nombre des actions avait été fixé à douze cents — et ne sait où les mettre.

Après les durs instants passés, c'était une situation singulière et pénible.

Enfin, je rencontrai des gens plus intelligents : MM. Lécuyer, qui consentirent à recevoir mes 300 000 francs au nom de la Société en formation.

Je fis une circulaire annonçant ce fait. L'argent afflua. Personne ne s'abstint.

Dès lors, rien ne s'opposait plus à la constitution de la société, laquelle fut régulièrement fondée dans l'étude de Me Cabaret, notaire à Paris.

Mais le dépôt chez le notaire ne suffisait pas.

La loi exige, de plus, pour la constitution d'une société, deux assemblées générales.

Là, je ne me sentais pas briller. Je n'avais jamais assisté à semblables réunions.

La raison de cette abstention était simple. Jamais, non plus, je n'avais possédé d'actions.

Toutefois, cette appréhension n'était pas suffisante pour m'arrêter.

Convocation fut donc faite pour la première assemblée.

Au jour dit, tout le monde se réunit dans une des salles du Grand-Hôtel, que nous avions choisi à cet effet, et les choses suivirent leur cours.

Le moyen, que j'avais conçu, pour faire arriver les capitaux utiles et avait réussi, se résumait, si je puis dire, par une souscription à deux étages.

Trouvé bon par divers il fut, dans les années qui suivirent le « Frigorifique », bien des fois employé pour fonder des sociétés.

J'étais, on le voit, devenu, par la force des choses, un financier sans le savoir, ayant fait école.

Jamais cette ambition n'était venue à **ma pensée** et je ne m'en glorifie pas.

CHAPITRE XXXII

LES ASSEMBLÉES GÉNÉRALES

Un lâchage immérité. — La séance. — Enthousiasme général.

Là, un nouvel incident m'attendait.

J'avais formé, parmi les souscripteurs, un conseil d'Administration provisoire, que je devais présenter à l'Assemblée pour le rendre définitif.

Ce Conseil était composé de gens honorables, mais un peu entiers dans leurs opinions, surtout à l'égard des actionnaires.

Je différais en ceci avec eux.

Fidèle à mon programme, je voulais laisser à ces derniers toute liberté d'action.

Bref, pour un motif futile, si futile qu'il n'a pas laissé trace dans mes souvenirs, juste au moment d'entrer en séance, le Conseil, ainsi choisi, me donna sa démission.

Je trouvai, sans plus préciser, le moment d'une telle détermination bien mal choisi.

Puis, je l'ai expliqué, je n'avais jamais vu d'assemblée d'actionnaires et je me faisais un monstre d'une telle réunion.

Et maintenant, voilà que, seul, au moment décisif, il fallait me présenter devant ce monstre, avec cette circonstance aggravante que la convocation avait annoncé un Conseil provisoire et que justement celui-ci m'abandonnait !

Vraiment, la situation était imprévue et délicate.

Tout cela se pressait dans ma tête me laissant dans un émoi facile à comprendre.

Cependant, les minutes passaient.

L'assemblée commençait à s'impatienter.

Il n'y avait plus à barguigner.

Il fallait agir.

Bref, je pris mon courage à deux mains et, entrant en séance, je montai au bureau.

Affirmer que j'étais sans émotion, ne serait pas être sincère.

Subitement je me trouvais devant trois cents paires d'yeux, tous braqués sur moi. Il y avait de quoi être ému.

Ce n'était pas cependant l'occasion de faiblir.

En me voyant seul, il y eut d'abord un peu de surprise.

J'agitai la sonnette présidentielle. Le silence se fit.

En quelques mots, j'expliquai qu'au dernier moment le Conseil projeté s'était retiré, laissant à l'Assemblée le soin de choisir.

Un des auditeurs se leva et me dit :

« Le Conseil ne nous occupe pas ! C'est vous, M. Tellier, que nous avons à entendre. Parlez donc. »

On applaudit. Tout commençait bien. Je me rassurai.

J'abordai successivement tous les détails de l'entreprise expliquant mes vues, la marche que j'entendais suivre.

J'ai toujours eu pour les dames grande estime et respect. C'est dire que, tout en m'expliquant, je considérais de temps à autre la partie féminine de mon auditoire, laquelle était assez nombreuse.

Au bout de peu de temps, je vis que, de ce côté, un mouvement très net se dessinait en ma faveur. Les bravos, les signes d'encouragement ne m'étaient pas ménagés.

Je compris alors que c'était partie gagnée, et, m'emballant, je parlai à cœur ouvert.

Le succès fut complet.

C'est au milieu des applaudissements les plus nourris que j'achevai mon exposé.

Tout ce que je proposai fut accepté à l'unanimité.

Le Conseil nouveau, que je présentai, fut acclamé.

Bien entendu j'avais laissé de côté ceux qui m'avaient si intempestivement lâché.

Cette journée fut assurément une des plus belles de ma vie.

Pas une note discordante ne vint amoindrir l'enthousiasme manifesté. Ce résultat me fut d'autant précieux, que — je le répète — la déconvenue éprouvée avant la séance m'avait à juste titre un instant effrayé.

Toutes mes propositions ayant été acceptées, la Société était de ce fait constituée.

La seconde assemblée, qui n'était que la confirmation de la première, en fut l'écho.

Le but si ardemment désiré se trouvait enfin atteint.

Cette satisfaction, je ne la devais qu'à moi-même, puisque, par mes seuls efforts :

Le capital s'était groupé.

Le résultat économique avait surgi.

J'étais donc très heureux. Mes vœux se trouvaient enfin comblés.

CHAPITRE XXXIII

EMPLOI DU CAPITAL

Recherches d'un navire. — Le *Gogo*. — L'*Éboé*. — Achat de l'*Éboé*.

La question primordiale se présentant à l'attention de la nouvelle Société fut naturellement l'emploi du capital.

En premier ordre venait l'achat du navire qui devait être le « Frigorifique ».

On m'avait beaucoup engagé à prendre une coque en bois, afin de faciliter la conservation du froid produit.

Mais, à ce moment, la construction des navires en fer commençait à s'imposer. A mes yeux, elle se trouvait être la conséquence normale du progrès industriel et maritime. Elle était donc la solution à venir.

En ces conditions, faire une expérience, à l'aide d'un navire en bois, n'aurait, à mon sens, rien prouvé. C'eût été une reculade. On m'aurait, même le succès atteint, opposé cette circonstance. Or, j'en avais assez, des objections. Je ne voulais pas travailler infructueusement.

Je n'hésitai donc pas.

C'était à une carène en fer que, normalement, je devais m'attaquer. C'est ainsi que, sur mes instances, il en fut décidé.

Avec le capitaine Lemarié, choisi à cause du mérite que je lui connaissais, nous allâmes d'abord à Nantes, où un vapeur en vente nous était signalé.

Nous le vîmes. C'était un bateau qui, après échouage, avait été renfloué et réparé.

Il ne présentait aucune des conditions par nous désirées. Nous ne pûmes nous y arrêter.

De là, nous allâmes à Marseille, où un autre navire nous avait été indiqué : le *Raphaël*. C'était un vieux vapeur dont on voulait 400 000 francs.

Il n'y avait pas encore en lui les qualités recherchées. Nous passâmes donc.

Au Havre, il n'y avait rien.

Ne trouvant pas en France ce que nous voulions, il nous fallut gagner l'Angleterre, accompagnés cette fois d'un ingénieur nautique de mérite, M. E. Nillus.

A Londres, on nous offrit un assez joli bateau lequel avait été construit pour un rajah : *The Queen of Ocean*. Mais la propriété en était suspecte, les papiers de bord irréguliers. Il y avait lieu de craindre que ce bateau n'ait été volé. Nous ne pûmes risquer semblable éventualité.

A Liverpool, le champ était autrement vaste.

On peut dire que là est une vaste foire de bateaux de tous genres, de tous calibres.

Le premier navire visité convenait assez.

Mais, d'une part, nous le trouvions un peu cher. D'une autre, il avait un nom véritablement impossible à présenter à des actionnaires français. Il se nommait : le *Gogo*.

Me voit-on, réunissant mes adhérents et leur annonçant que j'avais acheté le *Gogo* !

Il est certain que cela prêtait au ridicule, aux lazzis.

Cette appréhension peut paraître un peu puérile. Mais, dans les choses les plus sérieuses, j'ai toujours eu pour principe de ne pas méconnaître les petits côtés. Cette considération, après la longue lutte supportée, s'imposait encore plus. Nous laissâmes donc le *Gogo*.

Après huit jours de visites, nous nous arrêtâmes sur un bateau venant de la côte d'Afrique, nommé l'*Eboé* (nom d'une rivière de l'Afrique Occidentale).

C'est lui qui, par son acte de francisation, devint le *Frigorifique*. Nous lui donnerons désormais ce nom.

CHAPITRE XXXIV

« LE FRIGORIFIQUE »
TROISIÈME ÉTAPE DE LA CONSERVATION

Sa structure. — Son aménagement. — Son peu de vitesse.

Les contrées que le *Frigorifique* devait atteindre étaient
les républiques de l'Uruguay et de la Confédération Argentine,
pays d'élevage considérable, sur lesquels nous nous sommes
déjà étendus, et situés de chaque côté du vaste estuaire de la
Plata. Ce sont des régions éminemment riches dans le présent,
comme dans l'avenir, dans lesquelles le progrès est constamment à l'ordre du jour.

Le *Frigorifique* devait y porter des viandes fraîches de
France ; en ramener de Buenos-Ayres et de Montévidéo ; faisant
ainsi, dans son voyage, une double expérience.

C'était du reste l'unique but que nous nous proposions,
avec son aide.

Ce voyage, en permettant de traverser l'Equateur, par conséquent les eaux chaudes des Tropiques, devait démontrer,
d'une manière irréfragable, les possibilités que voici, et qui
étaient alors unanimement contestées :

1º Le maintien de la température de 0º dans les cales d'un
navire en fer, directement immergées dans les eaux chaudes,
quelles que fussent les mers traversées, quelles que fussent les
saisons, aussi la durée des voyages ;

2º La ventilation régulière et par suite la purification de
l'atmosphère des dites cales ;

3º La conservation certaine des viandes, de toutes autres

matières organiques, et par suite leur maintien à l'état absolument frais;

4° La conservation, avec l'apparence commerciale, de la viande et autres matières, malgré le roulis et le tangage rencontrés.

Ainsi fut fait.

Comme on le voit par la figure 39, le *Frigorifique* était un joli bateau portant trois mâts.

Fig. 39. — Vue du *Frigorifique*.

Il calait environ 4 mètres d'eau.

Son fond était plat. Il était muni latéralement de deux quilles. Cette disposition lui permettait d'échouer facilement. Ceci faisait mon affaire, puisque je me proposais de remonter assez haut les fleuves Uruguay et Paraguay.

Il y avait en effet intérêt à montrer, aux producteurs de ces pays, échelonnés le long des rivières, toute la puissance des moyens conservateurs que portait le *Frigorifique* et dont il avait à prouver l'efficacité aux yeux de tous.

Cette démonstration conduisait les colons à améliorer leurs conditions d'élevage, par suite les amenait à produire de la viande de boucherie, alors que, jusqu'à présent, le seul but poursuivi par eux se résumait par la vente de la peau et du suif.

Mais, à la mer, cette circonstance n'était plus favorable. Nous roulions, par un temps un peu gros, comme une citrouille, suivant l'expression de mon cher capitaine Lemarié. En réalité, dans le golfe de Gascogne, nous eûmes des oscillations gravement anormales. Nous ne nous y trouvâmes pas précisément à la fête.

Mais n'anticipons pas.

A part cet inconvénient, c'était un joli et solide bateau, tout en fer, même le pont, ce qui lui donnait, quoiqu'avec des tôles relativement minces, une résistance considérable, mais augmentait aussi les difficultés d'isolation contre le réchauffement.

Il avait fait le service postal en Afrique. Il y avait là une garantie, les paquebots attachés aux postes étant, en Angleterre, l'objet, pendant leur construction, d'une surveillance spéciale.

Sa longueur était de 65 mètres. Son déplacement d'environ 1 200 tonnes.

Sa machine donnait 300 chevaux de force.

Ses logements pour l'équipage, l'état-major, les passagers, étaient convenables.

En somme, il se présentait dans d'excellentes conditions pour le service, que nous voulions lui demander.

Nous nous en rendîmes acquéreurs au prix de 212 500 francs, prix dans la limite que nous nous étions fixée.

Je me rappelle qu'au moment de traiter, le vendeur, un grand négociant de Liverpool, me demanda à quels services je voulais l'employer.

Naturellement, je lui racontai ce que je voulais faire.

Je vis aussitôt mon homme me regarder par-dessus ses lunettes d'or, d'un air exprimant son inquiétude sur l'état de ma raison.

Puis, un mouvement brusque d'épaules voulant dire : « Que m'importe, — je suis payé ».

Je le quittai quelques instants après, lui laissant l'impression d'un être voulant accomplir œuvre de folie.

Ceci se passait il y a trente-cinq ans.

Aujourd'hui, de nombreux frigorifiques, battant pavillon anglais, sillonnent les mers, et au port même, Birckenaed, annexe de Liverpool, ou j'acquis le *Frigorifique*, s'élève une magnifique installation ayant coûté plusieurs millions, uniquement consacrée à la conservation de la viande par le froid.

Voici, comme complément sur ce point, ce que dit le savant M. de Loverdo, dans un remarquable rapport, par lui fait, sur le développement de la conservation par le froid en Angleterre.

« Londres n'est pas seule à posséder ces établissements. Liverpool en compte de très importants, pouvant loger à la fois plus d'un million de carcasses de moutons. Les entrepôts de Manchester sont d'une capacité de 250 000 carcasses environ : ceux de Bristol, de 100 000 ; de Glasgow 120 000 ; de Cardiff 145 000 ; de Newcastle 78 000 ; de Scheffield, 60 000, etc. De plus, on construit en ce moment à Southampton, un immense dépôt, qui sera le plus grand du monde et qui est destiné à loger un million de carcasses de moutons. »

Mon vendeur de bateau a eu, on le voit, occasion de modifier son opinion. Mais les étapes du progrès sont ainsi faites. Sot qui s'en froisse.

Cette acquisition faite, je revins à Paris, trouvant mes actionnaires contents.

Restait à satisfaire leur impatience, qui déjà se manifestait.

Nul d'entre eux ne se doutait de l'ampleur de la besogne restant à accomplir.

La tâche de l'inventeur a ceci de particulier : que longtemps il lui faut peiner pour trouver le nerf de l'action, c'est-à-dire l'argent.

Quand enfin cela est, il faudrait que le résultat soit immédiat.

Malheureusement, il n'y a que Dieu qui puisse dire : « Fiat Lux ».

Pour l'homme, sa créature, il lui faut accomplir un labeur souvent considérable, et par suite s'attarder en bien des circonstances. Aussi le temps devient-il pour lui un coefficient inéluctable.

Il en fut ainsi avec le *Frigorifique*. Il demanda dix mois de préparation et d'installation.

Et, en effet, tel que nous l'avions acheté, il n'était pas précisément en état de recevoir de la viande fraîche.

Confiné pendant plusieurs années dans les rivières de l'Ouest Africain, son trafic avait eu surtout pour objet le transport des huiles de palme.

Ses cales étaient imprégnées de ce corps, dont l'odeur, jointe à celles des autres matières transportées, des graisses de la machine, etc., etc., était vraiment repoussante.

Aussi, dès son arrivée au Havre, mon premier soin fut-il de le faire déshabiller complètement, de manière à pouvoir le livrer au nettoyage le plus absolu.

Ainsi fut fait, et, en quinze jours, après grattage énergique, lavage *idem* à la potasse, etc., etc., j'eus enfin la satisfaction de pouvoir pénétrer dans les cales, sans avoir à y constater l'inconvénient signalé.

Son aménagement, en tant que bateau, auquel je ne pouvais rien changer, se résumait ainsi :

Les chaudières et le moteur, comme on le verra plus loin, figure 40, occupaient la partie la plus large du navire, séparant les deux cales principales.

L'une, la plus grande, était à l'avant. Elle avait 25 mètres de longueur sur 8 de largeur, à la cloison des chaudières, et 4 de hauteur.

C'était une assez belle capacité, surtout pour une première expérience à la mer.

Je décidai de l'affecter spécialement à la conservation de la viande.

L'autre, à l'arrière, plus petite, de seulement dix mètres de longueur, contenait le tunnel de l'hélice. Malgré cette circonstance défavorable, elle fut consacrée aux machines frigorifiques.

Enfin, une troisième cale suivait celle-ci. Mais comme elle était dans les œuvres effilées du navire, elle avait été négligée au point de vue du transport de la viande. Elle fut affectée à nos provisions, question ayant son importance.

Nous étions 50 personnes à bord. Il avait fallu prévoir un long voyage; le *Frigorifique*, en se pressant, faisant 6 à 7 nœuds à l'heure.

Une telle vitesse serait dérisoire aujourd'hui. Mais, à l'époque dont je parle, c'était encore une moyenne acceptable.

On nous l'avait annoncé pour onze nœuds. Il ne les avait jamais faits que sur le papier.

L'inspection de la coque, de la force de la machine, avait permis à Nillus et à Lemarié d'apprécier nettement l'allure à obtenir.

En l'achetant, nous n'avions donc compté, que sur celle réalisée effectivement.

La vitesse n'avait du reste pour nous qu'une importance secondaire, eu égard au but à atteindre et aux autres facilités, qu'il nous fallait rencontrer.

Il ne s'agissait pas, en effet, d'effectuer une rapide traversée, mais de prouver, au contraire, qu'on pouvait transporter de la viande fraiche aux plus longues distances.

A ce point de vue, plus le voyage avait de durée, plus il démontrait la valeur du procédé; plus l'expérience était concluante.

Seulement, ceci nous conduisait à des approvisionnements considérables.

Lemarié, dont la prévoyance égalait le savoir, — et je me

plais à lui rendre cette justice — n'avait eu garde de négliger cette précaution.

Elle fut appréciée par les gens de l'équipage d'un œil satisfait. Aussi aidèrent-ils à son exécution avec un empressement facile à comprendre.

CHAPITRE XXXV

INSTALLATION GÉNÉRALE
POUR LA CONSERVATION DE LA VIANDE
ET AUTRES MATIÈRES PÉRISSABLES
A BORD DU « FRIGORIFIQUE »

La disposition générale au point de vue du froid. — Les machines frigorifiques. — L'isolation de ses cales.

S'il nous avait été facile de mettre le *Frigorifique* à sec et de le décrasser intérieurement et extérieurement, nous n'avions pu rien contre la disposition générale de ses œuvres, laquelle vient d'être signalée.

Elle était absolument immuable, les cloisons faisant corps avec la carène. Or, sous peine d'altérer la solidité du bâtiment, nous n'y pouvions toucher.

Par suite, l'aménagement des cales nous mettait, au point de vue du froid, dans une situation assez irrationnelle, en ce sens que les machines frigorifiques se trouvaient séparées de la cale à viande justement par la chambre des machines motrices du bord et celle des chaudières, soit par un foyer de chaleur intense, ce qui n'était guère orthodoxe.

En effet, dans ces chambres régnait une température d'environ 40°. De plus, les chaudières étaient précisément adossées sur la cloison en fer séparatrice de la cale à viande, laquelle devait être maintenue à 0°. Cette disposition augmentait naturellement les difficultés.

Aujourd'hui, ces inconvénients ne feraient pas grande question.

Mais alors — il ne faut pas l'oublier — j'étais :

Devant un résultat primordial à obtenir, comportant un caractère grandiose, mais, en même temps, plein d'imprévus;

Devant un capital considérable engagé;

Situation d'autant grave que j'avais refusé un navire en bois et assumé ainsi une plus grande responsabilité.

A tout prix il fallait donc triompher de cette situation délicate et sérieuse.

Elle n'avait du reste rien de surprenant pour moi.

Dès ma première visite à bord de l'*Éboé*, j'en avais compris la portée.

Mais comme le bateau réunissait par ailleurs les autres avantages désirés, que son prix était abordable, j'avais passé outre, comptant sur mes soins, sur l'expérience que j'avais de la question, pour vaincre les difficultés spéciales rencontrées.

Naturellement, une fois le bateau acquis, elles furent le premier objet de mes études.

Voici comment je décidai d'opérer :

Au lieu de produire directement l'air froid par les machines, ce qui aurait simplifié le travail, je leur fis refroidir un courant liquide.

J'avais ainsi un agent transporteur de froid beaucoup plus énergique que l'air, puisqu'avec environ un demi-litre de liquide je pouvais, à température égale, conduire autant de frigories qu'avec un mètre cube d'air.

La conséquence de cette détermination était que je pouvais établir des conduits beaucoup moindres en diamètre. Par suite, les surfaces de réchauffement étaient aussi de beaucoup diminuées.

De là une isolation plus facile à obtenir.

J'arrêtai donc en principe ce mode d'action.

Pour le réaliser, je profitai de la partie arrondie des chaudières, lesquelles occupaient toute la section du navire. L'espace, ainsi utilisable, me laissait une place suffisante pour faire passer mes tuyaux de liquide froid.

Il y en avait nécessairement deux :

Un d'aller.

Un de retour.

Je les isolai soigneusement avec une épaisse couche de laine. J'obtins ainsi le résultat cherché, c'est-à-dire que le froid put traverser la chambre de chauffe presque en touchant les chaudières, sans pertes trop sensibles.

Je reviendrai sur cette question d'isolation en traitant de la cale à viande.

Avant, quelques mots des machines frigorifiques que, parallèlement à tous ces travaux, je construisais chez moi, avenue de Versailles, n° 99, à Auteuil-Paris, au coin de la rue Wilhem.

Suivant le système que j'avais créé en 1867, elles étaient à compression et liquéfaction mécanique. Je les ai présentées dans les figures précédentes, figures 2 à 16.

Elles utilisaient l'éther méthylique. J'ai dit déjà pourquoi, à cette époque (1875), je donnai, dans certains cas, la préférence à ce corps sur l'ammoniaque.

Avec une Compagnie de navigation étrangère, j'aurais peut-être été forcé de revenir à l'emploi de ce dernier gaz, comme j'avais dû le faire pour *the City of Rio Janeiro* ; mais nous étions chez nous. Nul ne pouvait nous empêcher de prendre l'agent frigorifique nous paraissant, pour la circonstance, le plus favorable.

J'aurais pu en utiliser d'autres, car, avec les machines à compression mécanique, travaillant surtout au volume, c'est-à-dire par le déplacement du piston, le résultat économique est sensiblement le même, qu'il s'agisse d'éther méthylique, d'ammoniaque, etc., en même temps que les organes restent identiques, sauf la nature des métaux employés, l'ammoniaque ne comportant pas de cuivre.

Il faut toutefois compter qu'avec les eaux chaudes traversées sous l'Équateur il y a avantage à utiliser des gaz à pression

17

de liquéfaction moyenne, attendu qu'il y a moins de fuites à travers les pistons, les soupapes; moins aussi de pertes causées par les espaces nuisibles, lesquels, quoi qu'on fasse, ont toujours certaine importance. Enfin, les joints sont plus faciles à établir.

Or, l'éther méthylique me fournissait tous ces avantages et surtout et avant tout, le graissage facile. Le choix, pour cette expédition, était donc tout indiqué et judicieux.

J'avais décidé d'employer trois machines frigorifiques absorbant chacune 20 000 calories à l'heure.

Voici la raison de cette décision.

L'une des machines était suffisante pour les mers tempérées;

La seconde devait lui être adjointe dans les eaux chaudes;

La troisième était montée pour remplacer l'une ou l'autre de ces machines en cas d'accident.

Je me souvenais de ce qui était arrivé, lors de la première expérience, à bord de *the City of Rio Janeiro*, et je ne voulais pas qu'une cause quelconque vînt perturber, ou mettre en péril, la gigantesque démonstration que nous avions à réaliser.

Comme le tunnel de l'arbre de l'hélice traversait la chambre des machines frigorifiques, deux d'entre elles étaient posées de chaque côté de ce tunnel. Quant à la troisième, celle de précaution, il avait fallu la jucher au-dessus.

Elle reposait sur un bâti spécial, se reliant à ceux supportant les deux autres appareils, de manière à avoir une parfaite solidité, tout en ne se rattachant pas à la coque, qu'il fallait avant tout respecter.

Les plus grands soins avaient d'ailleurs été pris pour, inférieurement, raccorder tout cet ensemble avec les membrures du navire, par des calages raisonnés attaquant lesdites membrures le moins possible, toujours préoccupé de la résistance à laisser au bâtiment.

Les frigorifères, au nombre de six, deux par machine, étaient établis à bâbord. Les liquéfacteurs, ainsi que la provision d'éther méthylique, se trouvaient à tribord.

Pour plus de précautions, en raison de l'inflammabilité de ce corps, aussi en prévision des difficultés pouvant être rencontrées chez les assureurs, les bouteilles à éther méthylique, formées de capacités en fonte, éprouvées à la pression de 30 kilogrammes, étaient enfermées dans un récipient en tôle plein d'eau. Elles ne laissaient paraître en dehors que les robinets de soutirage et les niveaux. Des tubes reliaient directement ces robinets aux frigorifères. Leur manœuvre permettait l'alimentation directe, à volonté, des machines en éther méthylique. Dans ces conditions, jamais ce corps ne pouvait être en contact avec l'atmosphère.

Toutes mesures se trouvaient donc ainsi prises contre les accidents, et, de fait, je ne rencontrai aucune difficulté avec les compagnies d'assurance.

Deux escaliers en volute, pour gagner le pont, laissaient à mi-hauteur une galerie permettant de voir tout l'ensemble de la machinerie.

D'un coup d'œil, de ce poste, la surveillance la plus complète pouvait s'exercer.

Je dois dire que les machines se reliaient chacune à leur moteur par action directe. Elle firent un parfait service.

Il n'y eut pas lieu de recourir à la machine supplémentaire. Dirigées par un homme dévoué, qui m'était très attaché et malheureusement n'est plus, Eugène Corvée, elles n'eurent jamais le moindre accident. Leur service donna les meilleurs résultats.

Voyons maintenant l'installation de la cale frigorifique.

Ses dimensions, que j'ai indiquées plus haut, lui donnait une capacité de 550 à 600 mètres cubes. C'était, pour débuter, on le voit, un magasin frigorifique de contenance respectable. Même maintenant, il mériterait ce qualificatif.

De ce côté encore, l'expérience avait un caractère d'ampleur, d'authenticité, qui devait vaincre toutes les résistances, et déterminer le mouvement puissant qui s'est manifesté depuis dans les transports frigorifiques. En effet, une fois cette première expérience faite, et concluante — ce qui fut — il n'y avait plus qu'à imiter et suivre.

L'isolation de la cale devait, là, jouer un rôle important.

Elle fut l'objet de mes plus grandes préoccupations.

Bien faite, elle donnait le succès. — Mal faite, c'était la ruine de l'œuvre.

A ce moment, les matières isolantes n'étaient pas très employées. L'usage du liège n'était pas connu.

Ce fut cependant ce dernier corps qui, dès le début de mes recherches, m'avait captivé.

Je n'étais pas partisan des couches d'air. En principe, ce corps est bien le moins bon conducteur de chaleur existant. Mais quand il peut circuler, ce qui arrive sous les moindres influences calorifiques, il perd, de beaucoup, la qualité par lui possédée.

Pour compter sur l'air, il faut raisonner avec des corps le contenant en grande quantité, mais en fractions très divisées, limitées, afin, justement, de rendre impossible la circulation automatique, que je viens de signaler.

Le liège, par sa nature poreuse, jouit de cette propriété spéciale, et très largement. Il avait par suite attiré mon attention.

Ce n'était pas toutefois sans m'être rendu compte des faits.

Des expériences préalables m'avaient démontré qu'avec lui je pouvais compter sur une pénétration du calorique, de seulement un tiers à une demi-calorie par mètre carré et par heure, pour une épaisseur de 10 centimètres et une différence de 1°.

Il possédait de plus une qualité spéciale, précieuse à mon point de vue : l'imputrescibilité.

Cette condition est de première nécessité quand il s'agit

d'agir dans un milieu facilement accessible aux suintements, aux condensations, dans lequel, en un mot, on est certain de toujours rencontrer l'eau un peu souillée.

Il convient de faire remarquer qu'avec le *Frigorifique*, je n'étais pas dans le cas de la plupart des navires établis depuis, où les chambres froides sont isolées des parois de la coque par divers aménagements du bord.

Là, j'opérais directement sur la tôle de la carène, plongée elle-même dans l'eau de mer. En fait, la cale frigorifiée était séparée de cette dernière par une épaisseur métallique de 15 à 20 millimètres, suivant la position. Par conséquent, la paroi de cette cale était exposée à un réchauffement immédiat, permanent, considérable, avec lequel il fallait compter.

Dans les eaux chaudes des Tropiques, qui sont de 25 à 28°, même 30° sous l'Équateur, ce cas prenait un caractère très sérieux de gravité. Surtout pour une première tentative.

Je ne me dissimulai pas cette situation.

De plus, le pont était en fer, revêtu d'une faible épaisseur de teck. Il enclosait directement les cales, à sa partie supérieure. Sur lui, il n'y avait pas de spardeck, comme on le fait généralement aujourd'hui, ce qui aurait beaucoup protégé contre le réchauffement diurne.

Or, il fallait, là, compter avec le soleil de l'Équateur et des Tropiques. Chacun sait combien est grande son intensité et par suite son action directe.

A Paris, lors de mes travaux pour l'élévation de l'eau par la chaleur solaire, j'avais constaté, sur des métaux, jusqu'à 65° à deux heures de l'après-midi, l'heure la plus chaude du jour.

J'avais, par surcroît de malchance, rappelons-nous-le, les chaudières adossées à ma chambre froide. Je me trouvais donc dans les conditions les plus mauvaises, au point de vue frigorifique, se pouvant rencontrer. Et cependant, je le répète, il fallait triompher, car j'étais devant une décisive expérience. L'insuccès eût été la ruine de mes projets et de l'idée.

Pour lutter contre toutes ces causes adverses, je comptais, je l'ai dit, sur le liège.

La difficulté était de m'en procurer une quantité suffisante pour pouvoir agir de tous côtés.

Là, il me fallut décompter.

Malgré toutes mes recherches dans les centres producteurs, je ne pus réunir une quantité de sciure bien considérable. Elle me permit néanmoins d'isoler les fonds de la cale jusqu'à la ceinture.

Pour le surplus, il me fallut recourir à un autre moyen.

Tranquille pour les parties basses, où l'humidité était le plus à craindre, j'opérai autrement pour les hauts et le dessous du pont.

Fidèle au même principe d'emmagasinement de l'air par petites fractions, je me procurai de la paille de blé battue au fléau, de manière à ce qu'elle ne fût pas aplatie, brisée, comme celle sortant des batteuses mécaniques; qu'au contraire les cylindres formés par les tiges restassent intacts.

A l'aide d'un hachoir mécanique, je fis couper cette paille en longueurs de 1 centimètre. J'obtins ainsi de petites capacités creuses, pleines d'air, lesquelles devaient constituer et constituèrent un excellent isolant.

Je fis préparer 25 à 30 mètres cubes de cette paille. Cela me suffit.

Pour placer l'isolant, voilà comment je procédai.

Directement sur les cornières formant la membrure du navire, et à l'aide de fausses membrures intercalaires en sapin, je disposai un revêtement en bois léger de 12 millimètres d'épaisseur. Je laissai ainsi un espace libre sur la carène, par lequel pouvaient s'écouler les condensations et les suintements d'eau, inévitables à la mer, sans qu'ils touchassent l'isolant.

Ce revêtement fut recouvert de papier ciré maintenu par une seconde membrure, toujours en bois de sapin, de 10 centimètres de hauteur.

Sur cette seconde membrure, un deuxième revêtement du même bois et d'épaisseur identique au précédent fut fixé.

L'espace, entre ces deux revêtements de bois, se trouvait ainsi être de 10 centimètres. Il fut rempli, suivant sa position, soit de liège, soit de paille hachée. Enfin, le tout fut recouvert de feuilles de tôle galvanisée de 1 millimètre d'épaisseur, afin de faciliter le nettoyage et l'entretien.

Quant à la cloison de la chambre des chaudières, qui, elle, à bien des titres, méritait ma plus sérieuse attention, elle fut isolée à l'aide de montants en madriers de sapin refendus, ayant par conséquent 22 centimètres de largeur et 35 millimètres d'épaisseur.

Ces montants furent recouverts par des feuillets en bois et de la tôle, comme il vient d'être indiqué.

L'espace libre entre ces feuillets et la cloison fut rempli, comme le reste, en bas de liège, en haut de paille hachée.

Le tout répondit à mes vues et constitua un excellent isolant, puisque, pendant toute la traversée, à part quelques exceptions causées par les imprévus, la température de zéro fut maintenue dans la cale à viandes.

Ainsi donc, par ces moyens, fut démontrée, pour la première fois, la possibilité d'établir et d'isoler une cale, de façon à y maintenir la température de zéro *en tous temps et sous toutes les latitudes, quelle que fût la durée du voyage.*

Disons de suite :

Que là était le nœud de la question ;

Le fait instant à faire apparaître.

En effet :

La conservation de la viande à zéro, par l'air sec, sans congélation, j'en étais sûr.

J'avais depuis huit ans démontré, prouvé son efficacité par de longues et décisives expérimentations.

Mais le *maintien du froid à la mer*, dans une cale de *grandes dimensions*, baignée directement par le milieu liquide, voilà qui était encore inconnu et contesté par le grand nombre, et parmi des hommes éminents.

L'un d'eux, savant que j'ai toujours estimé, n'avait pas craint de me dire : « Vous avez réussi à terre, mais vous ne ferez pas, mon cher Tellier, passer la mer à un gigot ».

Or, c'est à des bœufs fendus en deux, que j'ai fait traverser l'Équateur !

Les faits ont donc démontré que j'avais raison d'affirmer la possibilité du résultat.

Il fut complet. C'est ainsi que je pus prouver la possibilité pour tous de transporter n'importe quelle matière organique, à travers les océans, sous toutes les latitudes, quelle que fût la distance à parcourir.

Le nom de *Frigorifique*, que j'avais donné à mon bateau, fut donc devant tous justifié. J'ai vu avec plaisir qu'il a été depuis généralisé. Il est devenu un substantif commun, désignant les navires, les magasins ou capacités propres à la conservation par le froid.

Restait à produire l'air froid.

Pour l'obtenir, je disposai six cylindres verticaux, en tôle, placés le long de la cloison des chaudières, laquelle, nous le savons, avait été soigneusement isolée.

Ces cylindres étaient eux-mêmes de véritables chaudières tubulaires, dans lesquelles le liquide froid, venant des machines frigorifiques, baignait extérieurement les tubes, tandis que ceux-ci étaient parcourus intérieurement par l'air à réfrigérer.

Une hélice fixe, en tôle, de 10 centimètres de longueur, était engagée dans la partie antérieure de chaque tube. Chacune d'elles forçait l'air à tournoyer en descendant, à se mettre ainsi le plus possible en contact avec la surface refroidissante formée par la paroi des dits tubes.

Ce qu'il faut en effet éviter, dans les circulations tubulaires de l'air, ce sont les veines centrales se formant. L'air étant un mauvais conducteur du calorique, il subit d'autant moins ainsi l'action frigorifique.

Pour mettre l'atmosphère de la chambre froide en travail, deux grands ventilateurs, placés à la partie avant de la cale, étaient constamment en fonction. Ils étaient animés par un moteur spécial, recevant par une longue conduite la vapeur des chaudières et logé dans un roufle disposé sur le pont.

Ces ventilateurs, mettant en mouvement 15 à 20 000 mètres cubes d'air à l'heure, renouvelaient au moins, pendant ce temps, 25 fois l'air de la cale frigorifiée.

Cette vaste circulation était nécessaire pour enlever l'eau, qui, rappelons-le, provenait de trois sources principales :

La viande ;

Les rentrées d'air inévitables dans ce genre d'installations ;

Les suintements de la carène, au moins pour une partie.

L'eau, ainsi introduite, quelle que fût sa nature, était vaporisée par le contact et le passage de l'air sec. Entraînée par lui à l'état de vapeur, elle venait nécessairement et certainement se condenser dans les tubes frigorifiques sus-indiqués.

Non seulement la dessiccation de l'air était ainsi obtenue, mais aussi, ne l'oublions pas, son asepsie, ce qui était très important. En effet, la condensation constante se faisant, entraînait continuellement les microbes en suspension dans l'atmosphère de la cale, lesquels, se fixant dans le givre, étaient avec lui enlevés et rejetés au dehors.

Pour faciliter cette action, deux cloisons formaient deux chambres séparées placées à chaque extrémité de la cale, l'une enfermant les ventilateurs, l'autre les capacités frigorifiques. C'étaient elles qui servaient de sas à l'air.

Un faux-plafond en tôle, percé de nombreux orifices, rejoignait la chambre des ventilateurs et leur amenait l'air supérieur de la cale, par conséquent le plus chaud, le plus humide. Les ventilateurs refoulaient cet air chaud par un long conduit en bois de 20 mètres de long et de 0 m. 50 de côté, dans la chambre des appareils tubulaires frigorifiques.

Là, l'air, pour trouver une issue, était forcé de passer à travers les tubes signalés, comme remplissant les **capacités frigorifiques**, de s'y refroidir, de s'y sécher.

Sortant de ces refroidisseurs, il pénétrait sous le sol **formé** de tôle striée. De nombreux orifices, percés dans ce sol, le distribuaient dans toute la longueur de la cale. L'aération était par suite constante et partout répartie.

Le circulus d'air, que j'avais réalisé à terre, si bien défini par M. Bouley dans son rapport à l'Académie des Sciences, se trouvait ainsi parfaitement obtenu.

Le dégivrage donna un peu plus de mal. Avec tous les soins pris par le cimentage des fonds du navire, j'avais compté sur une plus complète étanchéité de la cale.

Mais, à la mer, avec l'incessant roulement du roulis, du tangage, les choses ne se passent pas toujours comme on le **veut**. L'eau pénètre quand même. Nous eûmes, par suite, plus de givre que nous n'avions prévu. On en vint à bout.

La figure 40 nous montre une coupe en longueur du *Frigorifique*.

Nous retrouvons, dans cette figure, tous les éléments que je viens de décrire. Ils seront maintenant facilement compris.

A était la chambre des machines frigorifiques.

B était celle de la machine du bord.

C celle de chauffe. Une chaudière spéciale G était consacrée au service des machines frigorifiques.

D était la chambre d'échange frigorifique entre le courant liquide froid venant des machines produisant le froid et l'air de la cale à viande.

E était la cale à viande de 25 mètres de longueur. Dans cette cale se trouvaient logés les ventilateurs.

Un d'eux se voit en H.

Ces ventilateurs, aspirant l'air de la chambre D, par le conduit L, le forçaient à traverser les tubes contenus dans les cylindres tubulaires déjà désignés. Un d'eux se voit en I, dans la chambre D.

Ces cylindres, nous le savons, étaient parcourus intérieurement, autour des tubes les traversant, par le courant froid, liquide, venant des machines frigorifiques logées en A. Cet air était projeté par les ventilateurs H sous le plancher en tôle striée J, percé de nombreux trous le distribuant dans toute la longueur de la cale.

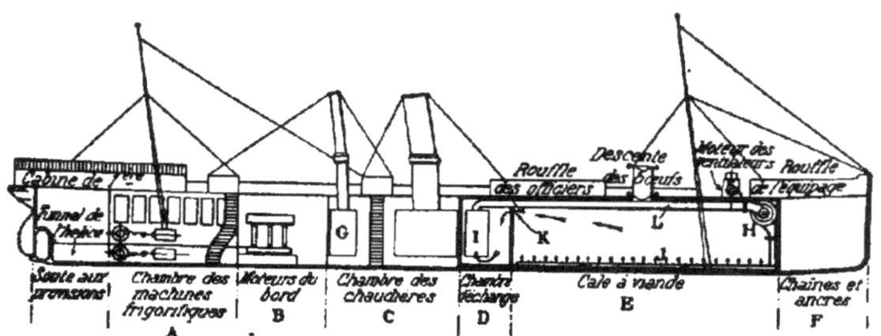

Fig. 40. — Vue en coupe longitudinale du *Frigorifique*. (Cliché de l'« Industrie Frigorifique ».)

L'ouverture K permettait à l'air échauffé de la cale L, de pénétrer dans la chambre d'échange D. Aspiré par l'action ventilatrice, il se trouvait forcé de parcourir les tubes des cylindres I et d'y laisser son calorique au profit du courant liquide. Celui-ci retournait ainsi aux machines frigorifiques en A, où la chaleur entraînée était sans cesse absorbée.

Tous ces préparatifs avaient, on le pense, demandé du temps, des soins, beaucoup de main-d'œuvre.

De plus, il avait fallu réparer les chaudières du navire, ce qui avait été un gros travail: en ajouter une spéciale aux machines frigorifiques.

Ces labeurs avaient pris d'autant plus de temps qu'il avait été impossible de rien combiner, rien préparer, avant l'achat du navire, puisque c'étaient les dispositions mêmes rencontrées qui pouvaient seules guider dans les aménagements à réaliser.

Enfin, tout fut assez avancé pour que nous puissions songer à gagner Rouen, notre port d'attache.

Ce port, par ses quais aisés, toujours à flot, sa proximité de Paris, ses facilités de rayonnement sur tous pays, se trouvait naturellement désigné pour être tête de ligne de l'opération.

Il était en effet possible là, l'affaire se développant, de profiter de la navigation fluviale, ce qui donnait de grandes commodités pour transborder et remonter les viandes à Paris, par suite dans toute l'Europe.

On évitait ainsi les nombreuses manipulations qu'auraient exigé les transports par voies ferrées.

Les chalands, pouvant venir se ranger à toute heure le long des frigorifiques, permettaient de faire passer la viande directement des cales froides des navires importateurs dans celles, également refroidies, des bateaux fluviaux, ainsi que je l'ai expliqué dans mon livre « Conservation de la viande » déjà signalé et montré par les figures 24, 25 et 26.

Ces prévisions étaient utiles.

Il fallait effectivement, après le voyage, conserver la viande assez longuement pour que la vente de chaque jour puisse s'alimenter; alors que les arrivages ne se seraient faits, eux, que tous les quinze jours ou même tous les mois.

Il était par suite nécessaire de prendre toutes précautions, non seulement contre le réchauffement, mais contre les heurts, les fatigues, amenés par des manœuvres inutiles et multipliées. En un mot il fallait que la viande restât intacte, appétissante, marchande, à tous points de vue.

Rouen offrait à cet égard toutes facilités.

CHAPITRE XXXVI

DÉPART DU HAVRE

La remonte de la Seine. — Voyage splendide.
Accueil des populations. — Séjour à Rouen.
Solennité exceptionnelle.

Nous étions enfin, sinon complètement prêts, au moins assez avancés, pour pouvoir songer à quitter le Havre pour gagner Rouen, qui, je viens de le dire, était notre port d'attache.

Un beau matin, par un temps magnifique, nous sortîmes du Havre et nous remontâmes le cours, vraiment enchanteur, de la Seine.

Jusqu'ici, nous avions été à la peine, car le labeur avait été incessant, les jours plus que remplis. L'honneur commençait.

Notre départ ayant été annoncé par les journaux, toutes les populations riveraines étaient accourues pour nous témoigner leurs sympathies.

Tantôt c'étaient des pavillons, qu'on agitait pour nous souhaiter la bienvenue. Tantôt des salves réveillant les échos, annonçaient notre passage. L'enthousiasme était partout.

On n'était peut-être pas convaincu de la réussite absolue de la tentative.

Bien des esprits doutaient encore.

Mais on admettait la possibilité du progrès et l'on saluait avec empressement ses initiateurs.

La remontée de la Seine fut donc un véritable triomphe.

Nous arrivâmes vers cinq heures du soir à Rouen.

Le même accueil nous attendait et c'est, le cœur encore ému,

que je me rappelle toutes les attentions dont nous fûmes
l'objet.

Des ordres avaient été donnés pour nous amarrer au quai le
plus commode, près la place Boïeldieu. En un mot, dès le
premier jour, nous fûmes comblés de prévenances.

C'était à Rouen que devait se faire le baptème du *Frigorifique*.

Cette cérémonie fut vraiment solennelle. J'en veux dire
quelques mots.

Un de mes amis, actionnaire de l'opération, mais aussi véritable homme de bien, « Doré », ancien officier de marine, était
alors administrateur de la Société nationale des naufragés.

Il connaissait le Cardinal de Bonnechose, archevèque de
Rouen, qui, justement, présidait la dite Société.

Il m'offrit de pressentir le Cardinal, afin de savoir s'il ne
consentirait pas à bénir le bateau.

J'acceptai avec grand plaisir.

Très aimablement, le Cardinal accueillit la proposition. Je
fus ainsi amené à aller lui faire une demande officielle.

Il me reçut avec beaucoup d'affabilité. Il m'expliqua qu'il
n'aurait pu accéder à notre demande s'il s'était agi d'un
navire ordinaire. Alors, il se serait trouvé ultérieurement en
butte à nombre de sollicitations, pour des cérémonies analogues,
qu'il n'aurait pu accorder; d'où des mécontentements à éviter.

Mais, comme c'était une question de science appliquée, qui
surgissait dans le cas présent, l'inconvénient signalé n'existait
plus.

Il conclut, en me disant que je pouvais compter sur lui.

Il me demanda seulement de le prévenir dès l'arrivée du
Frigorifique à Rouen, afin de pouvoir aller le visiter avant la
cérémonie.

Je le quittai, enchanté de sa bienveillance. Comme bien on
pense, je n'eus garde d'oublier la promesse faite.

Dès le lendemain de notre arrivée, le matin, j'allais en effet rendre visite à Son Éminence. Elle me dit qu'elle viendrait à bord l'après-midi.

La visite fut longue. Naturellement les machines étaient en fonction. Le Cardinal voulut se rendre compte de tout.

En me quittant, il m'exprima sa satisfaction et nous prîmes jour et heure pour la cérémonie. Il me demanda, de plus, si je pouvais, pour ce moment, lui abandonner le salon, que j'avais à bord.

Je répondis affirmativement, sans plus me préoccuper à ce sujet.

Au jour dit, nous vîmes le matin, vers 8 heures, arriver le personnel de la chapelle de Son Éminence. Tous portaient des boîtes ou des paquets.

J'appris alors que le Cardinal avait décidé de donner la bénédiction en grande pompe et que c'étaient les ornements pontificaux qu'on apportait. C'était dans ce but qu'il m'avait demandé mon salon.

Précisément, à cet instant, se trouvait à bord le général commandant à Rouen. Ayant des manœuvres à diriger ce jour-là, il était venu de bonne heure voir le *Frigorifique*.

Il apprit, tout naturellement, la décision du Cardinal.

« C'est très bien, s'écria-t-il, ce que fait l'archevêque. Hé bien! nous ne resterons pas en arrière. J'enverrai, moi, la musique d'un régiment. »

Tout, donc, se préparait pour faire de ce jour-là une grande journée.

Journée d'autant mémorable qu'une délégation de l'Académie des Sciences, composée de MM. Milne Edwards, Bouley, amiral Paris, Frémy, venait de Paris pour assister à la cérémonie.

Cet honneur me fut précieux. C'est assurément le plus grand que j'aie, dans ma vie, recueilli. J'en suis encore fier. Il m'a consolé de bien des mesquineries subies.

Jamais, en effet, M. Bouley me le fit remarquer, jamais

l'Académie des Sciences n'avait honoré d'une telle faveur une opération particulière, ayant un caractère commercial. Elle ne l'a pas fait depuis. Mais cette opération était un progrès. L'Académie l'avait compris. Elle avait voulu en saluer l'aurore.

Le train qui amenait ces messieurs, ainsi que nombre d'invités appartenant à la presse, à la Société des Gens de Lettres, à celle des Ingénieurs civils, diverses notabilités, parmi lesquelles se trouvait M. Richard, président de la Société des Ingénieurs civils de France, soit 150 personnes, arrivait à dix heures et demie.

Je n'eus que le temps de courir à la gare, recevoir mon monde, et le conduire dans un restaurant, où un déjeuner était préparé.

Il fut vite expédié. Chacun avait hâte de se rendre à bord.

Moi-même étais désireux de faire à tous, avant la cérémonie, visiter l'installation.

L'heure approchait. Des invitations avaient été faites en ville.

Dès une heure et demie, le pont se couvrait de dames en toilettes, de notabilités.

A deux heures moins le quart un remous se produisit dans la foule, couvrant le quai. C'était la musique, qui arrivait. Le général avait tenu parole.

Mieux que cela, il avait envoyé un bataillon, pour encadrer la place devant laquelle le *Frigorifique* était amarré.

Cela devenait une véritable solennité.

A deux heures précises la voiture du Cardinal déboucha.

J'étais à la coupée du *Frigorifique* pour le recevoir, avec l'état-major du bord.

Nous le conduisîmes au salon, à lui réservé.

Il en ressortit bientôt, revêtu de ses habits pontificaux, crosse en mains, mitre en tête.

Montant sur la dunette, il prononça un discours sur les progrès de la science, qui captiva tous les auditeurs.

Il expliqua qu'il avait vu, dans le voyage qu'allait tenter le *Frigorifique*, une œuvre pouvant prendre un immense développement, être fertile en résultats avantageux pour les peuples; qu'à ces titres, il avait tenu à appeler sur l'expédition la bénédiction de Dieu; qu'il avait confiance, que le succès couronnerait mes efforts.

Le Cardinal, dans les espérances qu'il exprimait, avait dit juste.

Si, en France, nous sommes restés stationnaires, les flottes frigorifiques n'en sillonnent pas moins actuellement les mers. Partout le froid est à l'ordre du jour pour la conservation des denrées.

Or c'est le *Frigorifique* qui a été le précurseur de cet immense mouvement.

La bénédiction fut ensuite donnée au milieu du respect le plus profond.

Tous les assistants, quelle que fût leur opinion, et il y en avait de toutes les nuances, furent vraiment émus.

L'effet produit fut tel que, la cérémonie terminée, nombre de personnes, venues de Paris, me prièrent d'insister près du Cardinal pour qu'il voulût bien venir au banquet devant suivre.

Je m'exécutai.

Il accepta d'abord, pensant que le repas devait se faire à bord. Mais, quand il sut qu'il avait lieu dans un restaurant, il dut décliner l'invitation, toujours préoccupé d'un précédent qu'il ne voulait et ne pouvait établir.

Tous comprirent cette raison, déplorant cependant l'absence du Cardinal.

Dans les choses les plus sérieuses, il est rare qu'il ne se mêle pas une note, sinon comique, au moins plaisante.

Tel fut mon cas.

En attendant Mgr l'Archevêque, j'avais revêtu un vêtement de travail pour pouvoir donner aux machines, qui, naturellement, étaient en fonction, une dernière surveillance.

Quand son Éminence fut annoncée, j'allai en toute hâte passer mon habit. Dans ma précipitation, j'oubliai de retirer le gilet bleu de mon costume d'atelier, et mis par-dessus gilet noir et habit noir.

Fâcheusement le gilet bleu était beaucoup plus long que le noir, en sorte qu'il dépassait ce dernier de quelques centimètres.

Tout le monde s'aperçut de mon accoutrement, mais on se garda de m'en parler pendant la cérémonie, de peur de me troubler. Ce n'est qu'après, en revenant de conduire Mgr de Bonnechose, que des dames, fort gracieusement, me firent apercevoir de ma méprise. Elle n'eut d'autre inconvénient que de jeter un peu de gaieté au milieu de la gravité de la circonstance.

Tous mes invités, après la cérémonie, se répandirent en ville pour visiter les monuments, y abondant. Rouen est en effet une des villes de France le plus riche en architecture moyen âge.

Je fus ainsi un peu laissé à moi-même.

J'avais besoin de ce répit. L'émotion avait été telle, que je me sentais brisé. Je pus à peine écrire à ma famille le récit de la cérémonie.

A sept heures, on se réunit à nouveau en un banquet fort animé, lequel acheva dignement cette belle journée.

A neuf heures, je reconduisis mes invités au train, disant adieu à tous. Je ne devais plus les voir avant mon départ.

Le lendemain, je ne manquai pas d'aller remercier le Cardinal.

Ne sachant comment lui témoigner ma reconnaissance, j'eus la pensée de mettre le *Frigorifique* à sa disposition pendant deux jours, pour le prix d'entrée perçu pour le visiter être affecté à telles œuvres de charité qu'il désignerait.

Il accepta avec plaisir. Il fut convenu que deux religieuses viendraient recevoir les entrées.

Deux petites sœurs des pauvres furent désignées.

A midi, les visites commencèrent. Elles furent nombreuses.

Le prix d'entrée avait été fixé à 1 franc. Mais c'était jour de marché et le paysan est malin.

Nombre d'entre eux, allongeant les doigts, couvraient la pièce et glissaient deux sous, au lieu du franc réglementaire.

Les sœurs voyaient bien les sous monter en quantité irraisonnable. Mais elles n'osaient réclamer.

Le capitaine et son second, plus méfiants, s'aperçurent de la manœuvre.

Pour y couper court, chacun d'eux se posta près d'une sœur et, grâce à cette attitude, les choses prirent un cours plus normal.

Finalement la recette produisit, le premier jour, 1 560 francs, que le Cardinal dit aux sœurs de garder pour leurs vieillards.

Grande fut la joie de celles-ci, qui ne s'attendaient pas à semblable aubaine, de reporter ce petit trésor à la communauté.

On réunit tout le monde, personnel comme hospitalisés, pour faire contempler à tous cette fortune inespérée, laquelle fut épandue sur une table, pour mieux montrer son importance.

J'ai su depuis, que les bonnes sœurs avaient employé cet argent et celui de la deuxième journée, qui leur fut également dévolu, à créer, pour leurs assistés, un pavillon de bains.

Ces fêtes passées, nous nous remîmes au travail, car, si les grandes choses avaient été finies au Havre, il y avait encore bien des détails qui n'avaient pas été achevés, et que nous nous proposions de terminer en route.

Entre temps, nous reçûmes la visite de S. A. R. Mgr le comte de Paris, qui s'intéressa fort à la question. Il eut l'obligeance de me remettre une lettre personnelle pour l'Empereur du Brésil, son oncle.

Le moment du départ arrivait. Il fut fixé au 20 septembre.

La veille, nous embarquâmes six bœufs fendus en deux.

douze moutons, un porc, une cinquantaine de volailles. Celles-ci simplement saignées, mais non plumées, ni vidées.

Naturellement la chambre froide avait été prélablement amenée à zéro.

L'arrimage se fit avec les précautions utiles, pour que le roulis n'endommageât pas les pièces de viande.

Afin d'assurer le service, j'avais fait faire des thermomètres spéciaux, dont les divisions étaient simplement des dixièmes de degrés.

Il était ainsi facile de constater les plus petites différences dans la température. La marche du froid était par suite aisée à surveiller.

Pour plus de précautions, j'avais établi des thermomètres avertisseurs électriques, pour prévenir en cas de brusque réchauffement.

Ce soin fut inutile.

En raison même des marchandises emmagasinées dans la cale (nous y avions entre autres logé 200 tonnes de briquettes de charbon, qui, elles aussi, se trouvèrent refroidies) un volant de froid s'était formé, qui empêcha, même avec un arrêt des machines, ce qui arriva à Lisbonne, de trop subites fluctuations de température.

Enfin nous étions prêts à partir et le départ fut définitivement décidé pour le 20 septembre 1876.

CHAPITRE XXXVII

NOUS QUITTONS ROUEN

**Le mascaret. — La grandeur de ce phénomène.
La descente du fleuve.**

Tous les préparatifs étant à peu près terminés. le dit jour.
20 septembre 1876. à 2 heures de l'après-midi, les amarres
furent larguées.

Nous quittâmes le quai. acclamés par la foule, venue pour
saluer notre départ.

Nous traversâmes la ville.

Bientôt nous fûmes en pleine Seine.

Comme pendant notre traversée montante. partout. sur le
parcours. les marques de l'intérêt le plus vif nous étaient
témoignées.

Nous fûmes très touchés de ces sympathies. Elles étaient d'un
bon augure pour le succès de l'expédition. Elles nous com-
blaient.

A la tombée de la nuit. à cause des méandres du fleuve, il
était prudent de nous arrêter.

Le pilote nous fit mouiller. vers Duclair. un peu avant Cau-
debec. dans une des multiples fosses du fleuve.

Un spectacle grandiose. que nous ne soupçonnions pas. nous
était là réservé.

C'était le mascaret. lequel survint vers dix heures.

Nous étions tous sur la dunette. attendant la venue du phénomène. Nous en ignorions la majesté.

Le silence était profond.

La Seine. déjà paralysée par l'approche du flot. semblait
endormie.

L'atmosphère, très pure, laissait le ciel rayonner assez de clarté, pour que la vue puisse s'étendre un peu loin, sans cependant rien retirer au charme mystérieux des ombres du soir.

Le moment était vraiment solennel.

D'autant solennel, que nous étions seuls, dans le calme absolu, qui s'était produit.

Nous-mêmes étions muets, sympathisant avec le silence de la nature et, anxieux, attendions.

Tout à coup un bruit sourd se fait entendre.

Il augmente graduellement.

Il vient sur nous, comme un galop s'approchant.

Bientôt apparaît un immense flot barrant tout le fleuve.

Il arrive mugissant, bondissant, animé d'une vitesse prodigieuse.

Ce n'était plus le roulement en mineur, qui, un instant auparavant, avait attiré notre attention. C'était le fracas formidable d'une charge de cavalerie, fondant sur le bateau, sans que nous ayons eu le temps de réfléchir.

Avant d'avoir pu apprécier la situation, le mascaret nous avait atteint et dépassé.

Brusquement, le *Frigorifique* avait été soulevé, entouré de flots et d'écume.

Deux ou trois vagues immenses..... et tout était fini. Nous étions revenus en eaux calmes.

Nous n'avions pas eu le temps de la réflexion, tellement sont vives et énergiques ces manifestations, inconnues pour beaucoup, de la nature.

Rendre la beauté terrible de ce phénomène est impossible.

Surtout la nuit, au milieu du fleuve comme nous l'avons vu, il prend un caractère de grandeur incomparable.

Ce n'est pas sans dangers toutefois, qu'on peut l'observer ainsi.

Nombre de désastres ont été causés par lui.

Si les précautions ne sont pas prises, un navire peut être

arraché de ses ancres, entraîné roulé, par le flot, démoli en un instant. Les exemples, malheureusement, ne manquent pas. Mais Lemarié n'était pas homme à se laisser prendre par l'imprévu.

Les chaudières étaient allumées, la machime fonctionnait lentement, le pilote à son poste, tout en un mot était paré pour recevoir le choc. Nous pûmes donc obéir au flot en évoluant de manière à éviter tout danger.

Nous passâmes la nuit sur nos ancres. Le lendemain, à l'aube, nous fîmes route. A 11 heures du matin, nous jouîmes encore du spectacle que je viens de décrire.

Il faut le dire ; il avait perdu partie de sa grandeur de la veille. Nous étions beaucoup plus près de l'embouchure du fleuve, il avait par suite moins d'ampleur. Puis le silence, les ombres de la nuit, le recueillement causé par l'inconnu, manquaient.

Nous naviguâmes lentement. Marchant à contre marée, nous n'allions pas vite. Un instant même je fus inquiet.

Nous étions devant Quillebeuf et nous avions peine à avancer. Je descendis dans la machine, voir si le moteur donnait toute sa puissance. Le mécanicien de service me dit que tout le possible était fait.

Je fus étreint, je dois l'avouer, d'une douleur subite.

Peu habitué aux choses de la mer, je me demandai si la force n'allait pas nous manquer et si nous allions pouvoir suivre?

En un mot, si ce grand effort, tant péniblement accompli, n'allait pas avorter au début, faute de puissance du bateau?

Plein d'anxiété, j'allai aussitôt trouver Lemarié.

Il me rassura.

Nous étions en temps d'équinoxe et devant un courant exceptionnel, ne devant plus se retrouver.

Bientôt, en effet, nous doublâmes Quillebœuf, et l'allure devint meilleure.

Vers 4 heures, nous passâmes devant le Havre.

Nous arrêtâmes pour laisser partir le pilote et deux amis, MM. Benard et Decaux, qui avaient voulu nous accompagner jusqu'au dernier moment.

Puis, Lemarié commanda :

« En avant! »

Et, cette fois, nous prîmes décidément le large.

CHAPITRE XXXVIII

EN ROUTE POUR BUENOS-AYRES

**Émotions naturelles. — La mer phosphorescente. — Le calme.
La tempête. — Le retour du beau temps.**

A cet instant les cœurs se serrèrent un peu.

On ne quitte pas la France, quoi qu'on dise, sans une vive émotion.

Je parle au pluriel, car je n'étais pas seul passager à bord.

Outre, naturellement, l'équipage commandé par le capitaine Lemarié, le capitaine en second Fortier, le lieutenant Allard, le chef-mécanicien Kiesen, le chef des machines frigorifiques Corvée, j'avais des compagnons de voyage. Ils étaient :

Mon second, le capitaine d'état-major Caron, autorisé par le ministre de la Guerre ;

Mon préparateur, Léon Barral, fils du célèbre agronome et qui, malheureusement, est mort dans une expédition vers l'Abyssinie, assassiné par les Arabes ;

Mon secrétaire, Léon Rouleau ;

Puis :

MM. Gouré, délégué par la Chambre de Commerce de Lyon ; Bellest, délégué par la Chambre de Commerce d'Elbœuf ; Lottin, envoyé par M. Bouley, rapporteur de l'Académie des Sciences ;

René-Victor Meunier, artiste peintre, fils du savant publiciste, un vieil ami respecté ;

Mignard, lieutenant de vaisseau démissionnaire.

La mort a fait largement sa part parmi tous ces joyeux et bons compagnons.

Je puis écrire ces mots, car l'union la plus complète subsista entre nous.

Nous ne restons plus, à ce jour, que :

Lottin, Bellest, René-Victor Meunier et moi.

Donc, ce soir-là, les cœurs étaient un peu serrés et sur la dunette chacun cherchait l'isolement pour se livrer à ses peines. D'aucuns, j'en suis sûr, y allèrent de leur larme.

L'heure du dîner arriva.

Ce n'était pas mon rôle de laisser amollir mon monde. En quelques mots, j'écartai la tristesse et bientôt nous ne pensâmes plus qu'à la mission à accomplir.

Nous eûmes, du reste, le soir un spectacle nouveau, propre à chasser les préoccupations de chacun.

Il n'avait pas le caractère grandiose du mascaret, mais il n'en était pas moins curieux à contempler.

Presque instantanément, alors que nous doublions le Cotentin, la mer devint phosphorescente.

Les petites vagues, en se brisant sur le navire, semblaient lancer des milliers de paillettes fulgurantes.

La mer était en feu.

On voyait, à une certaine profondeur, les poissons se débattre, agiter l'eau, multiplier ainsi les effets de lumière.

Grâce à cette illumination, toute l'animation sous-marine venait se révéler à nos yeux étonnés.

Bref, c'était un monde changeant à chaque instant, nous montrant des merveilles de nous inconnues.

La soirée se passa en cette contemplation. C'est ainsi que se termina notre première journée de voyage.

Tout alla bien pendant trois jours.

Sans encombre, nous marchions notre petit train; le *Frigorifique*, je l'ai dit, ne se piquant pas de vitesse.

Le temps se continuait beau. C'était plaisir de voir la mer calme. Les marsouins venaient, de temps en temps, jouer autour de nous.

Il était distrayant de les voir courir, se dépasser, bondir, plonger, tout ceci en nous faisant cortège. On aurait dit des écoliers en constante récréation.

Bref, tout allait bien à bord.

Sauf Lottin, qui fut fortement atteint, personne ne souffrait. C'était une véritable quiétude. Elle ne dura pas longtemps.

Nous nous couchâmes, le 24 septembre, sans préoccupation, ou du moins le personnel marin n'en fit pas naître en nous.

Le calme régnait, quand nous nous endormîmes.

Dans la nuit, le temps devint rapidement mauvais.

Brusquement, je fus réveillé vers trois heures du matin par un bruit me paraissant épouvantable.

N'ayant jamais navigué, je fus naturellement inquiet.

Ne sachant ce que c'était, je me jetai à bas du lit. Mais j'avais compté sans le roulis, qui, sous l'influence du mauvais temps, se manifestait fortement. Au lieu de prendre pied, j'allai tomber à quelques pas.

Me relevant tant bien que mal, je réussis à me vêtir. Le maître d'hôtel, vint, à ce moment, m'expliquer la nature du bruit qui m'avait effrayé.

L'office n'était séparé de ma chambre que par une simple cloison.

Ne prévoyant pas le mauvais temps, il n'avait pas pris les précautions utiles pour attacher les couvre-plats et autres ustensiles métalliques. Tout cela avait dérapé et causé le bruit qui m'avait si inopinément réveillé.

Le temps, toutefois, n'en était pas moins gros.

Étant habillé, je voulus me rendre dans le salon du bord, qui était en même temps la salle à manger.

Au moment d'y pénétrer, un nouveau coup de roulis me rejeta à terre et c'est comme un enfant, en me traînant presque, que je pus gagner un siège où je tâchai de m'affermir.

A ce moment, le capitaine m'amena mon chien, Ox, qu'il craignait voir enlever par les vagues.

La pauvre bête, ne pouvant se tenir debout, glissait sur le parquet à chaque coup de roulis, allant d'un bord à l'autre du salon. Elle me regardait d'un œil triste, ayant l'air de me dire : « Où nous as-tu conduits? »

Mais l'heure n'était pas aux confidences, même avec mon chien.

Peu à peu sortaient de leur cabine mes compagnons de route qui, presque tous, étaient fort éprouvés.

Pâles, défaits, les plus résolus avaient des mines à déconcerter.

La quiétude des jours passés avait disparu.

Mignard, seul, en sa qualité de marin, tenait bon. Il cherchait à nous réconforter, en émaillant ses discours des jurons les plus énergiques.

En vain tapotait-il le baromètre, celui-ci ne voulait pas revenir au beau.

Le jour s'accentua. Il ne changea rien à la chose.

L'heure du déjeuner vint.

Le maître d'hôtel mit les violons (sortes de cadres retenant les assiettes et les plats) et servit le repas.

Nul de nous n'y toucha. Pour ma part, je mis la journée à avaler un verre de cognac, qui m'avait été servi le matin.

Il faut avoir passé par là, pour voir en quel anéantissement le mal de mer met l'homme le plus robuste, le plus déterminé.

Meunier était peut-être le moins malade. En sa qualité d'artiste, il voulut aller sur le pont admirer la tempête. Au moment où il rentrait au salon, un coup de mer le prenant par derrière, lui fit faire une entrée, manquant de majesté.

La journée se passa ainsi. Le soir pas de changement. Le salon ne retentissait plus de joyeux propos, de la franche gaieté l'animant jusque-là.

Nous nous couchâmes assez mornes.

C'est au moment de se mettre au lit, qu'en semblable circonstance une réflexion surgit, ne mettant pas précisément la quiétude à l'âme.

Forcément, les yeux s'arrêtent sur le gilet de sauvetage accroché, toujours ouvert, au-dessus de la couchette.

Quand on regarde alors, à travers les hublots, les vagues qui se pressent mugissantes, tourmentées; qu'on les entend se briser bruyamment sur la carène; que, d'autre part, on se reporte au moyen de secours, là appendu, on comprend quelle différence il y a entre le danger et son antidote.

On conçoit que le secours prévu laisserait l'homme bien petit devant l'immensité furieuse.

Aussi, malgré soi, la pensée remonte-t-elle plus haut, allant y chercher un peu de réconfort.

On comprend à cet instant, comment l'esprit du marin s'élève si facilement vers Dieu [1].

On ne dort pas en pareil cas, aussi les nuits sont-elles longues.

1. On pourra être surpris que, dans une histoire aussi profane, le nom de Dieu revienne aisément sous ma plume.

Il y a à cela deux raisons :

L'une atavique ;

L'autre personnelle.

La première a trait à ceci :

Vers l'an 800, j'ai eu des saintes dans ma famille. (Bibliothèque nationale. La première croisade fut commandée, avec le frère de Philippe Ier, roi de France, par un de mes ancêtres, le comte d'Ostrevant. Ce sont ses hauts faits qui, d'après Michaud, historien des croisades, ont inspiré Le Tasse dans la *Jérusalem délivrée*. La lignée est restée fidèle aux sentiments chrétiens, j'en suis l'écho.

La seconde est que, si je n'ai pas guerroyé comme le firent mes ancêtres, je n'ai pas moins constamment lutté pour le progrès. Cette lutte m'a mis en contact permanent avec la science. Or, aidé d'elle, j'ai toujours constaté l'admirable prévoyance qui a procédé à toutes choses de la Création.

Le théisme n'est pas du reste le privilège de quelques-uns. Sur toute la terre, on trouve sa présence.

Les sauvages ont leurs manitous; les Mahometans, Allah; les Chinois, Bouddha; les Juifs, Jéhova; les esprits forts, l'Être suprême; les Francs-maçons, le Grand Architecte de l'Univers, etc., etc.

Bref, partout la foi s'affirme et monte vers la Divinité, comme une émanation innée et permanente des âmes.

Pour ma part, je crois au Dieu des Chrétiens.

D'une part, je l'ai dit, j'ai été élevé dans cette croyance.

D'une autre, plus je suis entré dans le domaine de la science et plus j'ai vu la grandeur de Dieu, l'immensité de son admirable prévoyance.

Prévoyance se rencontrant aussi bien dans les splendeurs astrales que dans les merveilles minuscules de l'immense monde microbien.

Le lendemain, pas de changement. Mignard avait beau jurer, tapoter, le baromètre s'obstinait. Il fallait bien en passer par là.

J'avais installé une sorte de roulis-mètre, afin de vérifier, en cours de route, les amplitudes subies et voir si, de ce chef, un dommage se manifesterait dans les viandes.

Jusqu'à ce moment il m'avait été peu utile.

Je fus servi à souhait en cette occurrence.

Je pus en effet constater 30° d'inclinaison par chaque bord, soit 60° d'amplitude.

Je n'avais jamais cru que la viande aurait été exposée à de pareilles oscillations. Elle n'en fut pas éprouvée. De ce côté le succès était donc encore complet. J'en étais heureux, malgré le mal supporté, car souvent, de ce chef, on m'avait fait redouter des avaries.

Mais, si la viande se comportait bien, nos estomacs n'étaient pas tels. Ils protestaient, eux, de toutes leurs forces contre un régime qu'ils n'avaient pas connu.

Cependant, on se fait à tout et, le lendemain, nous mangeâmes un peu.

A midi, on fit le point. Nous avions fait, drossés par la mer, 25 lieues en 24 heures. C'était peu ; même triste, et la tempête durait toujours.

Enfin, au bout de trois jours, pendant lesquels nous ne fîmes pas meilleure route, une amélioration se produisit. Mignard trouva enfin le baromètre plus complaisant.

Nous eûmes la possibilité, grâce à ce répit, de reprendre un peu de la vie ordinaire.

Malgré la tempête, accompagné de Barral, j'avais tout ce temps visité deux fois par jour la cale à viande. De ce côté j'étais tranquille.

Mais c'étaient les hommes de service aux machines frigorifiques qui donnaient de l'inquiétude. Le roulis, le voisinage des chaudières, les odeurs de la machine à vapeur, tout avait contribué à les rendre plus souffrants. Aucun d'eux, du reste, n'était marin, puisque j'avais dû les choisir dans mon personnel.

On ne saurait croire combien, en ces circonstances, les odeurs affectent le tempérament.

J'en eus un exemple, la première nuit de tempête.

Comme j'arrivais au salon, le boulanger apportait le pain, qu'on venait de défourner. L'eau envahissant le roufle où étaient établies la cuisine et la boulangerie, on cherchait au pain un abri sûr. A la mer, quand les circonstances commandent, il n'y a plus d'endroits privilégiés.

On cuisait le pain à bord toutes les nuits, mesure précieuse, donnant à tous du pain frais journellement.

Hé bien! cette odeur, si agréable, si alléchante dirai-je même, me fit tellement mal, que je manquai faiblir. Il fallut remporter le pain.

Cette situation amena le chef mécanicien, Kiesen, à faire au capitaine les réflexions suivantes :

« Les surveillants des machines à froid ne tiennent plus debout, éprouvés qu'ils ont été par la tempête. D'autre part, les mécaniciens du bord, qui, eux naturellement sont valides, ne connaissent rien aux machines à froid. En ces conditions nous risquons des avaries.

« Ne serait-il pas prudent de relâcher un peu de temps, afin que tout le monde puisse se remettre. En même temps on terminerait quelques petits travaux, devant être exécutés en cours de route et que le mauvais temps a fait négliger ».

Le capitaine vint me trouver, m'expliquer ces raisons, qu'il avait trouvées bonnes.

J'approuvai et, séance tenante, nous décidâmes de nous arrêter quelques jours à Lisbonne, ce port étant proche.

CHAPITRE XXXIX

RELÂCHE A LISBONNE

Visites du **Ministre de France**, — de l'Académie des **Sciences**.
Un accident de chaudière. — Diner de gala.
L'ordre de Saint-Jacques de l'Épée. — Voyage intempestif sur le **Tage**.

Un jour après, le matin, vers six heures, comme je m'habillais, j'entendis l'hélice s'arrêter.

Rapidement et inquiet, je me rendis sur le pont joindre le capitaine. Je le savais toujours là, où besoin était.

« Qu'y a-t-il? lui dis-je en l'abordant.

— Rien, me répondit Lemarié, nous sommes arrivés. »

Il faut dire qu'il faisait un brouillard à ne pas voir le bout du bateau.

Je n'étais, en cette occurrence, qu'à demi convaincu.

Mais l'assurance du capitaine était si formelle, ma confiance en lui si grande, qu'en fin de compte j'acceptai l'assertion.

Nous restâmes là inertes, deux heures, le brouillard ne faiblissant pas.

Puis, peu à peu, le temps s'éclaircit et alors nous eûmes un spectacle qui ne s'oublie pas.

D'abord de petites barques, avec leurs voiles en ciseaux, surgirent autour de nous.

A mesure que le brouillard se résolvait, nous voyions leur nombre augmenter.

C'étaient les pêcheurs du pays. Leur présence confirmait les prévisions de Lemarié. La côte ne pouvait être loin. Mais étions-nous en deçà ou au delà de Lisbonne, voilà ce qui, pour nous étrangers à la mer, faisait encore question.

Puis, le soleil s'élevant sur l'horizon, ses rayons devinrent plus chauds. Ils dissipèrent peu à peu le brouillard, la vue s'étendit au loin.

Enfin la terre se montra à nous, puis une vaste échancrure avec une île au milieu, c'était l'embouchure du Tage.

Mignard, qui était très bon marin, ne put s'empêcher de complimenter Lemarié sur la justesse de ses appréciations.

Nous nous étions en effet arrêtés, quoiqu'en plein brouillard, juste au point utile pour pénétrer dans le fleuve.

Aussitôt nous fîmes machine en avant.

Il fallut bientôt stopper.

Un canot, portant pavillon jaune, nous en donnait l'ordre. C'était la santé, venant à bord s'assurer que nous n'avions pas de malades.

La vérification était facile. Nous repartîmes.

Un peu plus loin, une autre embarcation nous fit signe de stopper encore une fois. Celle-là avait mission de vérifier les papiers du bord.

Le fonctionnaire chargé de ce soin nous regarda d'un air un peu méfiant.

Il ne comprenait pas un navire portant autant de monde et ne commerçant pas.

Nous n'étions cependant pas des pirates.

Notre arsenal installé à l'entrée du salon, et qui était assez complet, l'avait peut-être mal impressionné. Toutefois, nos papiers étant en règle, il nous rendit la liberté, ne paraissant pas très persuadé de nos bonnes intentions.

Nous fîmes encore machine en avant.

Ce n'était pas tout. Une troisième embarcation nous fit signe à son tour. Il fallut nous arrêter à nouveau.

Celle-là était chargée d'enlever nos poudres, pour nous les rendre à la sortie.

Le *Frigorifique* était bien armé. Comme le bateau avait été destiné à la navigation dans les rivières africaines, il avait fallu le tenir à l'abri d'un coup de main. D'où la présence du petit arsenal, plus haut signalé, et de ses conséquences.

Nous donnâmes nos poudres.

Nous avions encore un arrêt à subir. C'était la douane, venant nous mettre un surveillant à bord.

Cette fois c'était fini. Nous pouvions suivre, en toute liberté.

L'embouchure du Tage constitue une des plus belles rades du monde. Le panorama qu'elle présente est vraiment digne d'attention.

Lisbonne, bâtie sur une des rives du fleuve, est une grande et belle ville. S'étageant en amphithéâtre sur une vaste colline, elle présente un radieux coup d'œil.

Nous pensions trouver une ville attardée. Nous aperçûmes au contraire, en longeant la rive, des tramways sillonnant les rues.

Nous n'en avions pas encore à Paris. Cela nous vexa.

En réalité Lisbonne est une ville très agréable, très avancée, qui ne le laisse en rien à aucune capitale. Nous en avons emporté le meilleur souvenir.

Nous arrivâmes ainsi au milieu du Tage, à l'endroit désigné par la marine pour jeter l'ancre.

Le Tage, vis-à-vis de Lisbonne, est un fleuve très large, très profond, dans lequel l'échouage n'est pas à craindre. C'est à vrai dire plutôt une baie qu'un fleuve.

Son courant est très rapide. On peut considérer qu'un homme tombant dans son eau est un homme perdu.

La navigation y est très active. Il n'y a pas de jours où l'on ne voie entrer et sortir de grands paquebots. Tous ceux faisant le service avec l'Amérique du Sud, l'Afrique Occidentale, le Cap et au delà y touchent. C'est un va-et-vient continuel, animant singulièrement la rade.

Le port, affecté au commerce local, a son importance. Il est situé au fond de la baie. Là se trouvent des quais, des magasins, des grues, en un mot tout l'outillage nécessaire à la marine marchande. Il est parfaitement aménagé.

Les navires de passage, eux, ne sont pas à quai. Pendant leurs escales, ils sont amarrés sur des bouées, reliées au fond par des corps morts.

Il arrive alors ceci, c'est que les navires obéissant lentement au mouvement des marées, tournent autour de la bouée, sans qu'on s'en aperçoive.

Quand on subit pour la première fois cette lente influence, on se couche, laissant devant soi la ville. On s'éveille le lendemain, trouvant un paysage.

Après un premier moment d'étonnement, la raison du phénomène est vite comprise.

Naturellement, aussitôt arrivés, le capitaine alla voir notre Consul, qui, le lendemain, vint à bord lui rendre sa visite.

Le surlendemain, nous vîmes se détacher de terre une embarcation portant, à l'avant, le pavillon tricolore. Elle se dirigeait droit sur le *Frigorifique*.

Le capitaine me fit prévenir, m'avisant que ce devait être le Ministre de France.

Lorsque le bateau fut pour aborder, nous nous dirigeâmes vers la coupée. Nous y reçûmes M. le baron de Ménard, premier Secrétaire d'ambassade et Chargé d'affaires de France, en l'absence de l'ambassadeur.

Ayant appris notre arrivée par le Consul, il venait nous saluer. C'était très aimable de sa part, car c'était à nous à faire la première démarche.

Nous nous empressâmes de lui montrer toute notre installation.

Il fut très surpris par les résultats déjà acquis. Il se mit de la manière la plus obligeante à notre disposition. Nous nous louâmes, et beaucoup, des rapports que nous eûmes avec lui.

Au moment de quitter le bord, il me pria à dîner avec deux de mes compagnons, MM. Caron et Mignard.

Nous nous rendîmes à son invitation.

Le dîner fut très gai et nous passâmes une excellente soirée, parlant de la France, de notre voyage.

Deux jours après, il nous amena une délégation de l'Académie des Sciences de Portugal.

Je fis visiter à ces Messieurs tous les détails du *Frigorifique*.

Pour leur montrer combien la conservation obtenue par le froid était complète, je fis monter sur le pont une des volailles non plumées, non vidées, qu'ils avaient vues accrochées dans la cale.

Devant eux, je la fit fendre en deux.

Ils furent stupéfaits de trouver la conservation aussi parfaite.

Ainsi que M. Bouley l'avait déjà fait remarquer, tous les viscères étaient intacts ; les aliments retrouvés dans l'estomac n'avaient pas subi de putréfaction. En un mot, le volatile était comme s'il venait d'être tué.

Ces résultats leur permirent d'apprécier la puissance considérable de nos moyens d'action.

Le lendemain était un dimanche. Tout le personnel n'étant pas retenu par le travail ou la surveillance du navire, demanda à aller à terre.

C'était justice d'autoriser cette descente, après les fatigues subies à la mer.

Je restai à bord.

N'est-ce pas précisément dans les instants où la tentation du plaisir est le plus sensible aux hommes qu'il faut aussi apporter le plus de surveillance ?

Tout alla bien pendant le jour.

Sur les six heures je remontai de la chambre de chauffe où j'avais causé un instant avec le second maître et trouvé tout en état, quand un bruit insolite se fit entendre. En même temps, je vis de la vapeur échapper par le capot.

Je redescendis vivement.

L'échappement de vapeur n'était pas, heureusement, très

intense. La première chose à faire était de jeter le feu bas. Le mécanicien s'y mit immédiatement.

En accomplissant ce travail, nous vîmes que le ciel de la chaudière s'était boursouflé, affaissé jusqu'à la grille. Heureusement, il n'y avait pas eu déchirure, ce qui eut amené une explosion, mais simplement une fissure par laquelle la vapeur, échappant, avait trahi l'accident.

Il ne restait plus qu'une mesure à prendre : lâcher la pression et remettre au lendemain, quand la chaudière serait refroidie, la vérification des faits. Pour l'instant, ils apparaissaient comme un véritable désastre.

Ainsi fut exécuté.

Quand, au jour, nous pûmes voir de près la situation, nous nous rendîmes compte que la boursouflure s'étendait sur près d'un mètre de longueur et 50 centimètres de largeur.

C'était la confirmation du désastre redouté.

Il se présentait d'autant plus grave :

Que, d'une part, la réparation à Lisbonne était difficile;

Que, d'une autre, c'était justement la chaudière des machines frigorifiques; que, par suite, celles-ci se trouvaient arrêtées.

Il n'y avait pas à hésiter.

Il fallut faire une tuyauterie de fortune pour prendre la vapeur sur une des chaudières du bord, et marcher avec ce secours pendant la réparation de celle endommagée.

Heureusement, cette dernière était neuve, ce qui rendait le travail plus aisé.

Quant à l'explication de l'accident, nous ne pûmes la fournir exactement.

J'étais sûr que la chaudière était en eau, puisque je remontais de la chaufferie quand le fait se produisit et y avais vu les niveaux en état. Cependant, l'évidence était là.

J'en écrivis à M. Tresca, membre de l'Académie des sciences, qui ne vit pas non plus la raison. La seule plausible que, d'un commun accord, nous pûmes trouver, était l'état visqueux des eaux du Tage, lesquelles, sous l'influence de l'ébullition, avaient dû se soulever et laisser rougir la tôle. Aussi, à partir de ce jour, elles furent supprimées dans l'alimentation .des chaudières et nous fîmes venir de l'eau de source.

Mais ce n'était pas à délibérer qu'il fallait, en l'occurrence, s'arrêter.

Aussi, dès la première heure, après constatation faite de ce qui s'était passé, nous étions à terre, le capitaine et moi, pour nous enquérir d'un atelier de réparation.

Le choix n'était pas difficile. Il n'y en avait qu'un.

Heureusement, nous y trouvâmes une tôle d'épaisseur convenable et des tuyaux.

On se mit immédiatement à l'œuvre. Il fallut trois jours pour réinstaller la tuyauterie.

Pendant ce temps, les machines frigorifiques furent forcément arrêtées. Cela était contrariant. Cependant, sûr des précédents, de l'isolation que j'avais réalisée, je ne m'effrayais pas trop. Et, en effet, la température de la cale à viande remonta seulement à 6°.

Dès que nous eûmes de la vapeur, nous remîmes vivement en route. Promptement la température fut ramenée à 0°, sans qu'il y eût trace d'altération dans les viandes.

La réparation de la chaudière fut beaucoup plus longue.

Un homme seul pouvait y travailler, et dans une position difficile.

Elle demanda près de trois semaines.

Le Chargé d'affaires de France, M. de Ménars, nous continuait toujours ses bons offices. Il était plein d'égards pour nous. Il voulut donner, en mon honneur, un dîner officiel.

Au jour dit, je me trouvai chez lui avec le Ministre des Affaires étrangères, celui du Commerce, l'Ambassadeur d'Autriche, celui du Brésil, etc., etc.

J'avais envoyé de la viande de France.

Servie comme entrée, comme rôti, elle fut trouvée excellente.

Ce jour, le Ministre du Commerce annonça que j'allais être nommé Chevalier de l'Ordre de Saint-Jacques de l'Épée, l'ordre le plus considéré des peuples latins. Ce qui fut fait.

Cette distinction est la seule que j'aie reçue dans ma vie, en retour de mes travaux. Elle m'est donc, à tous titres, précieuse.

Mais les jours se suivent et ne se ressemblent pas.

J'avais été à l'honneur; le lendemain je fus à la peine. Voici comment :

Le dîner chez M. de Ménars avait fini tard. J'avais dû coucher à Lisbonne.

Pressé de retourner à bord, je me levai tôt. A 6 h. 1/2 j'étais à quai. Aussitôt je descendis dans la petite embarcation faisant le service entre le *Frigorifique* et la terre, celui-ci étant amarré à plus de 3 kilomètres au large.

La nuit, le mauvais temps était venu. Je ne m'en étais pas aperçu. J'ignorais, de plus, ce qu'était une tempête dans le Tage. Je l'ai vu. Je m'en souviendrai toute ma vie.

J'embarquai donc. Nous avions à peine quitté le quai, que les vagues nous prirent. L'embarcation n'était pas pontée; j'étais obligé de m'accrocher à mon banc pour ne pas être lancé par-dessus bord par la saccade des oscillations.

Cela manquait absolument de charme.

Néanmoins, mes deux hommes, qui étaient Portugais, ramaient ferme, et comme le trajet demandait ordinairement une demi-heure, je me disais qu'il fallait prendre mon mal en patience, que la peine serait vite passée.

Je fus un peu surpris, au départ, de voir mes rameurs se diriger vers le fond de la baie, au lieu de piquer, comme d'ordinaire, droit sur le *Frigorifique*.

Je ne pouvais les interroger; ils ne parlaient pas français.

Si je ne pouvais m'expliquer leur but, il me fallait bien en subir les conséquences. Peut-être, me disais-je, ont-ils quelqu'un du bord à prendre au port commercial.

Nous continuâmes.

Nous traversâmes ainsi toute la partie du Tage affectée à la grande navigation, puis le port commercial.

Enfin, nous nous trouvâmes dans un espace désert.

Plus de navires, plus de canots, rien, qu'une pointe de terre sur laquelle nous semblions nous diriger.

Cette fois, l'hypothèse de prendre quelqu'un en route n'existait plus.

Naturellement, mon attention fut plus que jamais éveillée.

Je me demandais, en fin de compte, ce que cela signifiait.

En approchant de la terre, que je voyais inhabitée, un peu boisée, et à près de deux lieues du *Frigorifique*, une idée subite vint à ma pensée.

Plus de doute, me dis-je ; ces gens-là — que je savais beaux-frères — me mènent en cet endroit abandonné pour m'assassiner et me dévaliser.

Je n'étais vraiment pas à la fête.

D'un côté, j'avais les vagues devenant de plus en plus menaçantes. A chaque instant, le canot faisait des bonds, qui, à la retombée, me brisaient les os, nous laissant la perspective de chavirer ;

D'un autre, je subissais l'inquiétude indiquée.

Pour couronner le tout, je vois mes hommes crier, gesticuler, puis, lâchant leur rame, se lever et se battre.

Cette fois, ce n'est plus douteux ; ils se disputent sur le sort qu'ils vont me faire subir. Sans doute il y en a un qui recule devant le crime.

Mais comme, en somme, je ne voulais pas sembler être à leur discrétion — ce qui était cependant bien effectif — je me levai à mon tour, au risque d'être précipité par-dessus bord. Grondant de mon mieux, je leur exprimai, comme je pus, mon mécontentement, lequel, au fond, méritait un autre nom.

Mon attitude les calma.

« Si, si, Signor », clamèrent-ils, et ils se remirent à ramer.

La situation n'était pas plus gaie. Je n'avais aucune arme sur moi et je me demandais, assez tristement, ce que j'allais devenir, quand, tout à coup, ils échangèrent quelques mots et virèrent de bord.

Cette fois, le cap était directement mis sur le *Frigorifique*.

Était-ce un remords qui les prenait?

Je l'ignorais.

L'important pour moi était la direction donnée.

Sauf la mer, qui ne mollissait pas et n'était pas rassurante, j'étais plus tranquille.

La marée était maintenant pour nous; nous gagnâmes assez rapidement le *Frigorifique*.

Enfin, l'embarcation se rangea le long du bord; mes misères allaient cesser. Je redevenais heureux.

Pas du tout.

Est-ce qu'au moment d'aborder, un des deux marins ne laisse pas échapper sa rame, qui tombe à l'eau?

Elle ne valait pas vingt sous et voilà l'autre, lâchant la corde avec laquelle on allait nous amarrer, pour courir après!

Je les aurais assommés.

Mais quoi faire encore?

Se résigner.

C'était bien contre mon gré.

En une seconde nous eûmes dépassé le *Frigorifique* et nous voilà replongés dans les vagues, nageant d'un aviron pour courir après l'autre.

Il fut rattrapé, mais le courant était tel, que malgré leurs efforts, mes hommes ne pouvaient plus le remonter. C'est à peine s'ils pouvaient tenir contre le flot.

La situation devenait critique.

Il y avait plus de trois heures que j'étais dans cette embarcation et je voyais maintenant le moment où, impuissants à gagner notre bateau, il nous aurait fallu courir une nouvelle bordée et rejoindre la terre.

Ici, la mer était encore plus mauvaise, puisqu'il nous fallait prendre la direction du large, ce qui n'ajoutait pas au charme de la situation.

Heureusement, Lemarié, qui avait suivi nos mouvements et voyait notre impuissance, eut l'idée de prendre une planche, d'y attacher un filin, et de la laisser aller dans notre direction.

Mes bateliers avaient vu et compris la manœuvre. Ils s'efforcèrent d'atteindre la corde libératrice. Ils purent s'en saisir.

Cette fois, halés par les marins du bord, nous pûmes définitivement accoster.

Il était dix heures 3/4. J'avais subi plus de quatre heures de cette lutte. J'étais exténué.

Je fis envoyer à mes matelots un verre de cognac. Ils refusèrent. Les Portugais boivent peu.

Ils se couchèrent dans le fond de leur canot, qui, maintenant, à l'abri du *Frigorfique*, dansait beaucoup moins. Néanmoins, je n'eus pas la pensée d'aller leur tenir compagnie.

Je racontai mon histoire à Lemarié, qui m'en donna l'explication.

« Inquiet à votre sujet, me dit-il, je vous avais constamment suivi du bout de ma lorgnette.

« Je ne craignais pas précisément, parce que je savais le bateau solide et les marins vigoureux, habiles; mais le temps était si mauvais que, pour vous, étranger aux choses de la mer, je regrettais vivement cette traversée. Si j'avais été à terre, je ne vous eusse pas laissé embarquer.

« Quant à la manœuvre de vos hommes, qui vous a émue, elle était rationnelle et commandée par les circonstances.

« Le courant était impétueux. Vouloir venir directement eût été impossible; vous auriez été rejetés bien loin en aval. Au contraire, en remontant très haut, comme ils l'ont fait, ils trouvaient une mer moins forte (qu'était alors l'autre?) et ils n'avaient plus, une fois arrivés au point convenable, qu'à se laisser porter sur le *Frigorifique*, ce qui a été fait.

« La manœuvre était donc bonne.

« Quant à l'incident de l'aviron, j'en étais vraiment désolé, car il vous plaçait, pour une misère, dans une situation difficile, surtout s'ils n'avaient pu le rattraper. J'allais faire border un canot pour courir après vous, quand, en vous voyant stationnaires, j'eus la pensée d'envoyer le filin. C'était un expédient plus prompt et qui a réussi. »

J'allai déjeuner, sur ce.

Mais n'importe, encore aujourd'hui, je me rappelle mon expédition sur le Tage, sans précisément désirer recommencer.

J'ai su depuis la cause de la dispute de mes bateliers. Ils n'étaient pas d'accord sur l'instant où il fallait virer de bord. De là leur rixe.

Singulière manière de faire le point.

Je n'en trouvais pas moins que le moment était assez mal choisi pour un pugilat.

La conséquence de tout ceci fut que je fis changer le *Frigorifique* de position. Nous nous rapprochâmes beaucoup de terre.

L'obligeance de M. de Ménars ne se fatiguait pas.

C'est ainsi qu'il profita d'un voyage du roi à Lisbonne, car il était alors en villégiature à Cascaës, pour nous faire obtenir une audience de Sa Majesté.

CHAPITRE XL

UNE AUDIENCE ROYALE

**Un retard involontaire. — L'étiquette des cours.
Accueil royal très cordial.**

Au jour dit, nous étions rendus à l'Ambassade pour, de là, nous diriger vers le palais.

Mais je ne sais comment cela se fit, moi, toujours exact, je me trouvais en retard; en sorte que nous arrivâmes après l'heure fixée pour l'audience.

Le roi — Don Luiz, — voyant que nous n'arrivions pas, était allé faire une visite à l'hôpital voisin.

A nous d'attendre à notre tour. C'était justice.

Au bout de quelque temps, nous vîmes Sa Majesté rentrer, entourée de ses ministres. Il y avait conseil de cabinet.

Elle eut l'obligeance d'interrompre ce conseil pour nous recevoir.

Le roi parlait bien le français. La conversation roula naturellement sur le *Frigorifique*. Il m'exprima le désir d'aller le visiter. Je me mis à sa disposition.

L'entretien fut fort intéressant. Le roi étant vraiment très gracieux pour nous. Fort instruit, sa conversation n'avait rien de banal. J'étais surpris de le voir traiter d'aussi près des questions spéciales comme les nôtres, et aussi nouvelles.

Toutefois, peu habitué à être reçu par les têtes couronnées, je commis une faute contre l'étiquette, qui n'eut d'autre conséquence que d'amuser le roi.

Voyant que la conversation semblait s'arrêter un instant, et cela tenait à ce que, quoique parlant très bien le français, le roi cherchait parfois une expression propre. je crus que c'était un signe marquant. qu'il était temps de nous en aller, et je saluai le roi.

M. de Ménars, naturellement très ferré sur le protocole, me retint, me disant à demi-voix qu'on ne se retirait que lorsque le roi mettait lui-même un terme à l'audience.

Je m'excusai de mon mieux. Nouvelle gaffe. Très aimablement le roi dit :

« Que les travailleurs n'étaient pas forcés de connaître l'étiquette des cours. »

Et la conversation continua sur un ton encore plus affable.

M. de Ménars oublia son mécontentement.

Vint cette fois la fin de l'audience.

J'avais été prévenu qu'il fallait se retirer à reculons.

Ainsi fis-je.

Mais, dans cette marche peu habituelle. je ne pus voir un vase de Chine placé derrière moi. et je faillis le briser. Heureusement, le péril fut évité et nous sortîmes très satisfaits de la réception faite. emportant, du roi et de son accueil. la meilleure impression.

La visite royale projetée à bord ne put se réaliser.

Au jour où elle devait avoir lieu. un navire de guerre étranger entra dans le Tage. Son commandant sollicita la visite du roi.

Pour raisons politiques. celui-ci n'accepta pas. Mais ne voulant pas paraître faire de partialité. il ne vint pas chez nous. Au lieu d'être décoré par lui à cette occasion. je le fus par simple décret.

CHAPITRE XLI

MANŒUVRES COUPABLES

Intrigues intestines. — Égarement des actionnaires. — Ma retraite.

Pendant que tout ceci se passait à Lisbonne, à Paris les choses suivaient un cours qui ne me convenait pas. J'en étais naturellement avisé.

Je voyais, avec peine, des éléments divergents se produire, faisant dévier l'opération de la ligne tracée, c'est-à-dire qu'à mes yeux l'intérêt général des actionnaires disparaissait devant certaines appétences particulières. En présence du succès obtenu, elles jugeaient le moment opportun pour agir. Je ne pouvais, par mon silence, paraître approuver semblable machination.

Elle venait à l'encontre de tout ce que j'avais dit, de tout ce que j'avais fait. Elle compromettait l'avenir même de l'opération.

C'était, en un mot, le sacrifice des intérêts généraux, à des visées personnelles.

Après mûres réflexions, je jugeai utile d'intervenir.

En conséquence, je décidai d'expédier le *Frigorifique*, dont j'étais sûr maintenant, de retourner à Paris, de convoquer une assemblée générale et de revenir ensuite par les Messageries Maritimes retrouver mon bateau. Celui-ci étant mauvais marcheur, je pouvais le rejoindre à son escale au Brésil.

J'avais donc le temps de réaliser mon programme et de rétablir les faits dans leur primordiale existence.

Quand je fis connaître cette décision à bord, ce fut une émotion générale.

Déjà un attachement réel était né chez tous et vraiment, devant l'intérêt témoigné, il fallait que la nécessité soit, pour que je restasse affermi dans ma résolution.

Mais le devoir commandait.

Tout étant réparé, les machines en état, je mis le *Frigorifique* en route.

Ce ne fut pas sans un serrement de cœur bien réel que, de la tour de Belem, je le vis passer, faisant route pour sa destination.

Pour moi, je revins à Paris.

Là je trouvai les esprits très surexcités.

La nouvelle de la conservation parfaite, constatée à Lisbonne avait donné à tous une sorte de fièvre. On s'arrachait les actions. Le prix de 5 000 francs était atteint.

Sous l'influence de manœuvres sourdes, fomentées en mon absence par ceux mêmes dont je réprouvais les agissements, j'étais tenu, par un grand nombre, comme une sorte de gêneur, retardant le succès final par des précautions inutiles.

L'*impatience* d'obtenir les résultats, certains maintenant, avait été ainsi exploitée. Elle faussait le jugement de tous. Cela est malheureusement trop commun en semblable occurrence. Je l'ai vu depuis.

J'avais, de Lisbonne, convoqué une assemblée générale. Elle eut lieu aussitôt mon arrivée.

J'y demandai que l'affaire fût absolument remise dans la voie tracée au début, celle qui, jusqu'ici, nous avait donné le succès.

Ceci entraînait un vote de blâme à l'égard des agissements par moi réprouvés.

Grisés, je le répète, par les faits réalisés, par les assurances trompeuses leur ayant été données par ceux que je blâmais, les actionnaires refusèrent ce vote.

En présence de ce refus, ne voulant pas partager la responsabilité de conséquences devant, à mes yeux, être funestes, je donnai ma démission de directeur de la Société, par suite, de l'expédition.

Je m'abstins donc de rejoindre le *Frigorifique*.

Cette détermination ne me causait aucune inquiétude, puisque, je le répète, je l'avais laissé en excellentes conditions, n'exigeant plus ma présence à bord.

J'eus à ce moment la visite d'un financier de valeur, qui, du reste, avait voté dans mon sens. M. Pascal, ancien administrateur du Crédit Foncier, homme de grande honnêteté, lequel fut tué depuis par la chute d'une poutre, sur sa voiture, pendant les réparations des magasins du Printemps.

M. Pascal, que j'estimais beaucoup et méritait cette estime, me dit : « que ma retraite entraînerait la chute de l'affaire, qu'il comprenait les sentiments qui m'avaient guidé, mais qu'il en déplorait les conséquences ».

J'appréciai la portée de ses observations. Mais j'étais en face de combinaisons compromettantes pour les intérêts généraux; je ne pouvais, avec elles, pactiser. Je maintins donc ma résolution.

C'est toujours l'éternelle histoire — signalée en commençant — de ceux qui se dressent pour s'emparer du fruit quand il apparaît mûr.

Malheureusement inhabiles, c'est la perte de tous qu'ils arrivent finalement et fatalement à consommer.

Et ce fut.

CHAPITRE XLII

ARRIVÉE DU « FRIGORIFIQUE » A BUENOS-AYRES

**Son succès. — Opinion de la Presse Argentine.
Résumé de mes travaux et publications. — Une noble initiative.
Une souscription internationale.**

Comme je l'avais prévu, le *Frigorifique* n'en poursuivit pas
moins sa marche assurée. Au Brésil, où il fit escale quelques
jours, il montra tout le parti qu'on pouvait tirer de ses
moyens.

Enfin, il arriva le 23 décembre à Montévidéo et le jour de
Noël à Buenos-Ayres.

Il fut accueilli là par l'enthousiasme général.

Pendant plusieurs jours il ne fut question que de lui, que du
moyen dont il portait la démonstration.

Ici, pour mieux préciser les résultats obtenus, je ne vais plus
être narrateur, mais simplement copiste.

Ces résultats ont été si longtemps méconnus, que je désire
faire apparaître les faits dans leur réalité absolue. Ceci par
d'autres plumes que la mienne.

Voici divers extraits de journaux du pays et de l'époque.
Ils diront l'impression causée par l'arrivée du *Frigorifique* et
la vue des viandes par lui transportées. Cette impression
était d'autant sincère, qu'absent, je ne pouvais aider à la
surexciter.

*Opinion de la Commission chargée, par l'Association rurale
de l'Uruguay, d'aller saluer l'expédition du* Frigorifique *à son
arrivée.*

« Ces Messieurs ont été invités à visiter le vapeur et surtout la chambre frigorifique. Après quoi ils se sont retirés enchantés de la manière dont ils avaient été reçus, emportant avec eux un morceau de viande grasse de Rouen, qui avait un *aspect plus appétissant que la meilleure viande exposée dans nos boucheries.* »

El Porteno, Montévidéo, 28 décembre 1878.

Hier a eu lieu l'essai des viandes à bord du *Frigorifique*.

A onze heures du matin, le Ministre de France, M. Ducros-Aubert, attendait les invités.

La société, rendue à bord, visita tout le vapeur et les appareils, après quoi il fut procédé à l'ouverture du compartiment contenant la viande.

Celle-ci fut trouvée dans le meilleur état, de sorte que tout le monde fut plutôt épouvanté, que surpris, de ce phénomène apparent.

Aussitôt on procéda à la cuisson des dites viandes; les plats suivants formaient le menu du déjeuner :

Filet froid de 105 jours;

Côtes de mouton à la jardinière, du même temps;

Chateaubriand truffé, 53 jours. Cette viande a été embarquée à Lisbonne;

Gigot, 105 jours. Il était un peu cru et personne n'en a mangé, sauf Charles Mansilla, qui aurait bien avalé tout le vapeur.

En tout il y avait vingt-deux personnes à table.

L'allégresse la plus franche a régné à bord, en vue d'un résultat aussi complet.

Les machines ont fabriqué de la glace en présence des invités.

A cinq heures du soir, elles ont cessé de fonctionner.

Le *Frigorifique* se rend aujourd'hui à Campana pour être réparé.

M. Laprade a eu la bonté de nous envoyer un morceau de viande, qui nous est parvenu encore tout froid.

Nous l'avons mangé hier soir en compagnie de quelques amis.

C'est quelque chose de merveilleux.

Bien, qu'à la dernière heure, nous sommes heureux de dire aux lecteurs du *Porteno* que le problème a trouvé sa solution.

Le National de Buenos-Ayres, 28 décembre 1876.

Le rédacteur expose les détails relatifs au banquet dont parle l'article précédent. Voici comment il termine :

Si vous me demandez comment j'ai pu savoir tous ces détails, je vous dirai qu'ils m'ont été racontés par mon ami Beccar, qui s'est présenté à la Bourse du Commerce avec une assiette à la main et sur cette assiette un morceau de viande fraîche (non gelée) du *Frigori-fique* qui avait cent cinq jours de conservation, que tout le monde voulut voir et flairer et qu'il ne pouvait défendre qu'avec beaucoup de peine contre les canifs, qui surgissaient de tous les pouces, avec l'intention d'en séparer une parcelle pour goûter.

Pendant que tout le monde cherchait en vain à couper un petit morceau de la viande que le gérant exhibait à l'admiration générale, je découvris une autre assiette, qu'il avait cachée en entrant. Je tirai doucement mon canif, et, subrepticement, je coupai une tranche de la dimension d'un bifteck ordinaire.

J'avoue ce vol parce que l'on dit que péché avoué est à moitié pardonné. Beccar, à qui je n'ai pu cacher mon larcin, m'a déjà pardonné; que Dieu miséricordieux veuille en faire autant.

Le bifteck était *excellent, saignant, savoureux,* et rappelait parfaitement *le goût succulent de la viande française,* qui est pour moi un souvenir lointain de la cuisine paternelle.

Si j'avais eu l'honneur d'assister au déjeuner du *Frigorifique* après avoir entendu porter des santés à la bonne réussite du commerce, de l'industrie, de la science, de la mécanique, j'aurais bu à la bonne réussite, au nom de la gourmandise, ce signe d'égalité, ce trait d'union, ce vice commun à tous les peuples très civilisés.

La Liberté de Buenos-Ayres. Un résultat splendide. 28 décembre 1876.

Hier a eu lieu, à bord du *Frigorifique,* l'expérience finale à laquelle les viandes fraîches embarquées en France devaient être soumises.

. . . .
Le banquet d'épreuve a commencé.

Après quelques hors-d'œuvres, voici un filet de bœuf froid. Il a 105 jours. Il est sorti frais de Rouen. *Il est arrivé frais à Buenos-Ayres.* Les personnes invitées le trouvent excellent.

Côtes de mouton à la jardinière, embarquées à Rouen, *arrivées fraîches ici, après 105 jours de traversée.*

Filet à la Chateaubriand, aux truffes du Périgord, embarqué à Lisbonne, il y a 55 jours.

Bœuf à la broche, également *105 jours de station.*

Tous ces plats ont été trouvés excellents, la viande aussi fraîche, aussi juteuse, que celle qui se vend tous les jours au marché.

Il est utile de dire que la manière dont l'expérience a été faite, tant sous le rapport des précautions prises dans le trajet que des soins que l'on a eus ici, ont donné à l'expérience tout le caractère de sérieux et d'honnêteté exigés par les grands intérêts engagés dans cette affaire importante.

Hurra! Mille fois hurra! pour les révolutions de la science et du capital.

L'aurore d'un jour nouveau naît pour La Plata.

Le Standard de Buenos-Ayres, 24 décembre 1876.

Si complet est le succès de l'invention de M. Ch. Tellier, la conservation de la viande tuée à Rouen en septembre dernier et sans aucune préparation chimique est tellement parfaite, qu'on ne peut douter un instant que le projet de l'inventeur sera promptement réalisé et sur une bien plus grande échelle, qu'on ne l'avait supposé tout d'abord.

A une certaine époque, l'Australie a exporté des milliers de tonnes de bœuf conservé. Mais la conservation modifiait tellement l'apparence et la saveur de la viande, que ce commerce a considérablement diminué.

Par suite, les Australiens ont essayé d'expédier de la viande fraîche dans la glace. Mais cet essai a déplorablement échoué, la glace s'était fondue pendant la traversée, alors que le navire était obligé de passer les tropiques.

Maintenant, il n'y a pas de raison qui empêche les Français de réussir là où les Anglais ont échoué.

Dès que la Compagnie pourra employer à ce commerce dix steamers, elle exportera chaque année 2 500 000 moutons, ce qui est à peine le quart de ce que nous pouvons emprunter à nos troupeaux, évalués à 60 millions de têtes.

Il y a aussi des milliers de bêtes à corne, qui n'attendent que la demande d'Europe.

L'Industriel de Buenos-Ayres, 1er janvier 1877.

Le 25 décembre est arrivé à Buenos-Ayres le *Frigorifique* et tous les journaux ont annoncé son arrivée. Tous l'ont salué et pendant plusieurs jours on n'a parlé que du *Frigorifique*.

C'est que le *Frigorifique* apporte à la République Argentine une idée, une invention, et que cette idée, cette invention, peuvent être décisives pour l'avenir de la République.

La suprématie, c'est-à-dire la force morale et matérielle d'une nation se trouve toujours proportionnée à sa richesse, et comme sa richesse dépend de ses produits d'échange, les nations, qui produisent le plus, sont les plus puissantes.

Les pauvres en Europe ne peuvent pas se procurer l'aliment le plus substantiel, le plus nutritif, c'est-à-dire la viande, parce que celle-ci est d'un prix exorbitant et disproportionné à la valeur de leur travail.

Un homme de génie, M. Tellier, après beaucoup de travail, réussit à mettre en pratique ce principe de la conservation par le froid, que les montagnes de glace du pôle nous ont enseigné. Le mammouth, conservé depuis des milliers d'années, dans une sépulture de glace, est la cause première du principe de la conservation au moyen du froid.

Maintenant M. Tellier réalise son application et obtient le résultat étonnant de conserver en parfait état les viandes d'animaux abattus à Rouen depuis 105 jours.

La République Argentine et spécialement les provinces Buenos-Ayres et l'Entre Rios, qui s'occupent essentiellement de l'élevage des troupeaux, trouveront, grâce à cette invention, l'écoulement de leurs produits.

Une nouvelle industrie va être inaugurée. Des abattoirs spéciaux seront établis pour son exploitation. La conservation par le froid nous facilitera la vente de nos animaux sur les marchés de l'Europe.

Le *Frigorifique* nous offre la richesse en perspective. Il est venu avec les viandes de la France, du Portugal, qui se sont conservées jusqu'à Buenos-Ayres *dans le même état* qu'au moment de l'embarquement sur le *Frigorifique*, depuis 105 et 54 jours. L'expérience ne pouvait pas être plus concluante.

« L'Industriel » salue avec enthousiasme le *Frigorifique* et les hommes qui ont eu assez d'énergie, d'abnégation, pour supporter un voyage de plus de cent jours, pour la réalisation d'une idée.

Le *Frigorifique* représente la science unie au travail, le génie de l'homme au service de l'humanité. C'est le progrès incessant, qui nous habitue à ne douter de la solution d'aucun problème possible, quelle qu'en soit l'absurdité apparente.

Toutes les fois qu'une nouvelle idée se met en pratique, elle a à lutter avec des obstacles, quelquefois insurmontables. Lorsque, comme cela arrive toujours, l'inventeur est pauvre, l'application se fait par des sociétés d'actionnaires, et rarement on obtient en commençant des résultats satisfaisants.

Comme l'avenir des sociétés nouvelles dépend presque toujours des premières opérations, « l'Industriel » demande au peuple argentin une coopération résolue, pratique, positive. Comme sa générosité proverbiale est connue, il suivra l'exemple donné déjà par quelques éleveurs de Santa-Fé, qui ont offert 200 bêtes à corne pour le retour en Europe et il n'y a pas à douter que, entre Buenos-Ayres et Entre Rios, on offrira au *Frigorifique* plus que son chargement, qui est de 750 bêtes.

La République Argentine est plus intéressée à la bonne réussite de ses premiers voyages que la Société du *Frigorifique* elle-même.

Nous comptons sur le concours de tous les bons Argentins et en mettant « l'Industriel » aux ordres du *Frigorifique* nous lui souhaitons tout le bonheur possible.

Le National de Buenos-Ayres, 3 janvier 1877.

Le grand problème qui, depuis près de deux siècles, préoccupait tant d'esprits penseurs des deux mondes, peut être considéré maintenant comme définitivement résolu, d'après l'opinion unanime des délégués du Gouvernement, qui assistaient à l'expérience importante qui se fit à bord du *Frigorifique*.

Nous avions attendu ce vote final dans la question pour rendre notre hommage d'admiration au directeur savant de l'entreprise humanitaire.

L'invention de M. Ch. Tellier vient d'obtenir la sanction de la réussite la plus complète et, dans 30 ou 40 jours, le *Frigorifique* traversera de nouveau l'Océan, en apportant la bonne nouvelle aux classes indigentes de l'Europe et. après avoir jeté dans notre pays les fondements d'une industrie d'un avenir immense, incalculable.

La science n'a pas de parti. Ses triomphes sont le triomphe de l'Humanité dans sa lutte éternelle contre la nature, avare de ses secrets et de sa puissance; mais la gloire de l'initiative est indivisible; elle ne se partage pas entre les divers membres de la grande famille. *Cette fois-ci, elle appartient à la France.*

Tous les éléments de la nouvelle invention sont français, jusqu'au principe réfrigérant, l'éther méthylique, qui a été marqué du sceau des recherches scientifiques de MM. Dumas et Péligot, avant d'être appliqué à l'industrie par M. Tellier.

Dans le commencement du siècle actuel, la France s'était emparée du grand problème de la conservation des viandes.

Depuis 1815 à ce jour, dix ou douze systèmes différents ont été essayés et, entre autres, quelques-uns de l'industrie américaine, comme celui d'Oliden et de Vasgny, qui ont été soumis également à diverses expériences en Prusse et en Angleterre.

Dans beaucoup de ces expériences, une grande partie d'initiative revenait à notre pays, parce qu'il était directement intéressé à la réussite de ces essais.

Durant la guerre de Crimée, sur les instances du Ministre Argentin à Paris, on essaya l'emploi des viandes sèches et en saumure, provenant de Rio de La Plata, pour l'approvisionnement de l'armée et de la marine françaises. Mais le résultat ne remplissait pas le but proposé.

Plus tard, en 1864, on soumit à une deuxième épreuve les viandes argentines conservées par Oliden et le résultat ne fut pas plus heureux que l'antérieur.

De nouvelles expériences, en 1868, qui provoquèrent tant de discussions scientifiques à Paris, ne servirent qu'à prouver l'inutilité des efforts de la science, unis à l'esprit industriel.

Les viandes conservées avaient de grands défauts, qui les mettaient bien au-dessous du niveau, pour faire la concurrence aux marchés; tantôt à cause des matières étrangères qui dépréciaient leurs qualités, tantôt faute de durée et d'énergie, dans les principes préservatifs.

Il paraît que la découverte de M. Tellier s'est élaborée lentement, en présence de tous les essais et des discussions qui s'en sont suivis. On lui a fait les mêmes objections sur le terrain de la discussion scientifique: il a subi des épreuves indentiques dans la pratique : il a triomphé de tout.

Les résultats, prouvés par des expériences continuelles de quatre mois, sont les suivants :

La viande conservée pendant 90 jours ne diffère en rien de celle qui sort de l'abattoir.

La viande ainsi conservée ne perd aucune de ses qualités nutritives et peut servir à tous les usages culinaires.

La durée postérieure est plus grande que celle de la viande ordinaire. Un morceau retiré des dépôts du *Frigorifique* conserve sa fraîcheur pendant plus de temps qu'un morceau qui vient d'être détaché de l'animal abattu.

Cette anomalie apparente a été expliquée dans des termes qui sont à la portée de tout le monde. Une bête fraîchement abattue a une température de 38° centigrades environ. Celle qui sort des magasins frigorifiques a tout au plus 0°. Elle s'échauffe donc lentement et oppose à la fermentation une résistance beaucoup plus énergique que l'autre, résistance qui se traduit par un plus long temps de conservation.

La viande, suffisamment tenue au froid, perd l'excès d'humidité qu'elle contient, sa faculté de conservation devient alors si complète qu'elle peut être exposée à l'air des mois entiers, sans qu'elle ait à craindre d'être atteinte par la putréfaction.

Le dernier point du problème qui restait à résoudre était celui-ci : Est-ce qu'une traversée d'un mois ou six semaines par mer ne fatiguerait pas la viande et ne lui ferait pas perdre quelques-unes de ses qualités de conservation?

C'est cette question définitive que le *Frigorifique* vient de résoudre favorablement.

Il a, pendant sa longue traversée de trois mois et demi, subi tous les risques de mer qui pouvaient l'atteindre. Dans son voyage de Montévidéo à Buenos-Ayres, il a été sur le point de sombrer, sa machine motrice et l'une des machines frigorifiques (il y en a trois) ont eu des avaries sérieuses à cause du mauvais temps. Néanmoins la viande n'a souffert aucune altération.

Il faut tenir compte que, même dans le cas peu probable où les trois machines destinées à produire du froid fussent paralysées par un accident quelconque, le chargement ne serait pas exposé pour cela à une perte immédiate, parce que, pas même une paralysation de quarante-huit heures ne suffirait à donner accès à la chaleur.

Donc, l'épreuve définitive a été subie.

Il serait oiseux d'insister sur les grands avantages que la découverte de M. Ch. Tellier apportera aux classes ouvrières de l'ancien monde et surtout à notre prospérité nationale.

Nous saluons, dans l'heureux inventeur, un bienfaiteur de l'humanité et un grand auxiliaire de notre première industrie qui, peut-être, deviendra notre industrie unique.

J'ai tenu à citer tout au long ce dernier article, car non seulement il précise, comme je le disais il y a un instant, l'historique de la conservation des viandes, mais, fort judicieusement, il fait ressortir les conséquences, pour tous les intérêts, de l'emploi du froid sec.

Je pourrais faire encore de nombreuses citations extraites

du *Courrier de la Plata*, de la *Prenza*, etc., en un mot de toute
la presse de la République Argentine et de l'Urugay. Toutes
diraient :

L'accueil fait au *Frigorifique* ;

L'unanimité sur le succès par lui obtenu et constaté.

Je m'arrête, expliquant cependant que, si je me suis attardé
sur toutes les citations précédentes, c'est qu'il fallait démontrer,
puisque j'ai pris la plume pour écrire cette histoire :

Que c'était à la grande lumière que le *Frigorifique* avait agi ;

Que les résultats par lui obtenus étaient incontestés ;

Qu'ils avaient, aux yeux des peuples platéens et autres,
montré qu'un nouveau lien puissant, effectif, les rattachait au
vieux continent ;

Que nul ne pouvait s'inscrire en faux contre le succès obtenu ;

Que, par conséquent, les expéditions qui se produisirent à la
suite ne furent que la reproduction des résultats amenés par
mes travaux, lesquels démontraient d'une manière irréfragable
le succès et la succession des faits pour l'obtenir.

Pour plus de précision, rappelons qu'il fut ainsi démontré
que, désormais :

1° Des machines pouvaient s'établir pour produire industriellement à la mer le froid, quelles que fussent les eaux traversées, que ces machines dépensaient assez peu pour rendre
l'opération pratique ;

2° Qu'on pouvait isoler la carène d'un navire en fer de manière
à lui faire conserver la température de 0° dans ses cales, alors
même qu'elles étaient directement plongées dans les mers les
plus chaudes de l'Équateur, ce qui n'avait jamais été ni tenté
ni réalisé, était au contraire contesté ;

3° Que la viande pouvait, sans congélation — ce qui était
neuf, — se conserver facilement fraîche pendant la durée de
n'importe quel voyage ; puis subir, ensuite, fait non moins
important, sans précautions ou dangers, les délais nécessaires
à la vente et à l'utilisation domestique ;

4° Que ces moyens avaient absorbé près de seize ans de ma vie;

Soit par les travaux et expériences du *Frigorifique* (1876);

Soit par celles qu'antérieurement j'avais tant de fois répétées;

5° Qu'enfin, j'avais vaincu le capital, l'ayant forcé à apporter son attention, son aide, à un progrès jusque-là par lui dédaigné.

En matière de priorité industrielle, un jour suffit à l'établir.

Ici je viens de démontrer, que des années, par moi données, ont précédé toutes autres recherches. La priorité est donc acquise incontestablement à mon égard [1].

Qu'il me soit encore permis, pour bien établir l'exactitude de choses trop souvent dénaturées, de résumer la filière de mes travaux afférents à cette découverte.

Dès 1860, j'établissais une armoire conservatrice, réfrigérée directement par un appareil frigorifique, ce qui n'avait jamais été tenté.

En 1866, j'écrivais mon livre l'*Ammoniaque dans l'industrie*.

En 1867, je construisis la machine à liquéfaction mécanique

---

1. A l'appui de ce que j'indique, sur l'antériorité de mes travaux pour la conservation de la viande par le froid, voici la lettre qui, dès 1872, m'était écrite par le Directeur de la Société des Arts et Manufactures de Londres :

Londres, 15 février 1872.

« Monsieur,

« Un comité de notre société s'occupe depuis quelque temps, entre autres choses relatives à l'alimentation publique, des procédés concernant la préservation des viandes.

« Il a appris par les journaux, que vous aviez entrepris des essais, couronnés de plein succès, au moyen du froid, et je suis chargé de vous demander, comme une faveur, tous les renseignements à ce sujet.

« Il paraît que vous produisez le froid artificiel dans des conditions parfaites. Une description des moyens adoptés et de la méthode que vous employez seront reçues avec reconnaissance.

« Le comité sait aussi que vous avez publié une description de vos moyens, et il serait heureux de connaître où il pourrait se procurer un exemplaire de votre ouvrage.

« Le sujet attire l'attention de grand nombre de personnages, et si des moyens pouvaient être réalisés, de faire venir de nos colonies et d'ailleurs les immenses troupeaux de bétail, sur notre marché, le pays en tirerait un immense bénéfice.

« Espérant que vous voudrez bien apporter à la société le concours de votre assistance,

« Croyez-moi, monsieur, etc. »

des gaz, celle vraiment propre aux voyages maritimes, **laquelle** est décrite dans le livre sus-indiqué.

En 1867, avec l'aide de cette machine, j'établissais la **première** chambre conservatrice, par le froid artificiel, réalisée **pour** conserver les matières alimentaires;

De 1867 à 1869, je fis, avec ces moyens, une série d'expériences publiques, démontrant la conservation absolue des matières organiques, particulièrement de la viande.

En 1867, j'inaugurai les transports de gaz liquéfiés.

En 1868, je fis une première expérience à la mer, à bord du navire anglais « The City of Rio Janeiro » avec vingt-trois jours de résultats effectifs.

En 1871, je publiai mon livre : *Conservation de la viande et autres substances alimentaires* [1].

En 1874, je répète mes expériences sous le contrôle de l'Académie des Sciences, avec rapport favorable de la docte Société

---

[1]. Outre ce volume, j'ai fait nombre d'autres publications sur le froid, **notamment** diverses notes à l'Académie des Sciences.

Voici, dans leur ordre chronologique, ces différents travaux :

1861. Note à l'Académie pour produire de la glace par la liquéfaction de l'**ammoniaque**.

1862. Note id. sur la production de la glace et du froid au moyen de l'**Ethylamine** et de la Méthylamine;

1865. Note id. sur de nouvelles applications des propriétés physiques de l'**ammoniaque**.

1866. Note id. sur la fabrication de l'éther méthylique et la production du **froid**.

1868. Note id. sur l'aération des locaux.

1871. Note id. sur l'emploi du froid, de la glace dans les amputations.

1871. Deuxième note sur le même sujet indiquant l'emploi du froid sec.

1872. Note id. sur la production économique de la glace et du **froid**.

1872. Deuxième note id. sur le même sujet.

1873. Note id. sur mes expériences de conservation. Nomination d'une Commission Académique.

1874. Rapport de la dite Commission.

1875. Note id. annonçant le départ du *Frigorifique*.

1876.   Id. id. sur le départ du *Frigorifique*.

Publications :

1867. *L'Ammoniaque dans l'Industrie.*

1870. *La glace dans les campements militaires.*

1871. *Conservation de la viande et autres substances alimentaires.*

1871. *Le froid appliqué à la production de la bière.*

1877. *La vie à bon marché.*

1881. *La morgue* (trois opuscules).

(après cent vingt jours de conservation), lequel eut toute publicité (le rapport est imprimé dans les comptes-rendus de l'Académie).

En 1876, je fis le *Frigorifique*. Il démontra, aux yeux du monde entier, la conservation des viandes par ce moyen, sous toutes les latitudes, et pour n'importe quelle durée de voyage.

Jusque-là, je le répète, nul n'avait agi.

Ceux qui sont venus ensuite n'ont fait que reproduire mes travaux.

Ils n'ont donc pas droit à la découverte du procédé.

C'est un déni de justice de le leur accorder. Si la copie est facile, l'initiative est difficile et ne doit pas être méconnue.

Enfin, qu'on me permette de le rappeler; ce n'est pas la congélation, fait connu de toute antiquité, que j'ai réalisée, mais la conservation à 0° par le froid sec; ce qui était absolument différent et neuf, aussi la démonstration que le froid pouvait être utilisé partout.

La raison qui me fait insister sur ces points, c'est que, malgré ces labeurs, je suis sans fortune.

Le convoi des pauvres m'attend. Ce sort final des travailleurs ne m'effraye pas. Je n'ai été que cela toute ma vie.

Mais j'ai un fils, auquel je ne laisserai pas une obole.

Je veux au moins, et c'est justice, que le souvenir du peu par moi accompli aille intact à lui, sans partage avec gens n'ayant eu d'autres soucis que la reproduction de mes travaux.

Il n'est pas un père, j'en suis sûr, qui ne m'approuvera.

Ces lignes étaient écrites, depuis longtemps, quand se produisit une circonstance qui m'a singulièrement touché.

J'en veux dire quelques mots.

Elle prouve que de hauts sentiments sont toujours l'apanage des cœurs élevés.

Voici le fait :

A l'issue du Congrès international du Froid, M. André Lebon, ancien ministre, Président dudit Congrès, et M. de Loverdo,

Secrétre général de la même assemblée, ont eu la haute bienveillance :

1° De me présenter pour la Légion d'honneur;

2° D'ouvrir une souscription *internationale* en ma faveur.

La première démarche n'a pas eu de sanction. Plusieurs fois, cependant, la décoration a été donnée à d'autres, pour œuvres que j'avais réalisées. Il n'a sans doute pas paru que je méritasse cette distinction.

Elle m'eût été chère, car toute ma vie j'ai été sincère patriote et, quoi qu'il me soit précieux, c'est un ordre étranger que je porte.

Je m'incline sur ce point.

La seconde ne portera peut-être pas les fruits espérés. Les services rendus sont si vite oubliés.

Mais je n'en suis pas moins profondément reconnaissant à ceux qui sont venus à moi, sur l'invitation de MM. André Lebon et de Loverdo.

Parmi eux je citerai M. Georges Claude et M. le professeur Von Linde.

Je suis heureux de transcrire plus loin la lettre écrite à ce sujet par M. G. Claude.

Sa lecture montrera qu'elle émane d'un homme d'élite.

Qu'il me soit permis de lui dire ici toute ma gratitude.

Voici comment, sur ce sujet, à l'instigation de MM. André Lebon et de Loverdo, s'exprimait le *Matin* dans son numéro du 14 mai 1909 :

Pour le créateur de l'industrie frigorifique.

il y a trente ans, un savant français, Charles Tellier, posait les bases de l'industrie du froid. Un navire, le *Frigorifique*, quittait la côte chargé de viandes refroidies par d'ingénieux procédés et fournissait, par son voyage, la preuve éclatante de l'efficacité du froid pour la conservation des denrées périssables.

La prospérité de l'industrie frigorifique est devenue aujourd'hui immense, mais l'inventeur — éternelle histoire — n'a rien récolté de ce qu'il a semé et, vieux, désenchanté, assiste à l'écart au triomphe des idées qui furent siennes. Qui s'en soucie, en cette France si volontiers oublieuse de ses gloires !...

A la séance solennelle d'ouverture du premier Congrès international du froid, qui eut lieu à Paris l'automne dernier, les savants étrangers et français rendirent cependant un hommage spontané au promoteur de l'industrie du froid. Ce fut une brève minute de joie et de triomphe... L'oubli depuis s'est fait. Mais un des maîtres les plus incontestés de la science allemande, M. le professeur Linde, dont on connaît les beaux travaux sur la liquéfaction de l'air, s'est ému de cette détresse. Il s'est ouvert de son projet à son jeune émule français, M. Georges Claude, et l'a prié de l'exécuter. D'où la lettre suivante, qui incitera beaucoup de nos lecteurs à s'associer à un hommage touchant, doublement délicat, puisqu'il vient d'outre-Rhin.

Monsieur le Président de l'Association
Internationale du Froid,

« Au cours d'un entretien récent avec M. le professeur Linde, j'avais l'occasion de déplorer les circonstances qui attristent la vieillesse de l'homme auquel l'industrie frigorifique est redevable de son actuel développement. Certes, le récent Congrès du froid s'est grandement honoré en apportant à M. Ch. Tellier le réconfort de ses applaudissements, mais les hommages, hélas! ne suppléent pas à tout.

« En un joli mouvement, dont je connais maintenant trop l'auteur pour pouvoir m'en étonner, M. le professeur Linde m'interrompt en me disant que c'était à l'Association internationale du froid de faire quelque chose, quelque chose dont M. Tellier ne pourrait s'offenser, car ce serait la simple expression d'une reconnaissance mille fois méritée; et que s'il en était ainsi décidé, il serait on ne peut plus heureux de s'inscrire personnellement pour la somme de mille marks.

« Je suis heureux de vous transmettre ce désir, si honorable pour son auteur, si flatteur pour M. Tellier, et je ne puis m'empêcher d'ajouter que quelques gestes comme celui-là feraient plus que beaucoup d'autres choses, pour trouver, par-dessus nos frontières, le chemin de ce que ce pays a sans doute de meilleur : le cœur.

Veuillez, etc.

GEORGES CLAUDE.

Toute ma reconnaissance va à la fois :

Et à la pensée magnanime ayant inspiré cette généreuse résolution;

Et à ceux qui ont bien voulu y correspondre.

CHAPITRE XLIII

LA VÉRITÉ SUR LA DURÉE DE LA CONSERVATION
DE LA VIANDE PAR LE FROID

La congélation. — Le froid humide. — Le froid sec. — La dessiccation.

Les lignes qui vont suivre sont tout à la fois rétrospectives
et d'actualité.

Rétrospectives, car elles se reportent à des faits connus, que
j'ai déjà énoncés;

D'actualité, parce que, souvent, des opinions un peu erronées
se produisent sur la valeur réelle de la conservation par le froid.
Ces opinions sont basées sur le résultat des expériences de
chacun.

Ces expériences étant très variées, exécutées parfois dans des
conditions difficiles, incomplètes, on comprend que les résultats
constatés puissent être divers et par suite fixent mal l'opinion.

Il m'a paru intéressant de préciser le plus possible la vérité,
à ce sujet, m'appuyant sur des faits absolument prouvés, acquis.

Pour être clair, j'envisagerai la question :

1° Au point de vue des viandes congelées;

2° A celui des viandes purement réfrigérées;

3° Ensuite nous examinerons celles dans lesquelles la dessiccation, s'unissant au froid, joue un rôle qu'on ne peut méconnaitre :

4° Enfin nous parlerons de la dessiccation appliquée à haut
titre, dont je me suis spécialement occupé.

En ce qui concerne les viandes congelées, sur le compte
desquelles je me suis longuement étendu, on peut résumer la
question comme suit :

Si l'on maintient la congélation à une température suffisamment basse, sans interruption, on peut dire que la durée de la conservation est illimitée.

Témoins les mammouths, rencontrés encore de nos jours, lesquels ont une origine antédiluvienne.

Mais là n'est pas tout à fait le point nous occupant.

Ce qu'il faut préciser avec les viandes congelées, c'est ce qui se passe à la décongélation.

Ici, je l'ai dit et démontré, les résultats sont inférieurs à ceux produits par la viande simplement frigorifiée. Il faut consommer vite et, pas, quoi qu'on en dise, dans les conditions fournies par la viande naturelle.

Donc, à ce point de vue, je relègue la congélation à l'arrière-plan, faisant observer qu'aussitôt la décongélation il faut employer la viande, ce qui n'est pas toujours possible.

Voyons maintenant le second point : La conservation à 0°, sans congélation ni ventilation de la viande.

Ce mode donne des résultats meilleurs, qui cependant ne permettent pas de garder la viande un temps bien long. On peut admettre un mois, six semaines. Je n'engage pas à entrer dans cette voie.

Le troisième point. La conservation à 0°, sans congélation, avec ventilation, conduit au contraire à des conséquences topiques.

Là on peut aller largement, pour toute la durée conservatrice nécessaire, car on additionne deux faits sur lesquels j'ai maintes fois insisté :

Le froid, qui paralyse l'action microbienne;

La dessiccation, qui, soustrayant l'humidité nécessaire à la vie des êtres parasitaires, empêche leur multiplication.

Il y a donc, avec ce mode d'opérer, double chance d'assurer le succès, par suite la conservation et sa prolongation aussi longue qu'elle peut être nécessaire aux transactions mondiales.

Voici, en utilisant ce moyen, les résultats que j'ai obtenus.

Ils montrent que la durée de la conservation réalisée justifie ce que je viens de dire.

Dès 1868 j'ai pu conserver la viande à l'état frais 120 jours.

J'en fis manger rôtie à nombre de personnes, entre autres à Jacques Valserre, l'agronome bien connu. A son grand étonnement, le sang sortait sous le couteau, comme il en aurait été de la viande du jour.

En 1873, j'eus les expériences faites à la demande de l'Académie des Sciences. J'ai cité les rapports de Bouley, aussi celui de Poggiale au Comité de Salubrité de la Seine.

L'avis favorable fut unanime.

Les expériences suivies par Bouley se firent en deux périodes par décision de l'Académie des Sciences ;

La première eut une durée de 120 jours et le résultat fut complet ;

La deuxième, spéciale à de grosses pièces, et en saison estivale, eut une durée de seulement 57 jours.

Si elle ne fut pas plus longue, c'est que M. Pasteur, qui l'avait provoquée, a déclaré qu'il était inutile d'aller plus loin.

Elle fut complètement satisfaisante et clôtura les travaux relatifs à l'Académie des Sciences.

Enfin vint la démonstration capitale du *Frigorifique*. Elle domina la situation.

Ici, en effet, il ne s'agissait plus d'opérer dans un local commodément établi, mais à la mer, avec tous ses imprévus.

Cette expérience a duré — sans congélation, je tiens à le rappeler — 105 jours.

Les faits exposés dans le chapitre précédent, non par moi, mais par la presse argentine, précisent l'excellence des résultats obtenus.

En résumé, je puis l'affirmer, j'ai conservé, à terre comme à la mer, la viande à l'état absolument frais, par le froid sec, pendant 120 jours, et tout le monde peut en faire autant.

Si je ne suis pas allé plus loin dans cette voie, ce n'était pas par impuissance, mais bien parce que ce délai apparaissait plus que suffisant à toutes transactions et que là était le problème à résoudre.

Jusqu'ici il est question dans ce chapitre de viandes frigorifiées pouvant se conserver fraiches à la sortie des appareils, le temps utile à son écoulement.

Mais j'ai touché un quatrième point dans l'exposé de ce chapitre : La dessiccation.

Je vais finir, sur ce sujet, par quelques mots à lui consacrés.

Au cours de mes recherches, je me suis trouvé conduit à voir qu'en poussant la dessiccation à un point suffisamment avancé, on pouvait faire de la viande se conservant à l'air libre, à la température ambiante, un temps presque illimité.

Pages 210 et suivantes, j'ai exposé les moyens à employer, je n'ai donc pas à y revenir.

Généralisant la question, je puis affirmer, sur expériences faites, que la question de temps, en matière de conservation, n'a plus pour nous de rigueurs, si l'on veut se conformer aux conditions à remplir pour chaque étape du problème.

Résumant ce qui précède, nous nous trouvons en définitive devant les conséquences que voici :

Avec la congélation, durée illimitée, à condition de ne pas l'interrompre; mais viandes de qualité secondaire, ne pouvant après décongélation, se conserver longtemps;

Avec le froid humide sans congélation, conservation limitée dans sa durée, comme aussi dans son efficacité;

Avec le froid sec, toujours sans congélation, résultat absolument bon avec durée suffisante pour se prêter à tous transports entre nations, avec les conséquences utiles au débit de la viande conservée;

Avec la dessiccation, stupéfaction de la viande et conservation à l'air libre illimitée;

Voilà les résultats généraux qu'il m'a été permis de constater, sur lesquels on peut compter.

CHAPITRE XLIV

POURQUOI L'INERTIE EN FRANCE?

Ses causes diverses. — L'indifférence gouvernementale.

En présence des résultats, que je viens de signaler, on se demande comment l'application du froid n'a pas eu plus de développement en notre pays, où elle est née; alors qu'à l'étranger, elle a été utilisée largement, qu'elle y est si prospère?

Il y a à cela trois raisons principales.

Voici la première :

Pour développer, dès le début, l'emploi de ce moyen en France, il fallait créer une compagnie d'exploitation au capital de trente millions, ayant des établissements d'abatage au pays de production, une flotte suffisante pour assurer les services, des magasins de conservation à Rouen permettant, malgré des arrivages espacés, de fournir journellement la viande fraîche nécessaire à la consommation.

Ce dernier point était une condition *sine qua non*.

On ne conserve pas une clientèle en la servant de temps en temps, quand cela plait, mais en l'alimentant constamment, au fur et à mesure de ses besoins.

C'était dans le but de favoriser la réalisation de ces faits, que j'avais écrit mon livre « Conservation de la viande et autres substances alimentaires ».

Tout cela constituait mon programme primitif. Dès le début de mes recherches, il avait fixé mes résolutions.

Ceux, qui, après moi, s'étaient chargés de l'opération, ne l'avaient pas compris.

Ils restèrent misérablement au-dessous de leur tâche. Ils furent incapables.

Tel, voyant la charrue marcher, croit qu'il n'y a qu'à s'y atteler pour la mouvoir et ne sait être que la mouche du coche. Ainsi fut là.

Les personnes dont je parle avaient en effet oublié que, lorsqu'une chose est neuve, un grand entraînement est nécessaire pour attirer à elle la confiance.

Il faut en ce cas tous les efforts et parfois la vie de celui ayant conçu l'œuvre.

Lui, en effet, a la foi, qui se communique et vivifie.

Il fallait, de plus, faire valoir toutes les conséquences de l'opération.

Tout cela a été laissé de côté. L'oubli des résultats obtenus, des avantages à en tirer, a été la conséquence de cette impuissance.

La seconde raison tient à l'esprit de dénigrement s'attachant aux choses nouvelles.

Nul n'est prophète dans son pays.

Jamais proverbe n'a été si vrai que dans notre belle France que j'aime cependant ardemment. Je l'ai prouvé.

Quel que soit le peu de valeur des individus, qui s'attaquent au succès, le mal produit par eux ne s'en propage pas moins.

Je citerai un exemple de la facilité avec laquelle certaines personnes se permettent, impudemment, le mensonge, la calomnie.

C'était en 1878. Le *Frigorifique* remontait la Seine pour venir à l'exposition de Paris.

Je revenais de Rouen en chemin de fer. Le compartiment de première était presque plein. Nous étions sept.

La conversation était assez monotone, comme il arrive entre gens ne se connaissant pas.

Passant vers Gaillon, l'un des voyageurs vit le *Frigorifique* faisant route. Il en fit la remarque. C'était un fait du moment, par conséquent une occasion aisée de rompre le silence.

Quelques réflexions furent faites par les uns, par les autres, sur la conservation de la viande : question, à ce moment, incomprise de beaucoup.

Je n'avais rien dit, me tenant coi.

Tout à coup, un Monsieur, qui occupait le coin diagonalement opposé au mien, s'écrie :

« Je le connais beaucoup, M. Tellier, c'est un farceur. Jamais le *Frigorifique* n'est allé à La Plata. Il s'est embusqué dans un petit port, puis, quand le temps a paru suffisant, il a fait réapparaître son bateau. Jamais il n'est allé à La Plata.

Et mon gaillard de continuer sur ce ton, multipliant les détails.

Les autres écoutaient avec attention, n'ayant rien à objecter à d'aussi positives assertions.

Mon bonhomme jubilait, enchanté du petit effet qu'il produisait.

A la fin, il me lassa.

Prenant la parole, je lui dis d'un ton très calme :

« Mais, Monsieur, je suis justement M. Tellier dont vous parlez, veuillez avoir l'obligeance de me dire en quelle occasion j'ai eu l'honneur de vous rencontrer. »

Mon homme balbutia.

Dame ! les rieurs n'étaient plus de son côté.

En quelques mots, je remis les choses au point et donnai au sot personnage la leçon méritée.

J'aurais été plus sévère, mais devant lui était sa jeune femme, fort gentille, ma foi. Elle paraissait si malheureuse, qu'elle me désarma. Je ne voulus pas ajouter à sa confusion.

Le reste du voyage, le gaillard fut tellement occupé à regarder le paysage, que nous ne vîmes plus sa figure.

Arrivé à Paris, il ne quitta son coin que lorsque nous fûmes tous descendus.

Évidemment, j'avais eu affaire à un imbécile.

Mais si je n'avais pas été là, il n'en est pas moins vrai que les quatre autres auditeurs auraient conservé, de ses assertions, une impression fâcheuse, laquelle se serait répercutée.

C'est ainsi que trop souvent s'écrit l'histoire.

Ajoutons de plus que les gens de cet acabit ne sont pas rares. Pour faire de l'esprit, sans souci ils accablent volontiers autrui.

Ce souvenir m'en remémore un autre, qui survint à bord même du *Frigorifique* vers la fin de l'exposition de 1878.

Il montre que l'incognito n'a pas toujours son bon côté; que, de plus, les sympathies, pour les chercheurs, ne courent pas les rues.

C'était un dimanche. Il y avait foule de visiteurs à bord. Un peu fatigué d'avoir causé avec beaucoup d'entre eux, j'étais allé me reposer sur la dunette.

Un monsieur survint et s'assit à mon côté.

Rien là que de très naturel.

Probablement qu'il me trouva une bonne tête, peu apte cependant à comprendre les choses qu'il venait de voir, car il entreprit de me les expliquer et de me convaincre.

Je l'écoutai patiemment, n'ayant pour l'instant rien de mieux à faire.

Il était enchanté de sa visite, me demandant si j'avais bien remarqué telle ou telle chose, cherchant à mettre à ma portée ce qui l'avait frappé; en un mot à me faire apprécier tous les avantages à retirer de l'opération.

Naturellement, je ne pouvais rien dire contre de si bonnes intentions et, comme on le dit vulgairement, devant ce flot de flatteuses appréciations, je buvais du lait.

Quand il eut bien péroré :

« Savez-vous, monsieur, me dit-il, ce qu'il faudrait faire maintenant de l'inventeur?

— Non, lui dis-je.

— Eh bien, son rôle est fini. Il faudrait lui lier bras et jambes et le jeter à l'eau. »

Sur ce, trouvant le procédé un peu vif, je me levai, lui disant que je ne pouvais complètement partager sa manière de penser.

Cette histoire me rappelle une autre aventure.

Celle-là, quelque humble fût-elle, m'a laissé au cœur un souvenir précieux, m'engageant à la raconter.

Elle prouve que ce sont parfois les plus simples qui ont les sentiments les plus droits.

C'était un soir d'août, vers 10 heures.

Il faisait un temps magnifique.

Revenant de Paris, j'avais pris aux Champs-Élysées une voiture découverte pour rentrer à Auteuil.

Mon cocher était un de ces braves hommes, aimant à faire quart de tour sur leur siège, pour tailler, quand possible, une bavette avec le client.

Nous cheminions néanmoins en silence, quand notre itinéraire nous fit passer devant le *Frigorifique*.

C'était une occasion.

Mon homme ne la manqua point.

Se retournant spontanément, il me demanda si je le connaissais.

Sorti par sa question de la demi-torpeur qui me gagnait, je lui répondis machinalement que j'en avais entendu parler.

Là-dessus mon brave cocher me fit presque reproche, me disant que c'était chose à voir, qu'il y avait grand intérêt à ce que l'œuvre fût appréciée.

Bref, le restant du voyage, il ne tarit pas sur ce qu'il comprenait des avantages que devait procurer ce mode d'action, et il voyait juste.

Arrivés à ma porte — je demeurais alors rue Félicien-David — il m'arrêta.

Je descendis et, lui remettant un bon pourboire, je lui glissai dans la main une dizaine de cartes pour visiter le *Frigori-fique*, ajoutant qu'il pouvait en user et les donner à ses amis.

Stupéfaction de mon homme, qui me dit :

« Mais, vous le connaissez donc?

— Parbleu, lui répondis-je, c'est moi qui l'ai fait.

— Oh. monsieur, me dit-il d'un ton presque de reproche, vous vous êtes amusé de moi. Mais n'importe, je n'en suis pas moins content de vous connaître.

— Non. mon ami, lui répondis-je, je ne me suis pas amusé de vous. Vos éloges m'ont profondément touché et j'ai pris plaisir à vous écouter. parce que vous me parliez avec conviction. »

Et, de fait. j'ai eu parfois des compliments venant de source plus élevée. Ils m'ont moins ému que le langage naïf, sincère de cet homme simple et inconnu.

Laissant ces racontars, j'arrive à la troisième raison relative à l'inertie française.

Elle gît, tout entière, dans l'opposition systématique faite par certaines gens à tout ce qui est progrès.

Là. pour elles, est l'ennemi.

Elles ne voient, dans un avancement quelconque, qu'une atteinte possible à leur situation, à leur fortune, parfois à leur convoitise. Dès lors, haro sur ce qui survient. Le *statu quo* avant tout.

Nous trouvons des exemples de cette opposition intéressée en bas comme en haut de l'échelle sociale.

J'en citerai deux exemples.

Commençons par en bas.

L'application du froid sec ne m'avait pas empêché de chercher à employer la glace de manière à réaliser, autant que possible, avec son aide, les conditions de siccité que j'avais préconisées.

C'est ainsi que, vers 1872, je fus amené à construire. pour le réfectoire de la Banque de France, un meuble frigorifique ayant pour objet :

La conservation des denrées ;

Le refroidissement des boissons, particulièrement de la bière.

Cette dernière y était introduite en barils, tels que les fournissent les brasseurs.

Le résultat fut bon.

Il attira l'attention et un grand café me demanda de lui établir une pareille installation.

J'accueillis avec plaisir cette commande et m'empressai de l'exécuter, envoyant à la livraison mon meilleur contremaître, pour surveiller le montage, avec tout le soin désirable.

Mais grande fut ma déconvenue quand, le soir en rentrant, celui-ci vint me trouver tout chagrin, me disant :

« Que le chef cuisinier du dit établissement lui avait déclaré
« que ce n'était pas la peine qu'il se donnât tant de mal,
« attendu que, deux jours après son départ, le meuble serait
« mis hors d'usage. »

Sans chercher à approfondir la raison qui avait dicté un aussi mauvais propos — raison dont je devinais trop la nature — dès le lendemain matin je fus trouver le propriétaire de l'établissement.

Lui exposant le fait, je lui dis, qu'en présence de dispositions aussi manifestement hostiles, je préférais reprendre mon frigorifique, même sans indemnité.

Il ne voulut pas, m'affirmant qu'il en faisait son affaire, etc., etc.

Mais je sais trop ce que sont les sourdes menées. Aussi, devant l'émanation qui s'en était produite, laquelle tenait tout simplement à ce que la conservation venait troubler le trafic occulte de gens peu scrupuleux, je résolus de rompre avec ce genre d'affaires, les trouvant trop à la merci d'intentions indélicates.

Ainsi fut fait et je me tins coi à ce point de vue.

A quelques années de là, je fus appelé par M. Honoré, le

distingué directeur des magasins du Louvre, lequel en était alors l'ingénieur.

M. Honoré me dit qu'il m'avait fait demander pour que je lui construisisse des réserves frigorifiques.

« Gardez-vous-en bien, lui dis-je, ce serait perdre votre argent. »

Je lui racontai alors ce qui s'était passé et comment il fallait

Fig. 41. — Vue d'un buffet frigorifique.

se méfier de ceux auxquels on confiait ces installations. J'ajoutai que, par suite, j'avais renoncé à en établir.

« Le cas n'est pas le même avec nous, me dit M. Honoré. C'est au contraire notre chef, qui m'a suggéré cette pensée. Allons le voir. »

Je dois dire que je rencontrai là un homme sérieux, appréciant sainement les faits, voulant réellement un résultat.

Il me gagna et si bien que, passant outre à mes rancunes, je me mis aussitôt à l'œuvre.

C'est ainsi que je construisis, pour la Société du Louvre, trois buffets de chacun 5 000 francs ; puis, plus tard, une boucherie de 14 000 francs.

La figure 41 représente un de ces buffets.

Vint ensuite un homme de valeur réelle et que j'ai eu plaisir à apprécier. M. Millon, propriétaire du restaurant Ledoyen.

M. Millon me demanda, pour cet établissement, une installation de 9 000 francs, qui donna satisfaction.

A la suite, je fournis plusieurs grands établissements de Paris.

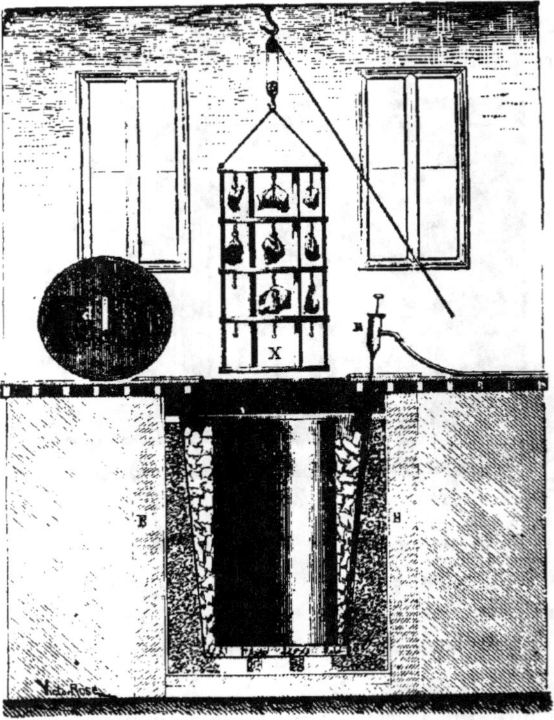

Fig. 42. — Vue d'une réserve pour boucherie.

L'impulsion fut ainsi donnée à cette application, qui, aujourd'hui, a pris large part dans le commerce de la boucherie, les cafés, restaurants, etc.

Une autre disposition m'avait paru favorable, surtout pour les boucheries et commerces analogues.

Elle est présentée par la figure 42.

Ici, nous rentrons un peu dans la question industrielle.

Avec les meubles, et surtout ceux qu'on fabrique actuellement, dans lesquels l'isolation est rarement suffisante, un rayonnement extérieur se fait intense. De là, grande fusion inutile de glace, alors qu'elle devrait fondre surtout au profit de la matière à conserver.

Dans la disposition présentée par la figure 42, l'isolation est aussi complète que possible. De plus, la place prise en sous-sol est moins gênante et coûteuse qu'au rez-de-chaussée. Il y a là, pour la boucherie et industries analogues, un moyen d'action intéressant et avantageux. D'autant avantageux que l'air froid reste au fond de l'appareil, tandis qu'il s'échappe rapidement des buffets, quand on en ouvre les portes.

Toutefois, il faut le dire, l'emploi de la glace restera toujours un mode d'action incomplet. La vraie solution, c'est son remplacement par l'action directe du froid produit industriellement.

Mais l'usage de la glace, dans les conditions que je viens d'indiquer, n'était pas moins un progrès. On voit comment il fut tout d'abord accueilli.

La conséquence du mauvais vouloir rencontré au début fut l'ajournement à plusieurs années d'un mode qui, quoiqu'imparfait, je viens de l'expliquer, n'en était pas moins fertile en résultats relativement avantageux.

En haut de l'échelle, nous trouvons un autre exemple de l'hostilité signalée.

Cette fois, c'est Paris, la Ville lumière, qui va nous le fournir.

Comme nous l'avons vu dans le chapitre précédent, voilà à ce jour trente-quatre ans que le *Frigorifique*, après les longues expérimentations qu'il a faites à la mer comme à Paris, a démontré la valeur des procédés de conservation de la viande par le froid sec.

Hé bien, il y a à peine six ans, la Ville de Paris louait l'établissement frigorifique possédé par elle à l'abattoir de

La Villette. Or, la première condition imposée par le bail, quelle fut-elle?

Qu'il ne serait pas conservé de viande par le froid!

Après cela, il n'y a plus qu'à tirer l'échelle et s'incliner.

Et ceci parce que, toujours des combinaisons particulières ont paru menacées, ce qui n'était pas, et n'aurait pas dù d'ailleurs peser dans la balance.

L'intérêt général, en semblable occurrence, doit avant tout commander. C'est là qu'est le devoir!

Et ceci quand, en Allemagne, on compte plus de deux cents abattoirs ayant des installations frigorifiques!

Une autre considération vient chez nous s'ajouter aux difficultés signalées. C'est la fausse interprétation donnée par les pouvoirs publics à la question.

C'est ainsi qu'un droit de 35 francs a frappé, dès le début, les viandes importées par le froid.

Or, aujourd'hui, sous prétexte, dit un rapport de M. Rose, député du Pas-de-Calais :

« Qu'il est très difficile à première vue de différencier les viandes importées des viandes fraîches, puisque la douane éprouve des difficultés à le faire, il est question de porter ce droit à 50 francs » (Industrie frigorifique).

Certes les intérêts de l'agriculture nationale doivent être respectés. Personne ne pense à les sacrifier.

Mais, à côté d'eux, il y a ceux non moins intéressants de tout un peuple, qu'il ne faut pas méconnaitre.

Là est une balance à établir. C'est sur ce point que se trompent nos gouvernants.

L'Angleterre, comme l'Allemagne, ont compris l'importance des intérêts généraux existant, et le respect à donner à chacun d'eux.

Aussi, au lieu d'éloigner par des tarifs prohibitifs les viandes fraiches venant de loin, ces états, comme nous allons le voir dans un instant, en ont-ils favorisé l'introduction, comprenant, que l'alimentation rationnelle d'un peuple est le premier devoir gouvernemental.

C'est bien là que gît le véritable progrès. Malheureusement, il n'est pas compris chez nous.

Le chapitre suivant va nous permettre de préciser sur ce point.

CHAPITRE XLV

ACTIVITÉ A L'ÉTRANGER

Si la France a été jusqu'ici réfractaire à l'emploi du froid appliqué au transport et à la conservation des matières organiques, il n'en est pas de même à l'étranger. On a compris là tout l'intérêt de la question.

Écoutons sur ce sujet d'autres voix que la mienne.

Elles auront naturellement plus d'autorité.

Elles nous permettront de faire ressortir les inconvénients du système nous régissant économiquement, en le comparant avec ce qui se fait au dehors.

Après bien des années d'inertie, frappée enfin par les multiples applications frigorifiques, qui se font en d'autres contrées, et par les avantages à en retirer, l'attention publique s'est émue.

Au Ministère de l'Agriculture, on a cru le moment venu de faire quelque chose et M. le Ministre a chargé un homme de haute valeur, M. de Loverdo, d'aller étudier en Amérique, en Angleterre, ce qui s'y faisait au point de vue de la conservation par le froid.

De retour de son voyage, le savant publiciste a présenté un rapport, duquel il convient d'extraire quelques enseignements utiles.

Ils se résument, pour 1900, par la mention des exportations de diverses contrées pour l'Angleterre, au moyen du froid.

Voici les éléments principaux de ce qui se faisait dès cette époque :

Moutons congelés :	De l'Australie, de la Nouvelle-Zemble, de l'Amérique du Nord	643.821 carcasses.
Bœufs congelés ou réfrigérés :	De Queensland, de l'Australie, de la Nouvelle-Zélande, de l'Amérique du Sud, des États-Unis, du Canada, du Continent . .	60.000.000 de kilogr.
Beurre :	De l'Australie, de Victoria, de la Nouvelle-Zélande, du Canada, des Etats-Unis	65.914.800 kilogr.
Œufs :	Du Maroc, de l'Egypte, de la Russie, des Etats-Unis . . .	176.040.000 unités.
Volaille, gibier :	Du Canada, de l'Australie, de la Russie.	15.000.000 de francs.
Saumon :	Du Canada.	plusieurs millions de kilogr.
Fruits divers :	Du Canada, des Etats-Unis, de l'Australie, du Cap.de l'Egypte, des Canaries, de la Jamaïque et autres colonies anglaises.	plus de 1 million d'hectolitres.

Comme on le voit par cette statistique, grâce au froid, l'Angleterre a pu demander, dès cette époque, à tous les pays du Globe, ce dont elle avait besoin pour satisfaire son énorme appétit.

Comme on le voit encore par cette énonciation, la plupart des viandes ainsi amenées ont été traitées par la congélation, ce qui est une faute.

Je me suis assez étendu sur ce point pour n'avoir pas à y revenir.

Constatons cependant que l'erreur est d'autant plus grande :

Que le froid sec coûte moins que la congélation. Avec lui, en effet, il suffit de la température de 0°, tandis que la congélation exige 15° environ au-dessous.

Qu'il n'y a pas, avec lui, à solidifier l'eau de la viande, solidification absorbant au moins 60 à 65 calories par kilogramme du produit conservé; soit trois ou quatre fois plus, suivant les circonstances, que le froid sec.

Que, de plus, en cas de réchauffement momentané, la viande conservée au froid ne s'altère pas, tandis que celle gelée se gâte assez rapidement, le dégel survenant.

Ce dernier fait, sur lequel j'ai souvent insisté, se trouve justement confirmé par M. de Loverdo en expliquant ce qui se passe en Australie à ce sujet :

« Le frêt d'un bateau frigorifique ne peut être constitué d'une façon complète, qu'en prenant cargaison à divers endroits. *Ces nombreuses escales sont défavorables à la qualité des denrées, qui subissent les contre-coups de l'ouverture fréquente des cales, des accidents de machines et des négligences de service, proportionnels à la prolongation du voyage.*

« *Les statistiques signalent, dans les bateaux australiens, de nombreux cas d'avaries,* qui relèvent des conditions de chargement spéciales à ce pays. »

En présence de ces constatations, qu'il me soit permis de rappeler ce qui s'est produit à bord du *Frigorifique*, lors de son escale à Lisbonne.

Pendant trois jours, par suite d'un accident de chaudière, l'arrêt des machines frigorifiques a subsisté, et la viande, simplement frigorifiée, n'a été nullement altérée. Témoin les constatations faites à l'arrivée à La Plata et que nous avons reproduites pages 305 et suivantes.

Revenons aux apports frigorifiques en Angleterre et à leurs conséquences.

Sur ces points, le distingué publiciste nous donne encore des enseignements utiles. Laissons-lui la parole :

« Qu'on veuille bien remarquer, dit M. de Loverdo, qu'à l'abondance des importations des produits réfrigérés d'outre-mer, tels que le beurre, les œufs, les fruits, etc., en Angleterre, correspond un abaissement considérable de la quantité de produits similaires exportés de France.

« Cela n'est pas étonnant, si l'on songe que le froid possède le grand avantage de conserver, non seulement la fraîcheur, mais aussi l'aspect du produit. Les œufs des États-Unis ont beau avoir plusieurs mois de conservation, en vérité, quand on les sort du dépôt, ils ont exactement le même goût, la même consistance, la même apparence que le jour où on les y avait déposés. En réalité, ils n'ont donc que de deux à six jours. Il en est de même pour les fruits. Tout le monde a remarqué à Paris, vers le mois de mars, le bel aspect des pêches du Cap, qui nous viennent de Londres après un mois de voyage. »

(La conservation des œufs a été poussée très loin en France et a donné des résultats remarquables par les travaux de M. Lescardé. — *Note de l'auteur.*

« Les fruits que les Américains expédient en Angleterre possèdent le même aspect agréable à l'œil et, quoique moins savoureux, ils sont plus mûrs que les nôtres. En effet, en France, comme nous ne possédons pas de procédé pouvant assurer la bonne conservation des produits pendant le transport, nous sommes obligés de cueillir un peu verts les fruits destinés à l'exportation et souvent même à la consommation de Paris. Si nos fruits et nos produits sont préférés malgré cela, à tous les autres, c'est que leur supériorité est incontestable. Mais afin d'évincer des concurrents aussi bien outillés, il nous faut adopter les procédés employés par eux, ce qui permettrait à nos produits d'atteindre le maximum de leurs qualités et de leur conservabilité. »

Tout ce que dit M. de Loverdo est rigoureusement exact. J'y ai, à diverses reprises, insisté. On ne saurait trop le faire. Il y a, en effet, dans la nécessité de cueillir, dans les circonstances ordinaires, les fruits avant maturité, un fait très nuisible aux producteurs. Il en abaisse notablement la qualité en même temps qu'il diminue l'agrément de leur aspect. La conséquence naturelle de cette situation est l'obtention d'un prix moins rémunérateur et, à tous titres, cela est regrettable.

Dès 1872, j'avais réussi la conservation des fruits par le froid à demi sec, particulièrement des pêches.

Je me suis expliqué sur ce point page 163 et suivantes.

J'y reviendrai plus loin, ne voulant faire ici qu'une constatation que voici :

C'est que, depuis longtemps, ces moyens sont au service de l'arboriculture française.

J'en avais, alors, saisi la Société d'Horticulture de Paris. Aussi, comme je viens de le rappeler, la Société des Agriculteurs de France.

Il était trop tôt.

Ce que je précise ici n'infirme pas le mérite des observations de M. de Loverdo. L'autorité qui s'attache à son nom a déjà ouvert les yeux d'un grand nombre d'intéressés. On ne peut donc qu'utilement appuyer sur les faits par lui énoncés.

Insistons, avec le même rapport, sur la consommation de la viande à l'étranger. C'est œuvre utile que faire apprécier les enseignements par lui fournis.

« En Angleterre, la cause de la viande congelée semble définitivement gagnée. Il faut renoncer à la légende, qui la réservait exclusivement aux personnes de petite condition. Le chiffre de l'importation de ces dernières années prouve, d'une façon évidente, que toutes les classes de la société participent à la consommation. La viande congelée paraît aussi bien sur la table des restaurants modestes des abords des docks qu'à celle des restaurants à la mode de la Cité et des familles de bonne société. »

Peut-être pour les consommateurs anglais, qui n'ont jamais été de grands gastronomes.

Mais cette assimilation ne serait pas admise en France, où les estomacs, même ceux du peuple, sont plus délicats, plus affinés.

J'ai expliqué comment, en Russie, où la viande gelée se consomme de temps immémorial, on ne la confond pas avec la viande fraîche.

Que la viande congelée puisse augmenter le stock de la consommation?

Oui!

Mais qu'elle se présente à l'art culinaire avec le mérite de la viande non gelée?

Non!

Dans une communication faite au Congrès International du Froid de 1908, M. de Loverdo, envisageant la conservation à l'intérieur du pays, s'est nettement et savamment expliqué sur ce point. Il dit :

« La congélation de la viande est un procédé brutal, qui diminue sensiblement la valeur organoleptique de cette denrée, ainsi que sa valeur marchande. On n'a recours à ce procédé que lorsqu'il s'agit de conserver la viande pendant des mois entiers et de la soumettre à des transbordements fréquents. En France, la congélation de la viande, sauf pour des cas de ravitaillement de l'armée, n'aurait pas sa raison d'être; il faut bien se méfier de ceux qui cherchent à faire naître une confusion dans l'esprit des producteurs, des consommateurs et des bouchers, entre la congélation et la réfrigération. Il est nécessaire de se pénétrer de cette idée que, pour les transactions intérieures, le froid modéré suffit amplement pour assurer le commerce de la viande. »

Il est impossible d'être plus explicite et juste.

M'étant longuement expliqué à ce sujet antérieurement, ayant précisé l'intérêt qu'il comporte pour toutes transactions bien comprises, je n'y insisterai pas plus longuement. Je ferai seulement remarquer que le *Frigorifique* a prouvé que, pour les traversées de plus de 3 mois, c'est-à-dire les plus longues à subir et nonobstant les accidents de mer, le froid sec, à 0°, suffit pour amener une bonne conservation. (Voir les dires de la presse platéenne pages 305 et suivantes.)

Voyons rapidement comment s'est produit, en Angleterre, le mouvement qui a favorisé l'importation des viandes frigorifiées. M. de Loverdo a creusé à fond la question. Il nous édifiera. Nous ne pouvons mieux faire que lui laisser la parole.

« Quoi qu'il en soit, en Angleterre, le commerce des viandes congelées a procédé par bonds successifs.

« Il a été inauguré en 1880 (quatre ans après le *Frigorifique*) avec un modeste effectif de 400 moutons.

« Mais bientôt les importations franchirent des hauteurs inattendues, en brûlant toute étape.

« C'est ainsi qu'elles s'élevèrent :

en 1883, à	201 791	carcasses.
en 1888, à	2 000 000	—
en 1891, à	3 558 076	—
en 1895, à	3 053 007	—
en 1897, à	6 232 753	—
en 1900, à	6 433 821	—

« Quant aux importations de quartiers de bœufs venant d'Australie, de la Nouvelle-Zélande, de La Plata, etc., etc. de . . . . 1 920 511 quintaux anglais. (97 541 968 kilogr.) qu'elles étaient en 1891, elles ont passé :

en 1896, à	2 654 700	—
en 1900, à	4 128 310	—

« Ainsi, d'une part, en 1900 l'Angleterre a reçu en moutons. . . . . 162 500 000 kilogr.

« D'une autre, elle a reçu en bœufs . . . 240 000 000   —

Ensemble . . . . 402 500 000 kilogr.

« Et cet immense apport n'a pas fait baisser le prix de la viande nationale.

« Et ces viandes sont venues donner l'énergie, la vigueur aux populations ouvrières ! »

Voilà qui est précis.

Or, en France, qu'avons-nous fait?

Non seulement nous avons oublié tout ce qu'on peut attendre du froid ;

Non seulement nous ne favorisons pas l'introduction des viandes ainsi conservées ;

Mais le peu arrivant est frappé d'un droit, que l'on songe à porter à 50 francs, ainsi que je l'ai expliqué dans le chapitre précédent.

Une telle situation est-elle rationnelle?

Est-elle en rapport avec l'économie bien entendue du pays?

Avec les besoins d'alimentation qui se manifestent de toutes parts?

Non, certes!

Et, en effet, d'après les savants travaux de Milne Edwards, de Payen, nous voyons que la ration normale de l'homme adulte doit être, en viande pesée crue, avec ses os, de 480 grammes par jour. (La ration du soldat français est de 300 grammes en temps de paix, de 400 en temps de guerre.)

Admettons, en tenant compte des femmes et des enfants, que cette ration se réduise en moyenne de moitié et tombe à 240 grammes, ce sera par an et par habitant 87 kilogrammes de viande nécessaires pour une alimentation convenable.

La population française, au dernier recensement, était de . . . . 38 517 971 habitants.

Il résulte de cela qu'à 87 kilogr. par tête, il faudrait pouvoir fournir annuellement . . . 3 350 000 000 de kilogr. de viande.

Or, la livraison, par la boucherie française n'est guère que de . . . . 1 200 000 000   —

Il manque donc . . . 2 150 000 000 de kilogr. de viande pour alimenter sainement nos estomacs, soit presque deux fois ce que le pays produit.

On voit de quel aveuglement sont frappés, à ce point de vue, ceux qui nous gouvernent; aussi de quel secours serait la production étrangère, si nous l'utilisions, laquelle pourrait fournir, par apports frigorifiques, ce qui nous manque.

On voit enfin, par ce rapprochement, combien l'Angleterre, mieux avisée, a eu raison d'ouvrir ses portes à cette bienfaisante influence qu'est le froid.

L'Allemagne, d'après M. Linde, commissaire allemand au

Congrès Frigorifique de 1908, entre largement dans cette voie.

Il ne faut pas croire que cette pénurie d'aliments azotés peut être considérée comme chose négligeable.

Revenons sur ce point à Payen, qui, en ces matières, a laissé la trace d'un esprit lumineux. On ne saurait trop le consulter.

Il compare le mode d'alimentation des ouvriers venus d'Irlande, presque composé de farineux riches en carbone, avec celui des ouvriers anglais, dans lequel la matière azotée, c'est-à-dire la viande, prend une place normale.

Il s'exprime ainsi :

« Les ouvriers, placés dans ces conditions défavorables, ne pouvaient, on le comprend bien, accomplir un travail productif.

« A la quantité d'ouvrage qu'ils exécutaient, on pourrait croire qu'ils ont moins de force que les ouvriers anglais.

« Mais ce qui prouve qu'il n'en est pas ainsi, et que la nourriture seule est *la cause de cette infériorité apparente,* c'est que, lorsqu'ils ont changé de régime et se sont habitués à consommer, dans une ration moins volumineuse, une dose convenable de viande de façon que la ration tienne plus à l'estomac, nourrisse mieux et plus uniformément dans l'intervalle des repas, alors ils deviennent capables de doubler leur travail effectif, tout en améliorant leur santé.

« Les entrepreneurs de travaux publics l'ont tellement reconnu qu'ils imposent, comme une condition de l'ouvrage qu'ils accordent aux ouvriers mal nourris de l'Irlande et parfois même à ceux du continent, une alimentation analogue à celle permettant aux ouvriers anglais, soit chez eux, soit en pays étrangers, d'employer leurs forces tout en réparant largement les déperditions que le travail occasionne. »

Cette indication est précieuse.

Elle devrait être souvent présente à nos yeux. Ceux qui ont mission de nous régir devraient la méditer.

Et, en effet :

Comme tous les vieux peuples, nous sommes et devons être un pays producteur.

Qui dit production, dit travail correspondant.

Et alors, dans l'intérêt de nos ouvriers, même agricoles, du rendement fourni par eux, nous avons à considérer sérieusement cette conséquence indiquée par Payen : « qu'un homme bien nourri, recevant la part d'alimentation azotée qui lui est nécessaire, *produit le double* de celui qui est mal nourri ».

Nous sommes, de plus, devant cette autre conséquence : que l'ouvrier mal nourri va au cabaret chercher la *force factice* avec laquelle il croit pouvoir suppléer la *force rationnelle.*

Or, celle-là est trompeuse. Elle est perfide. Elle mène à l'alcoolisme, c'est-à-dire à la dépopulation, à la dégénérescence de la race.

Bien alimenter la population est donc le premier devoir de tout gouvernement comprenant la saine économie politique.

De ce côté, que de choses nous avons encore à faire !

Combien de solutions utiles s'imposeraient, si nous ne perdions notre temps à nous diviser sur des questions souvent secondaires ou futiles.

Entre toutes choses, l'importation des viandes fraîches par le froid devrait prendre le premier rang. Il y va, à bien des titres, de la vitalité et de la prospérité de la nation.

Revenons un instant à ce qui se passe en Angleterre et voyons les prix obtenus par les viandes importées par le froid.

M. de Loverdo n'a eu garde d'oublier ce détail. Laissons-le nous renseigner.

« En Angleterre, les viandes congelées sont *exemptes de droits*; leur prix qui, en 1883, s'élevait à plus de 1 fr. 50 le kilogr., grâce au perfectionnement des moyens de conservation, de transport, a été réduit de moitié. Même dans ces cinq ou six dernières années, le prix de gros du mouton argentin était à Londres de 55 à 60 centimes le kilogramme. Cette année-ci, à cause de la concurrence créée au pays de production, il a été augmenté de près de 15 centimes. Quant à l'agneau congelé de la Nouvelle-Zélande, il se vend aussi cher et quelquefois plus cher que le mouton anglais.

« On sera étonné, que cette baisse a profité plus qu'elle n'a nui à l'élevage national. Que ceux qui considéreraient cela comme un paradoxe examinent l'extension de l'élevage et le prix de la viande indigène en Angleterre. Ils verront que celui-là a pris un développement considérable et que les cours des viandes fraîches se sont, tout le temps, maintenus au-dessus des nôtres d'environ 10 centimes en moyenne par kilogr. Et cela, parce que l'Angleterre s'arrange de façon à ce que le bétail sur pied qui approvisionne son marché soit en grande partie composé d'animaux indigènes et que, d'autre part, les viandes congelées, vendues sous leur vrai nom, fassent le moins de concurrence possible à la boucherie nationale. »

Cette dernière réflexion de M. de Loverdo montre qu'en Angleterre on sait quand même apprécier la viande fraîche et la différencier de celle congelée.

En ce qui concerne la hausse dans le prix des viandes, qui vient d'être plus haut signalée, elle a été due à un mouvement qui s'est manifesté chez les expéditeurs de La Plata. Il était naturel. Il n'y a pas à craindre qu'il puisse bien lourdement peser sur les marchés européens.

En effet, la viande ne se produit pas qu'à La Plata, qui elle-même possède encore d'immenses territoires inoccupés, mais dans tous les pays neufs.

L'élevage est le mode le plus aisé de mettre les sols primitifs en culture.

Avec lui, pas de main d'œuvre. L'animal récolte, fume la erre et transforme la récolte en produit. C'est une manufacture ambulante. Tous les peuples colonisateurs savent mettre cet ensemble de circonstances à profit.

Nous mêmes, nous avons nombre de centres coloniaux qui pourraient produire utilement et fructueusement pour la métropole. Nous n'avons donc pas à redouter une hausse sérieuse dans les viandes exotiques.

Plus on en demandera, plus on en produira. Le véritable obstacle, on ne saurait trop le répéter, c'est le droit exagéré à l'importation. Il écarte les importations, les meilleures volontés.

Quant à la production française, il n'est pas question, nous l'avons dit, de la diminuer en quantité ou en profit.

Ce qui se passe en Angleterre à ce sujet se représenterait chez nous.

Ce ne sont pas, en effet, les viandes importées qui nuiraient, à ce point de vue. J'ai déjà expliqué qu'elles ne présenteront jamais le degré de finesse réclamé par nos gourmets. Il en est assez en France, dans toutes les classes de la société, pour savoir apprécier cette différence et la payer.

Là n'est donc pas l'obstacle.

Il gît plutôt dans le régime actuel de vente de la viande, lequel comporte une masse d'intermédiaires. Ce sont ceux-ci, qui, se plaçant entre le producteur et le consommateur, pèsent lourdement sur les prix.

Il y a là une sorte de « trust » corporatif, qui fait que le prix de la viande double presque pour arriver au consommateur.

Quand la production se fera par l'établissement d'abattoirs régionaux, comme je l'ai expliqué dans un chapitre antérieur et comme j'y ai insisté devant la Société des Agriculteurs de France, aussi dans nombre de publications, on se rendra rationnellement maître du marché, les intermédiaires inutiles disparaîtront.

Alors, le prix de la viande sera plus rémunérateur pour le producteur, plus abordable pour le consommateur.

Ce jour-là, rien ne s'opposera à ce que les viandes frigorifiées ne fassent largement leur apparition.

Elles prendront leur place, sans nuire à personne, parce que la consommation, servie par des moyens et des cours plus rationnels, manifestera des besoins multiples, lesquels **il faudra** combler.

A cet instant, ne l'oublions pas, la force physique de la France s'accroîtra notablement.

Ceci au profit de tous les intérêts, car, il faut savoir se le rappeler, l'alimentation saine, suffisante, se relie aussi bien aux manifestations intellectuelles qu'à la puissance musculaire.

Il nous reste à apprécier l'importance des moyens frigorifiques appliqués à l'immense importation de viandes que **nous** savons se faire en Angleterre.

Voici ce qu'a constaté à ce sujet M. de Loverdo ;

« **Plus** de trois cents bateaux, pourvus de cales frigorifiques, desservent actuellement le commerce d'importation des produits que nous avons passés en revue. La plupart de ces bateaux sont pourvus de machines à acide carbonique. Pour le transport des viandes, l'air est refroidi par des **frigorifères et** distribué à raison de 30 000 à 40 000 mètres cubes par vingt-quatre heures, pour une capacité de 100 000 carcasses de moutons. Pendant la traversée, on s'efforce de maintenir une température de — 5° pour les viandes congelées et de + 2° pour les produits réfrigérés, tels que viande fraîche de boucherie, fruits, beurre, etc., etc.

Ainsi, pendant qu'en France la navigation s'étiole, que nous voyons certains services de La Plata cesser leurs escales, ce qui témoigne d'une atrophie considérable des relations extérieures, l'Angleterre, de l'emploi du froid seul, a pu faire surgir une flotte de 300 navires, et ce chiffre est aujourd'hui largement accru.

N'est-ce pas l'éclatante justification des prévisions que j'avais formulées en créant les transports maritimes frigorifiques?

Forcément la navigation devait prendre, de ces nouvelles facilités, un développement considérable.

Rouen voyait, à tous titres, augmenter notablement son trafic.

J'avais rêvé faire de son port, si favorable aux transbordements, l'entrepôt européen des viandes.

C'eût été, pour cette ville, un haut avenir.

La figure 25 (p. 105) nous montre qu'avec des viandes conservées par le froid sec les transbordements peuvent s'effectuer par les moyens ordinaires les plus simples, sans crainte d'altération, ce qui est absolument précieux.

Au lieu des bienfaits qui pouvaient être si facilement recueillis, c'est, nous venons de le voir, presque par une prohibition qu'on a enrayé ce progrès.

Bien loin d'agir ainsi, l'Angleterre stimule, par des primes favorables, l'épanouissement de cette grande industrie : le froid.

Ainsi, le rapport précité en fait foi, une subvention annuelle d'un million de francs est accordée à la compagnie Elder Dempster et Cie pour favoriser l'importation des bananes de la Jamaïque.

« Cette traversée demande environ une quinzaine de jours. Pendant ce temps, les bananes, qu'on a cueillies un peu vertes, sont maintenues dans les chambres froides, à une température de 10 à 12° au-dessus de 0°, ce qui leur permet d'arriver en parfait état à Bristol. Le prix de ces bananes, sur place, est de 0 fr. 80 environ par régime en moyen de 120 fruits. Le transport grève chaque régime de 3 francs. On comprend comment il est possible d'avoir de belles bananes à Bristol à raison de 0 fr. 05 pièce. »

Ainsi, pendant que nous mangeons à 10 et 15 centimes des fruits plus ou moins bons, à Bristol on en a d'excellents pour 5 centimes, soit 100 à 200 p. 100 en moins.

Et cependant, nos colonies de la Martinique, de la Guadeloupe sont voisines de la Jamaïque. Comme celle-ci, elles fournissent des bananes délicieuses. Elles ont des moyens de transport réguliers. Il n'y a donc pas de raisons pour qu'elles ne nous envoient pas leurs produits.

Il ne faudrait qu'exciter, comme on le fait en Angleterre, ce transit frigorifique. Ce serait au grand profit des pays expéditeurs, à celui des compagnies de transport, aussi de la satisfaction de nos palais.

La banane est en effet un fruit délicat, succulent, qui n'a qu'un défaut : celui d'être rare et cher.

Ajoutons que, si, au lieu d'employer pendant la traversée des températures de 10 à 12°, on se maintenait à près de zéro, ce qui est facile, on aurait la possibilité de cueillir des fruits plus mûrs, par conséquent supérieurs.

Il y a — je ne cesserai de le répéter, car ce n'est pas assez compris — une très grande différence entre la maturation se faisant au soleil, à haute température naturellement, et celle, factice, se produisant dans un espace confiné, après la cueillette.

C'est, ne craignons pas de le dire à nouveau, qu'il existe des affinités intimes, qui ne s'exercent que dans les conditions de vie voulues pas la création. Ces conditions, le végétal ne peut les rencontrer parfaites que sur le sol lui étant propre.

Aussi, on ne saurait trop le préciser, avec la matière organique, sur laquelle le froid peut opérer, il n'y a pas à chercher des températures spéciales. User d'abord largement des actions naturelles quand il y a lieu. Puis, pour la conservation, se rapprocher le plus possible de 0°, du sommeil de la vie organique. Telles sont les conditions dans lesquelles on opérera le plus efficacement. C'est la loi qui m'a toujours guidé.

Pour nous rendre compte, par une expérience simple, des actions exercées par les phénomènes naturels : lumière, chaleur, électricité, etc., cueillons un melon avant maturité.

Il se conservera longtemps, semblera mûrir, mais jamais n'acquerra la finesse de goût, la délicatesse de celui récolté à point. Il y a là une expérience facile à répéter, qui éclairera sûrement.

L'Angleterre n'est pas seule à inciter, par des primes, aux transports frigorifiques maritimes.

Le Canada, au climat froid, n'hésite pas à employer le même moyen. Il garantit un minimum de **17** francs par mètre cube employé à bord de navires pour le transport des denrées frigorifiquement exportées.

C'est que ce pays comprend tout le profit à retirer, par ses producteurs, des exportations ainsi faites.

En France nous avons producteurs et consommateurs à favoriser. Nous les oublions tous.

Nous parlons souvent des lois sur la marine marchande, qu'il importe tant de ne pas laisser décliner, puisque, en somme, elle se relie directement à la conservation de notre indépendance. Est-ce que, dans ces exemples, il n'y aurait pas des faits profitables, et ne pourrions-nous, pour nombre de nos colonies, faire surgir du frêt frigorifique?

Oui, certes!

Pour cela, il ne nous faudrait que vouloir.

Souvenons-nous toujours que l'argent envoyé dans les pays neufs nous revient presque immédiatement sous une autre forme; que, par suite, c'est un double mouvement d'activité que nous fomentons ainsi. Cette vérité inéluctable est trop souvent négligée.

Les magasins frigorifiques jouent un grand rôle en Angleterre.

Comme je l'avais indiqué en 1871 dans mon livre : *Conservation de la viande*, et comme je l'ai déjà répété ici, il n'est pas possible d'exercer cette industrie sans avoir à terre de grands magasins compensateurs, servant de régulateurs à l'arrivée des marchandises frigorifiées et à leur vente.

Les Anglais ont de suite compris cette nécessité. Aussi les magasins frigorifiques sont-ils très nombreux à Londres.

Il en est ainsi dans les autres grandes villes du Royaume-Uni. De même sur le continent, en Belgique, en Allemagne, etc., etc. Ce progrès va chaque jour croissant.

Le prix de location, à Londres, ressort, d'après M. de Loverdo, à environ **25 francs** par mois pour mille **kilogrammes** de viande.

Je me suis beaucoup étendu sur ces données, parce qu'elles émanent d'un homme éminent, consciencieux. Qu'il était utile de montrer, grâce à elles, le développement énorme qu'a pris l'industrie frigorifique à l'étranger; par suite l'intérêt qu'il y aurait pour nous autres, **grands producteurs et consommateurs**, à nous y rallier, à entrer largement dans cette voie.

Quelques exemples, pris à d'autres sources, ne pourront que nous éclairer dans la route à suivre.

La Nouvelle-Zélande est un pays **neuf**, qu'on ne penserait guère trouver en bon rang dans les transports frigorifiques.

Cela est cependant.

Voici en effet ce que disait d'elle, sur ce sujet, il y a quelque temps, la *Revue scientifique* :

« Il est très intéressant de suivre les progrès de cette industrie des viandes congelées, ce qui est en réalité originairement dû à notre compatriote Ch. Tellier, et qui permet, tout à la fois, de tirer avantageusement parti des immenses troupeaux de certains pays d'élevage, et de mettre d'excellente viande à la portée des petites bourses.

« En 1882, la Nouvelle-Zélande exportait, par la méthode frigorifique seulement, en viande . . . . . .   **1 700 000 livres.**

en 1886, le trafic s'élevait à. . . . . .   38 750 000 —

en 1889, il arrivait à. . . . .   159 223 000 —

Enfin, en 1899, nous trouvons . . .   165 000 000 —

« Ainsi, en 15 ans, de 1 700 000 livres, l'exportation de ce pays est passée à 165 000 000.

« En un mot, elle s'est **centuplée!**

Nous avons bien, dans le voisinage de la Nouvelle-Zélande, la Nouvelle-Calédonie, qui, elle aussi, pourrait fournir son apport, aider à enrichir notre marine, contribuer à notre **subsistance.**

Que faisons-nous à ce point de vue?

Ce qu'il faut pour l'enrayer, nous l'avons déjà expliqué[1].

Les États-Unis ne sont pas restés étrangers à cet immense mouvement. Toutefois, chez eux, c'est moins la navigation frigorifique, qui est utilisée, que le transport par wagons frigorifiques.

Cela se comprend. Ce pays produisant plus qu'il ne consomme, n'a besoin de faire venir du dehors aucune matière alimentaire. Tout au plus doit-il parer à l'exportation de son excès de production. Comme son étendue est considérable, les transports frigorifiques intérieurs, par voies ferrées, s'imposaient pour lui.

Aussi, à l'heure présente, ne compte-t-on pas moins de 80 000 wagons frigorifiques circulant sur le réseau américain, et l'on estime à 7 millions et demi de mètres cubes la capacité totale des entrepôts frigorifiques établis en ce pays.

Tous ces chiffres ont fini par émouvoir l'opinion publique en France.

Des voix autorisées s'élèvent un peu partout pour réclamer une large application du froid.

Un journal spécial, l'*Industrie Frigorifique*, qui se publie depuis plusieurs années, n'a eu garde d'oublier cette noble mission. Dans nombre d'articles, il a fait ressortir la situation et les nécessités qu'elle impose.

La campagne poursuivie par lui a été utile et grandement menée. Il faut lui en savoir gré.

Tout dernièrement le Congrès Frigorifique a puissamment appuyé en ce sens. Cette manifestation a présenté un grand intérêt. Nous y reviendrons plus loin.

---

1. Le *Cold Storage*, dans son numéro de juin 1910, reproduisait un discours de M. Mackensie, ministre de l'Agriculture de la Nouvelle-Zélande, lequel, parlant des expéditions importantes faites en Angleterre, termine ainsi :

« Ces chiffres démontrent, ainsi que nous l'avons souvent prétendu, la prédominance de la Grande-Bretagne dans le monde de la conservation frigorifique et que le salut des colonies est dû à la frigorification. »

Voilà une phrase que nos économistes devraient sans cesse méditer. Le marasme qui envahit nos colonies tomberait vite, si nous mettions le froid, ou au moins les facilités de l'employer, à leur disposition.

Espérons que l'heure est proche où ce progrès sera devenu une réalité pour nous.

Il est temps que le froid, appliqué à la conservation, prenne en France le développement nécessaire à notre richesse.

Ceci au grand profit des producteurs comme des consommateurs.

CHAPITRE XLVI

LES TRANSPORTS FRIGORIFIQUES PAR VOIES FERRÉES

**Emploi de l'ammoniaque mobilisée. — De machines frigorifiques
mues par l'essieu du wagon. — De la glace ordinaire.
De la glace fondant au-dessous de 0°.**

Occupé, comme je l'ai été toute ma vie, de la conservation
des denrées alimentaires, le problème des transports frigorifiques par voies ferrées ne pouvait m'être indifférent.

Comme je l'ai déjà expliqué, dès 1868-1869 j'avais été saisi
de l'intérêt qu'il y aurait à établir un mode de transport entre la
Crimée et Saint-Pétersbourg, pour préserver alternativement la
viande, les matières périssables, et de la chaleur l'été et du gel
l'hiver.

J'avais commencé cette étude. La guerre de 1870 et ses
suites vinrent y couper court.

Sans m'attacher à un aussi long parcours et à la double
satisfaction qu'il réclamait, j'avais compris, dès le début de
mes travaux sur le froid, que des conséquences, à ce point de
vue, seraient très utiles en France.

Dès l'abord ma pensée s'était portée sur le froid produit par
l'ammoniaque emportée en vases clos, telle que je la préconisait dès 1867 sous ce titre : *Production de la glace à domicile.*

Ce moyen d'action a, depuis, été réalisé de divers côtés.

Bien compris, il comporte des avantages considérables encore
maintenant profitables. Il constitue une réserve de froid permanente, réglable à volonté. Il offre pour une organisation
sérieuse des facilités très réelles.

Ayant fait ensuite la machine à compression et liquéfaction

mécanique. j'avais naturellement songé à l'appliquer aux wagons réfrigérants.

La force nécessaire à l'action de l'appareil se trouvait fournie par un des essieux du wagon. Il y avait peut-être là plus de difficultés d'application : puis, pendant les arrêts, pouvant se prolonger, la production du froid était forcément suspendue, ce qui comportait un autre inconvénient.

Enfin je n'avais pas méconnu l'emploi de la glace pas plus que je ne l'avais fait pour les buffets réfrigérants.

Ce moyen est encore, à l'heure présente, celui comptant le plus d'applications.

Mais est-il parfait ?

Non ! Il présente deux sérieux inconvénients :

Le premier est l'insuffisance du froid. On arrive difficilement, avec son aide, à + 6°, ce qui laisse à désirer.

Le second est que l'atmosphère du wagon reste saturée d'humidité, ce qui diminue et de beaucoup les facultés conservatrices nécessaires.

On avait bien cherché à remédier au défaut d'intensité de l'action frigorifique, en mélangeant du sel à la glace.

Or, sous l'influence de la trépidation, de la fusion de la glace, le sel se séparait de celle-ci, tombait au fond des récipients et l'effet désiré n'était pas produit.

Pour remédier à cet état de choses et conserver le magasin de froid, que l'emploi de la glace permet d'utiliser et qui a sa valeur, j'avais songé à un autre moyen.

Ce moyen était de faire de la glace fondant au-dessous de zéro.

Les avantages suivants pouvaient être recueillis :

Intensité de l'action frigorifique ;

Formation de givre rendant l'humidité moindre ;

Conservation du magasin frigorifique constitué par la provision de glace emportée ;

Enfin permanence de l'action frigorifique, quels que soient les arrêts, les manœuvres de wagon, etc., etc.

Pour cela, il suffirait de prendre non plus de l'eau pure, mais de l'eau additionnée d'un corps retardant son point de congélation, soit chlorure de calcium ou analogues, alcool, vin, etc., etc.

L'alcool dénaturé ou le vin faible, par leur bas prix, sont éminemment favorables à cet usage, étant donné surtout que la cristallisation de l'eau, dans le milieu ainsi formé, se fait par projection d'aiguilles en tous sens. On forme ainsi un véritable feutre conservant dans ses mailles l'alcool, lequel exerçant ensuite son affinité, amène la fusion des cristaux formés et par suite la production du froid au-dessous de 0°.

J'ai proposé le moyen à plusieurs grandes compagnies, mais inutilement.

Il est vrai qu'en France, les parcours sont limités et ne semblent pas nécessiter l'action frigorifique.

Ceci est une grave erreur. Nos producteurs ne doivent pas avoir en vue que le commerce français. L'exportation est pour eux un excellent moyen d'action.

C'est pour avoir négligé l'emploi du froid et des facilités qu'il procure, que nous avons vu nos exportations diminuer aussi sensiblement.

Les peuples à climats moins tempérés que le nôtre, comme le Danemark, le Canada, ne commettent pas cette faute. Quoique n'ayant pas besoin de froid pour eux-mêmes, ils en usent largement pour favoriser l'exportation de leurs produits agricoles.

Nous, nous pourrions profiter de ce moyen, et pour nos propres besoins, et pour exporter nos produits. Il y aurait donc double avantage.

Bien entendu la glace ainsi formée ne serait pas employée en vrac, en morceaux. Le liquide utilisé pour l'obtenir coûtant, il importe de ne pas le perdre.

A cet effet on disposerait des capacités métalliques rectangulaires, plates, fermées de toutes parts, portant seulement un très petit orifice pour l'entrée et la sortie de l'air sous l'influence de la congélation et de la fusion. Cet orifice pourrait au besoin être garni d'une double soupape. De même on pourrait blinder légèrement les capacités intérieurement, pour leur permettre de supporter la pression extérieure, quand un vide relatif se ferait intérieurement lors de la fusion.

Ces récipients seraient suspendus à la partie supérieure du wagon, avec gouttières en dessous pour recueillir l'eau produite par le givre, quand celui-ci viendrait à fondre.

Ces moules seraient également disposés à la partie supérieure du wagon dans un appendice ménagé à cet effet sur son toit et calculé pour pouvoir passer sous les ouvrages d'art.

Cet appendice s'ouvrirait par sa partie supérieure à l'aide d'un ventail fermant sur bourrelets flexibles, de manière à s'assurer contre toutes rentrées d'air.

En ces conditions, pour les lointains trajets, on pourrait recharger de froid, le wagon, sans avoir à toucher à la viande ou autres produits transportés.

Les dispositions à employer à ce point de vue sont essentiellement modifiables. Il suffit d'en signaler les éléments pour qu'on puisse les appliquer en toutes circonstances, en se conformant, bien entendu, aux gabarits des voies ferrées.

J'insiste sur ce moyen d'action, qui est fertile en résultats. Il permettrait, en établissant des stations intermédiaires productrices de l'action frigorifique, de faire traverser toute l'Europe aux produits de notre sol. Ces produits, étant dans d'excellentes conditions de conservation, assureraient de larges et fructueux débouchés à nos producteurs.

Le froid, étant ainsi appliqué largement et intensivement, permettrait de cueillir les fruits plus près de leur point de maturation.

Plusieurs fois j'ai insisté sur ce point et j'y insiste encore, car il ne suffit pas, avec les fruits surtout, de conserver intacte la matière organique; il faut encore leur laisser acquérir sur l'arbre, le plus possible, les qualités spéciales que leur donnent notre sol privilégié et leur exposition climatérique.

Or cette nécessité nous conduit à une conséquence que voici : c'est qu'elle abrège dans les conditions ordinaires la durée de la conservation.

Ceci serait un obstacle, si le froid employé largement, aussi près que possible de zéro, ne venait justement maîtriser la maturation ultérieure, compensant ainsi, pour le producteur, le temps sacrifié utilement à l'obtention de la qualité du fruit.

En conséquence les moyens d'action resteraient les mêmes, tout en donnant plus de valeur au produit.

La question des transports par voie ferrée est donc chose de premier ordre pour la production en général et surtout pour la production française.

Elle est également précieuse pour la consommation, dont elle assure la satisfaction à tous points de vue.

On ne saurait trop insister sur les moyens de la rendre efficace.

Le froid, bien employé, constitue la meilleure part de cette efficacité.

CHAPITRE XLVII

LA MORGUE

L'initiative du fait.
Supplanté par personnalités venant après coup.

Ce sujet est assez sinistre.

J'en dirai néanmoins quelques mots.

Nous y trouvons un nouvel exemple de l'accueil fait, en France, aux novateurs indigènes.

On attribue généralement à M. Brouardel le refroidissement de la Morgue.

La vérité, la voici :

L'idée de ce progrès émane de mon père.

Vers la fin de 1876, voyant les résultats que j'avais obtenus par le froid, il appela mon attention sur l'intérêt qu'il y aurait à appliquer la conservation frigorifique aux épaves humaines, échouant à la Morgue.

Je trouvai l'idée juste.

J'en écrivis à la Préfecture, sans trop compter que suite serait donnée à ma communication.

J'étais déjà si habitué au silence officiel!

Pour une fois, je me trompai sur ce point.

La proposition fut prise en considération.

Je fus invité à me mettre en rapport avec M. le Dʳ Devergie, des attributions duquel ressortissait ledit établissement.

Je vis donc M. Devergie et, de même que j'avais subi chez le Dʳ Maisonneuve, dans une circonstance analogue, je ne dirai pas l'indifférence, mais l'appréhension de l'inconnu, je fus par lui repoussé.

Il ne faut pas s'étonner, outre mesure, de ce résultat.

Quand l'homme vieillit, qu'elle qu'ait été son intelligence, il se cantonne forcément dans ce qu'il a d'acquis. Tout naturellement, il reste peu accessible aux faits nouveaux, ne cadrant plus avec l'ordre de choses dans lequel il a vécu.

Je subis, je le sens bien, à l'heure présente, cette influence.

J'avais compris dès cette époque qu'elle devait exister et avait sa raison d'être. Je ne fus donc pas froissé des conséquences qu'elle amenait, quelque regrettables fussent-elles.

Je fus parfaitement accueilli, du reste, par M. Devergie, qui me témoigna toute bienveillance. Mais il me démontra que tout était pour le mieux, dans l'état des choses existant.

Je me retirai, appréciant la situation, c'est-à-dire qu'il fallait laisser au temps, comme toujours, le soin de faire son œuvre.

Je ne pensais plus à la question, quand, environ deux ans après, je reçus la visite de M. le Dr Brouardel.

Jeune encore, il s'était déjà fait un nom dans la science. C'était un homme de réelle valeur.

Je ne le connaissais pas et je fus surpris, quand il m'apprit que le but de sa visite était le refroidissement de la Morgue.

Il ajouta qu'il savait que j'avais déjà agi, qu'il avait constaté les résultats fournis par mes travaux; qu'il était convaincu de l'utilité de leur application à la question dont il était cas.

Cela étant, il me demanda de la reprendre de manière à la mener à fin.

Je lui répondis que je voulais bien, mais que nous nous heurterions à M. Devergie, qui, lui, avait fait son siège.

A l'appui, je lui racontai ce qui s'était passé avec ce dernier.

« Non, non, me dit-il, nous ne serons plus éconduits par lui. Je vous engage vivement à le revoir. »

Je n'avais aucune raison de m'opposer à ce désir. Je promis donc d'agir en ce sens.

A quelques jours de là, je fus en effet retrouver le docte professeur.

« Oh, me dit-il, en hochant la tête, Brouardel est un jeune. Il s'enthousiasme vite. Néanmoins, revenez, nous reverrons l'application proposée. »

J'acceptai, et de fait l'étude fut reprise.

Peu de temps après, M. Devergie m'appela pour me lire le rapport qu'il devait déposer.

N'étant pas très ferré sur les questions frigorifiques — et son âge le faisait comprendre — il était aise de me communiquer ce qu'il en disait, afin d'avoir certitude de ne pas se tromper.

Je me fis un devoir d'être à sa disposition.

Son rapport était très bien fait. Il concluait cette fois à l'application des moyens par moi présentés.

Voilà donc l'affaire enlevée ; du moins je le croyais.

M. Brouardel me pressa pour faire l'étude définitive, ce qui n'avait qu'un médiocre agrément, les visites à la Morgue me causant un dégoût facile à comprendre.

Mais là n'était pas la question.

Il insista pour que j'établisse des prix aussi bas que possible, afin que l'administration ne puisse arguer du coût de la dépense pour revenir sur ses promesses.

Entrant dans ses vues, j'établis un devis se résumant presque par le prix coûtant.

M. Brouardel était alors si bien convaincu des résultats pouvant être fournis par mes moyens que, dans une entrevue au cours de laquelle je le remerciai de l'attention par lui donnée à mes recherches il voulut bien me dire :

« Je n'ai fait que ce que je devais, attendu que vous êtes le seul ayant traité la question. J'ai visité l'Europe, et je n'ai rien trouvé de semblable à vos travaux. »

J'activai donc. Je fus mis en rapport avec l'architecte de la Ville.

Puis... Plus rien !

Des mois se passèrent.

En présence de cette situation, devenant anormale après le
dérangement causé, je fis une sorte d'enquête.

J'appris alors que des personnes sans précédents sérieux
étaient venues sur mes brisées et que, manœuvrant dans l'ombre,
elles étaient sur le point de me supplanter.

Je vis en même temps que j'avais bien subi une sorte de
lâchage de la part de M. Brouardel.

Cela me peina.

Néanmoins, je voulus réagir, et entre autres choses j'écrivis
trois petites brochures intitulées chacune :

*Lettre à Monsieur le Préfet de la Seine sur l'installation
frigorifique de la Morgue.*

La première est en date du 25 janvier 1880;
Les deuxième et troisième suivirent à quelques jours de là.
Ces brochures sont épuisées. Elles peuvent être consultées à
la Bibliothèque Nationale.

Le résultat de ces diverses requêtes fut une nouvelle délibé-
ration.

Je fus encore évincé.

Je n'insiste pas sur ce fait, qui touche un peu à l'odieux.

Une fois de plus, j'ai pu dire :

« *Sic vos, non vobis.* »

Nul, en effet, ne peut méconnaître que je suis vraiment le
promoteur, l'instigateur du refroidissement de la Morgue.

Quant à l'exécution, ce n'était plus qu'une question de bénéfices, et, comme je l'ai dit, je les avais à l'avance sacrifiés.

J'ajoute que mes précédents rapports à l'Académie des
Sciences, le voyage du *Frigorifique* à La Plata, son séjour.
en fonction à Paris, la conception du projet, tout, en un mot.
émanait de mon initiative et me donnait des droits vraiment
imprescriptibles à la réalisation de l'œuvre [1].

---

1. Maintes fois, M. Brouardel était venu à bord du *Frigorifique* pendant son
séjour à Paris. Il prélevait avec empressement, sur les bœufs, des fragments de

Ce ne fut pas, on le voit.

Mais si les bénéfices sont allés à d'autres, et, je le rappelle, je les avais négligés, je puis dire que, néanmoins, là encore, j'ai pu être utile par mon initiative, non seulement à la France, mais aussi à l'étranger, puisque plusieurs capitales de l'Europe ont, depuis, adopté ce moyen.

A l'appui de tout ceci, voici copie d'une lettre de M. Brouardel, que je retrouve. Elle est du 15 janvier **1878**, et prouve la vérité de ce que j'avance.

Monsieur,

M. le Procureur de la République me prie de vous demander un nouveau rendez-vous à la Morgue lundi à 1 h. 1 2. J'espère que cette heure ne vous dérangera pas trop. Je crois que M. le Procureur de la République est bien disposé pour votre procédé.

Permettez-moi de vous rappeler que vous avez promis un devis approximatif pour ces jours. Je désire beaucoup que vous puissiez l'apporter au moins lundi.

Agréez mes salutations les plus distinguées.

BROUARDEL.

Ceci dit, je termine sur ce point.

moelle épinière, s'extasiant sur ce fait, qu'il n'y trouvait, malgré le temps s'écoulant, aucune trace de décomposition.

Son opinion était donc faite ; je ne pouvais par suite m'attendre au lâchage signalé.

CHAPITRE XLVIII

CONSERVATION DES PÊCHES, DU POISSON

**Impé{nbsp}ities commises. — Conservation excellente.
Mauvais entendement, d'où résultat négatif.**

Dès le début de mes travaux, j'avais eu occasion, comme je
l'ai signalé, de conserver des fruits, particulièrement des pêches,
et de les soumettre à l'examen de la Société d'Horticulture.

Restant dans mon rôle d'initiateur, je m'étais borné à une
simple démonstration.

En août 1879, je reçus la visite d'une personne venant me
demander si je voulais reprendre l'expérience.

J'étais toujours disposé à propager l'application du froid,
n'importe pour quel objet. Je répondis donc affirmativement.

Je crus à un simple essai, ainsi qu'il m'avait été dit.

Mais grande fut, je dirais presque ma colère, quand je vis
arriver mon homme, avec 5 000 pêches.

N'ayant pas été prévenu, je n'avais pu rien préparer.

Or, une quantité semblable de fruits ne se place pas, sans
qu'il faille prendre quelques précautions.

Ce n'était pas l'instant de maugréer longuement. Les pêches
étaient là, il fallait agir.

Je me mis donc à l'œuvre, et, finalement, avant la fin du
jour, tout était en état, et le froid commençait son œuvre.

Je n'étais pas très content de ces fruits. Ils avaient été cueillis
un peu verts, sans les soins utiles. Bref, l'expérience était entreprise par un ignorant.

Néanmoins, la conservation marchait dans de bonnes conditions et mon homme, comme on dit vulgairement, jubilait.

Vers la fin de décembre, on lui offrit 3 francs par pêche.

Je l'engageai fort à accepter, trouvant qu'il ferait là une bonne affaire, les pêches lui ayant coûté 35 centimes, et ne lui demandant, moi, pour les frais, que le coût du combustible.

« Non, me dit-il, il n'en sortira pas une à moins de cinq francs ! »

Comme, en somme, ce n'était pas ma propriété, je le laissai libre, lui représentant cependant que ces fruits avaient été mal choisis, que c'était vraiment un bénéfice très sérieux à retirer pour lui de cette première opération ; qu'il était sage d'en profiter.

Il persista dans sa résolution.

Le temps passa, et nous arrivâmes en février.

Cette année-là, il y avait eu de grandes inondations en Espagne.

Une ville, surtout, avait été éprouvée : Murcie, je crois, et on donnait à l'Hippodrome une grande fête, au profit des malheureux habitants de cette cité.

Mon homme se dit, qu'il y avait là une excellente occasion pour réaliser ses prétentions et il avait raison.

Il fut s'entendre avec l'administrateur, lequel lui accorda de vendre ses pêches à l'Hippodrome.

La veille, il vint les chercher.

Je lui fis toutes recommandations utiles, lui faisant remarquer le temps, qui était très froid.

Mais il en savait plus que moi et tout heureux du bénéfice, qu'il escomptait, il emmena ses fruits et les déposa, sans précaution, dans un local à lui désigné.

La nuit, la température tomba à 10° au-dessous de zéro. Toutes les pêches furent gelées ; personne naturellement n'en voulut (1879).

Une déconvenue analogue m'arriva avec du poisson, vers la même époque.

Une autre personne vint me trouver relativement à sa conservation.

Cette personne fournissait nombre de pensions, de communautés. Elle avait donc intérêt à acheter dans les moments d'abondance, pour écouler les jours maigres; par suite à utiliser le froid comme moyen de conservation.

Avant de monter une installation, elle me demanda à faire quelques essais préalables chez moi.

Cette demande était naturelle; j'acceptai volontiers.

Mon particulier, qui était du reste un très brave homme, opéra pendant une couple de mois, à sa grande satisfaction, sur de petites quantités.

Un jour il me dit : « Tout va bien, j'en apporterai un peu plus la première fois ».

Rien à dire encore, croyant que le mot — un peu plus — signifiait le double ou le triple des quantités sur lesquels nous opérions, soit 2 à 300 kilogrammes.

A quelques jours de là, il m'arriva un matin, toujours sans prévenir, avec deux voitures chargées de harengs. Il y en avait près de 10 000 kilogrammes.

Cette fois, ma patience fut à nouveau à bout.

« Comment, lui dis-je, vous venez tous les jours ici et vous arrivez, sans m'aviser, avec une pareille quantité de poisson? C'est de la folie! »

Mais encore cette fois, dire ne menait à rien, c'était agir qu'il fallait.

Nous nous mîmes donc à l'œuvre, entassant paniers sur paniers. C'est avec peine, que nous pûmes tout loger dans la chambre froide.

Nous y arrivâmes cependant.

Ceci fait, nous mîmes l'appareil frigorifique en train.

La conservation marcha bien.

Mon poissonnier était enchanté.

Au bout de trois semaines, il jugea le **moment** opportun d'écouler. Il y avait eu tempête, les arrivages étaient **rares, le** poisson cher.

A cause de cette circonstance, au lieu de vendre à sa clientèle il voulut profiter de la hausse se manifestant et **réaliser aux** halles mêmes.

Je le prévins qu'il rencontrerait là une **grande prévention,** même de l'hostilité. Qu'avant tout, il fallait laisser **ignorer que** c'était du poisson conservé. En un mot, qu'il importait de le faire juger sans parti pris sur sa qualité réelle, abstraction faite de la répugnance qu'amènerait certainement la divulgation de sa provenance et aussi la coalition d'intérêts adverses.

A cet effet, je l'engageai à prendre des charretiers à moi, dont j'étais sûr, et qui garderaient le secret.

Il ne voulut pas et vint la nuit avec des camionneurs des Halles enlever les harengs, afin d'être à l'heure utile **pour la** criée.

Ce que j'avais prévu arriva.

Les cochers s'empressèrent de dire que le poisson ne venait pas des ports de pêche, mais d'Auteuil, où on l'avait **gardé** trois semaines.

L'effet signalé fut complet. Personne n'en voulut. **Les cours** furent vilipendés.

Et cependant, le poisson était bon, je dirai même de la fraîcheur la plus complète.

Non seulement j'en avais conservé lors de l'expédition, mais j'en fis acheter au marché, et, vraiment, il ne présentait pas de différence avec la marée du jour.

Ces mésaventures avaient un côté doublement fâcheux :

D'une part, elles faisaient perdre de l'argent à ceux qui, logiquement, en devaient gagner.

D'une autre, elles se répandaient au dehors. Et comme nul ne savait la vérité, qu'au contraire chacun cachait sa **mala-**

dresse, c'était le mode de procéder qu'on accusait et non ceux qui avaient manqué d'intelligence.

D'où un discrédit immérité.

C'est ainsi que les meilleures choses périclitent, surtout en notre cher pays, où la prévention prend trop souvent la prééminence des choses.

CHAPITRE XLIX

REFROIDISSEMENT DES HABITATIONS ET LOCAUX INDUSTRIELS

Applications aux fournils de boulangers, aux cuisines de restaurants, laiteries, fromageries, etc., etc.

Au cours des travaux ci-dessus énumérés, une pensée m'avait souvent absorbé :

La possibilité de refroidir, à bas prix, sans machines frigorifiques, les maisons, châteaux, lieux publics, locaux industriels, etc., profitant pour cela d'une action naturelle, qu'en bien des cas on peut rencontrer, même gratuite.

Posons d'abord ce principe : que, dans la plupart des circonstances dont je parle, il ne faut pas un trop grand abaissement de température.

Aller trop loin, en ce sens, serait souvent un danger, en un mot agir contre les lois de l'hygiène.

Ce qu'il faut donc, ce n'est pas une action frigorifique dans le sens absolu du mot, mais un simple rafraîchissement ne compromettant pas la santé.

Pour l'obtenir, les habitants de certains pays, l'Inde par exemple, se servent de l'agitation de l'air.

Cette action donne en effet deux résultats, excellents en eux-mêmes :

1° Elle aide à la vaporisation des sécrétions liquides arrivant constamment à fleur de chair.

2° Elle dissipe les couches d'air retenues par le duvet revêtant notre peau, lequel, en ce cas, constitue un isolant intempestif.

Double circonstance apportant une sensation de fraîcheur, très appréciée des Orientaux.

Mais si nous n'avons pas d'esclaves pour nous éventer, il est un moyen d'opérer plus en rapport avec nos usages et nos possibilités.

Ce moyen, le voici.

Le sol, dans beaucoup d'endroits, contient, à des profondeurs relativement faibles, de l'eau à température basse.

Ainsi à Paris, les puits la fournissent de 14 à 15°.

Dans d'autres contrées, les fontaines la donnent à 9 ou 10°.

Ces eaux sont très utilisables au point de vue nous occupant. Elles sont nombreuses.

Elles constituent des sources de froid relatif, gratuit, pouvant fournir, en bien des cas, fraîcheur et satisfaction.

Cela viendra sûrement, quand l'électricité sera assez domestiquée pour être à la portée de tous. Elle livrera en effet, à bas prix, le peu de force nécessaire pour faire surgir l'eau et distribuer le froid par elle produit.

Mais, en attendant, nous pouvons agir en nombre de circonstances avec les moyens dont nous disposons.

C'est avec l'aide de l'eau froide que j'ai pu abaisser, dans une fromagerie, la température ambiante de 3 à 4° sur la moyenne préexistante, ce qui a permis de rendre régulière la fermentation fromagère.

Me résumant sur ce point, je dis que, dans nos contrées d'Europe surtout (vers l'Équateur le fait est moins probant, à cause des conditions climatologiques), on peut trouver partout de l'eau sensiblement à la moyenne annuelle de la température atmosphérique régnante.

Cette moyenne, d'après des constatations autorisées, se résume ainsi pour les villes et contrées environnantes, que voici :

Berlin.	8°6	Vienne	10°1
Munich	8°9	Bruxelles	10°2
Boston	9°3	Bade	10°3
Francfort-s.-Mein	9°8	Londres.	10°4

Paris	10°8	Madrid	14°2
La Rochelle	11°6	Rome	15°4
Turin	11°7	Nice	15°6
Venise	13°7	Lisbonne	16°4
Constantinople	13°7	Naples	16°7
Marseille	14°1	Etc., etc.	

Ces températures sont de beaucoup au-dessous de celles, qui sévissent pendant les chaleurs et surtout les heures de radiation solaire.

Songeons qu'à Paris nous avons eu jusqu'à 36° à l'ombre.

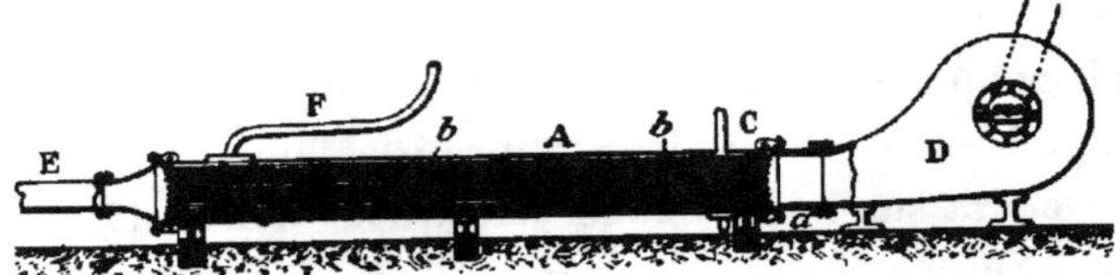

Fig. 43. — Appareil pour produire la fraîcheur dans tous locaux au moyen des eaux froides naturelles.

Or, rien de plus facile que de leur emprunter le froid relatif, nécessaire à nos besoins.

La figure 43 nous montre un appareil pouvant être utilisé à cet effet.

Ce mode d'action se résume par la disposition suivante :

Une capacité A, garnie d'un grand nombre de tubes b, b, de 12 à 15 millimètres de diamètre reçoit le courant d'eau froide à employer. Cette eau entre par C et parcourt toute la capacité A, enveloppant tous les tubes en elle enfermés.

D'autre part un ventilateur D chasse l'air dans les tubes b, b. Cet air se refroidit au contact de leurs surfaces.

Sortant de là, il est conduit par une buse E, dans des canaux analogues à ceux employés pour distribuer l'air chaud des calorifères.

Là, où existent de semblables installations, on peut en profiter pour, sans modifications, conduire l'hiver l'air chaud, l'été l'air froid. Circulation réglable à volonté par des valves.

Non seulement, dans son passage à travers les tubes *b, b*, l'air se refroidit, mais encore il y abandonne l'eau en excès par lui entraînée, laquelle est expulsée liquéfiée, par un orifice inférieur placé le plus près possible des canaux d'évacuation au dehors.

Avec cette eau s'échappe, précipités par sa condensation, une grande partie des microbes contenus dans l'atmosphère.

On obtient donc ainsi de l'air, non seulement refroidi, mais encore plus sec, assaini, ce qu'il importe de réaliser.

L'opération est peu coûteuse. Elle se réduit à la force employée pour pomper l'eau et animer le ventilateur. Elle donne cependant de grands résultats effectifs, puisque, si nous opérons sur mille litres d'eau, utilisables ultérieurement à tous usages, nous recueillons le résultat économique suivant :

Admettons que l'eau se sera élevée de 5° pris à la masse d'air refroidi, nous aurons ainsi forcé l'eau à absorber une quantité de chaleur égale à 5 calories par litre. Pour 1 000 litres, ce serait 5 000 calories, soit l'équivalent de la fusion de plus de 60 kilogr. de glace. Travail vraiment considérable et coûtant peu, je le répète.

Mais ce n'est pas seulement le confort que peut nous procurer ce moyen d'action.

Nombre d'industries pourraient en profiter.

En ce qui nous touche de près, combien de fournils de boulangers, de cuisines de restaurants, etc., etc., sont affectés par des excès de chaleur?

Dans la plupart règnent des températures fatigantes, intensives. On pourrait, avec le moyen indiqué, modérer notablement cet état fâcheux.

Toutefois, ce ne serait pas un ventilateur, qu'en bien des cas il serait opportun de faire agir.

L'air, ainsi mis en circulation, pourrait avoir des inconvénients. Il serait plus simple d'opérer par rayonnement.

A cet effet, on emploierait des feuilles de tôle réunies deux à deux dans toute leur périphérie, soit par des rivets, soit par une soudure autogène.

On formerait ainsi des capacités très aplaties, ayant de vastes surfaces et seulement un écartement de 1 à 2 millimètres entre leurs parois. Elles seraient galvanisées pour en rendre l'entretien plus facile. On les disposerait, soit au plafond, soit le long des murs.

A cause de la condensation s'opérant sur les surfaces indiquées, cette dernière disposition devrait être préférée. Il serait bon de laisser derrière les plaques refroidissantes quelques centimètres d'écartement d'avec la muraille, afin que toutes les surfaces utiles puissent travailler effectives.

Si l'on voulait profiter du plafond, on pourrait employer des plaques moins larges et les suspendre verticalement dans le sens de la longueur. Une gouttière, placée sous chaque rangée de plaques, emporterait l'eau condensée.

Quel que soit le mode adopté, on ferait passer l'eau successivement dans toutes les capacités métalliques ainsi établies et posées.

Le froid se produirait par rayonnement, ce qui éviterait les inconvénients signalés pour la ventilation, tout en produisant une action suffisamment énergique dans des limites modérées.

J'insiste sur ce dernier fait, car, ne l'oublions pas, l'excès, ici surtout, serait un défaut.

Les moyens que j'indique sont modifiables à l'infini.

Il suffit de les signaler pour que toutes applications puissent se faire.

Celles-ci sont nombreuses. Il n'en est pas qu'on ne puisse aisément réaliser.

Nos architectes ont là à exercer puissamment leur imaginative.

Le froid, emmagasiné par l'eau, peut donc nous être une aide très précieuse; d'autant précieuse que, presque partout, ce mode est facile à employer.

En terminant sur ce sujet, disons que nombre d'applications peuvent se faire à la ville comme à la campagne, touchant, non seulement le confort, la salubrité, l'hygiène, mais permettant aussi, à beaucoup d'actions diverses, de s'exercer avantageusement.

Rappelons-nous toujours que le froid est le grand modérateur des microbes et que, plus nous allons, plus nous avons à modifier leur ardeur, en bien des cas. Son emploi est donc pour ainsi dire de chaque instant.

Dès lors, tous les moyens de le produire en, plus ou en moins, doivent mériter notre plus sérieuse attention.

CHAPITRE L

« FIN DU FRIGORIFIQUE »

Abordé, il coule, avant de sombrer, l'abordeur.

A son retour de La Plata, le *Frigorifique* rapporta des viandes de ce pays, qui furent distribuées de tous côtés.

Pour ma part, j'en ai envoyé dans les Basses-Pyrénées, et c'était l'été. Ces viandes étaient venues d'abord de Rouen à Paris, et avaient été réexpédiées comme je l'indique.

Ce fait montre, une fois de plus, combien la viande non congelée, conservée par le froid sec, acquiert de qualités conservatrices, puisque dans la saison chaude, elle avait traversé toute la France, y compris un stationnement à Paris.

Comme je l'ai dit par suite de l'inertie et aussi de l'incapacité de ceux qui avaient pris la direction de la Société depuis ma retraite, la compagnie d'exploitation que j'avais voulu fonder à Rouen, laquelle était le but ultime de l'opération, ne fut pas réalisée. C'était la mort de l'œuvre.

En cette situation, le *Frigorique* fut immobilisé à Rouen dans un des bras de la Seine.

Vint l'Exposition de 1878.

Un moment de réveil se produisit. Il fut décidé qu'il y figurerait.

Il remonta en effet jusqu'à Paris et s'amarra au quai Debilly, devant la manutention, ceci contre mon gré, j'avais voulu le faire participer à l'Exposition.

Il fut l'objet d'une vraie curiosité. Une fois de plus, dans une expérience publique, qui dura des mois, il démontra, devant tous, la supériorité de ses moyens d'action, moyens tels que M. Brouardel, je l'ai dit, qui vint maintes fois à bord étudier au microscope la moelle épinière des bœufs conservés, s'étonnait devant ce fait, que même cette moelle, si sensible aux atteintes microbiques, ne présentait aucune trace d'altération.

L'Exposition finie, le rôle du *Frigorifique* était terminé.

Il fut vendu et attaché à un service de marchandises entre Rouen et Bordeaux.

Cette conséquence était naturelle. Jamais ce bateau n'avait été aménagé pour autre chose, qu'une expérience, et par suite un voyage.

Ce résultat obtenu, il n'avait plus raison d'être, au moins pour la Société qui le possédait. Il était trop petit pour faire avantageusement les voyages de La Plata.

Si l'opération avait suivi son cours normal, son sort n'aurait pas été tel.

Je l'eusse acquis et conservé comme un vieux compagnon. Il était devenu une partie de moi-même.

J'avais en effet subi cette impression, qui fait, qu'un navire s'incorpore pour ainsi dire à la nature de ceux l'ayant monté, l'ayant conduit.

Ici, j'avais fait plus. Je lui avais consacré, dans sa nouvelle destination, toutes les aspirations de mon être. J'en avais fait ma chose.

L'affaire ne se poursuivant pas, la ruine devenait mon partage. Mon désir ne pouvait dès lors se réaliser.

Je fus donc forcé de le laisser vendre !

Une fois, je le rencontrai.

Ce fut à Pauillac où je me trouvais fortuitement. Il passa devant moi.

Je ne m'y attendais pas. Grandes, je l'assure, furent mon émotion, ma joie. Je retrouvais un ami perdu.

Je ne devais pas le revoir. Sa fin était proche.

A peu de temps de là, il était un matin dans le golfe de

Gascogne (19 mars 1884). Un brouillard intense régnait. Il fut abordé par un vapeur anglais.

Précipitamment, son équipage sauta à bord du navire abordeur. Tout le monde fut recueilli.

Mais, dans l'émoi causé par l'événement, on n'avait pas arrêté la machine du *Frigorifique*.

Dégagé, celui-ci, qui ne coula pas sur le moment, continua sa marche.

Singulière représaille !

Il vint, toujours dans le brouillard, se jeter à son tour sur le bateau anglais, qui fut aussi éventré.

Comme le temps était calme, les équipages purent se sauver dans les chaloupes.

Personne ne périt. Seuls les deux navires furent engloutis.

Ils sont tous deux maintenant coulés l'un près de l'autre [1].

A vingt-quatre heures de là mourait à Philippeville mon pauvre ami Lemarié.

L'âme du navire avait appelé l'âme du capitaine.

1. Voici comment le journal *Le Yacht* rapporte le fait, d'après l'Amirauté anglaise :

« Il faisait un brouillard très épais : l'étrave du *Brumney* vint aborder la hanche de tribord du *Frigorifique*. Les deux bâtiments restèrent quelques instants en contact. Tout l'équipage français en profita pour grimper sur le *Brumney*. Cependant, le *Frigorifique*, dont la machine n'avait pas été stoppée, se dégagea et disparut dans le brouillard.

« On mit aussitôt à la mer toutes les embarcations du *Brumney* et, tandis qu'elles étaient encore le long du bord, on vit tout à coup revenir le *Frigorifique* dont la roue du gouvernail n'avait pas été redressée et qui avait effectué un tour complet dans le brouillard.

« Avant qu'on eût le temps de faire aucune manœuvre sur le *Brumney*, celui-ci était à son tour abordé comme l'avait été le *Frigorifique*, par la hanche tribord. Le *Brumney* coula presque immédiatement. Les deux équipages, réfugiés dans les canots, donnèrent alors la chasse au *Frigorifique*, qui continua à décrire des cercles dans le brouillard.

« Enfin, le temps se leva et l'on pût rejoindre le navire, mais peu à peu il coula à son tour, par suite des voies d'eau que lui avaient occasionnées ses deux abordages. »

ÉPILOGUE

En 1876, lorsque le *Frigorifique* fit son voyage de La Plata. il n'était pas transporté, entre nations. pour 1 centime de viandes ou de denrées périssables conservées par le froid. ou autre moyen réellement acceptable.

La preuve. c'est qu'en 1868. la Confédération Argentine. si ardente dans l'avènement du progrès. offrait un prix de quarante mille francs pour l'inventeur qui. dans le délai de six mois. présenterait le meilleur système de conservation des viandes froides. (Rapport de M. Pierre Bergès. savant professeur de Paléontologie à l'Université de Buenos-Ayres. fait au Congrès international du froid de 1908.)

Il n'y avait donc. à cette époque. aucun mode d'action. sur lequel on pouvait compter en ces pays. mes premières expériences s'étant effectuées à Paris et n'ayant pas été connues là-bas.

La situation était restée la même jusqu'en 1876. à l'arrivée du *Frigorifique*. à Buenos-Ayres.

Or, d'après ces mêmes documents. la République Argentine expédiait. dans l'année 1908. pour plus de cent vingt-cinq millions de francs de viandes fraîches frigorifiées.

C'était tout bénéfice. puisque les peaux. graisses. etc.. etc. restaient comme dans le passé. pour le commerce ordinaire; que la viande seule produisait cet excédent considérable de recettes.

La fortune publique de ce pays s'est donc.' de ce chef. augmentée dans de larges proportions.

Il en est de même de bien d'autres contrées. l'Australie. la Nouvelle-Zélande. etc.. etc.. qui ont trouvé. dans le froid. un moyen puissant d'exportation.

Mais ce ne sont pas seulement les centres producteurs qui ont trouvé à bénéficier largement.

Les populations consommatrices, assez intelligentes pour user de ce moyen, en ont profité puissamment.

D'après les calculs de M. James Troubridge Critchell, le journaliste anglo-australasien bien connu, qui est on ne peut mieux documenté sur le sujet, il a été importé en Angleterre, de toutes les parties du monde et à l'aide des moyens frigorifiques, durant les vingt-huit années de 1880 à 1907, pour une valeur de près de dix milliards (9 700 000 000) de produits aptes à se détériorer.

On peut estimer à plus d'un milliard les importations annuelles qui se font en ce pays par le froid.

A la dernière réunion du Congrès Frigorifique M. le Professeur Von Linde, dont la science, à juste titre, fait autorité, apprenait que l'Allemagne exigeait actuellement, pour suffire à son existence, l'introduction annuelle de denrées frigorifiées pour un milliard et demi.

Enfin, les calculs les plus modestes évaluent *à plus de six milliards* le trafic frigorifique se faisant maintenant et annuellement entre les peuples ; sans compter la conservation en magasin se résumant par près *de dix milliards*.

En présence de ces chiffres, je m'arrête, estimant qu'il m'est permis de dire que le *Frigorifique* a largement rempli sa mission vulgarisatrice.

Ch. TELLIER.

CHAPITRE LI

LONGTEMPS APRÈS

Le Congrès international du froid. — La force motrice. — La compression et la détente isothermique. — La traction automobile. — Le moteur à gaz pauvre. — Le moteur secondaire. — La navigation de l'avenir. — Le moteur solaire. — Le transafricain. — Le véritable métropolitain. — Fabrication du diamant. — Théorie de l'isothermie appliquée à la force motrice. — Machine frigorifique à absorption et pressions faibles. — Théorie de l'isothermie appliquée aux actions frigorifiques. — Appareil frigorifique pour petites installations.

Les jours ont passé, et je viens d'accomplir ma quatre-vingt-deuxième année.

Je veux dire quelques mots rapides sur les faits qui se sont produits entre la fin du *Frigorifique* et l'époque présente.

Avant, je veux rendre hommage à un événement important survenu dans la marche du froid.

En 1908, deux hommes de haute valeur, MM. André Lebon et de Loverdo, ont pensé, que l'heure était venue de relier entre eux les efforts fournis de toutes parts par l'industrie frigorifique.

Ils ont eu, par suite, l'idée grande de réunir à Paris un Congrès Frigorifique, solidarisant ainsi tous les intérêts, faisant appel à toutes les intelligences.

Au début, ce projet fit sourire. C'est comme cela généralement que les idées neuves sont accueillies en notre cher pays.

Beaucoup ne virent en lui que le groupement de quelques bonshommes, ressassant des choses connues. On s'est donc tout d'abord peu inquiété.

Cette indifférence n'a pas amolli la conviction, l'énergie des promoteurs.

Vaillamment, ils ont marché, quand même, en avant.

A force de démarches, d'instances, ils sont arrivés à faire comprendre le haut intérêt s'attachant à leur conception.

Ils ont attiré sur elle l'attention des pouvoirs. C'est ainsi que, en fin de compte, ils ont obtenu la Sorbonne pour y tenir le congrès projeté.

Lorsqu'il a eu lieu, grande a été la surprise, pour beaucoup, et moi-même, de voir combien chaleureusement, de tous côtés, avait enfin été accueillie l'idée.

Les adhésions atteignirent en effet le chiffre de 4 500. Sur ce nombre, 3 500 adhérents avaient, par leur présence, répondu à l'appel.

Le Congrès fut ouvert par M. Ruau, le savant ministre de l'Agriculture, le 5 octobre 1908, M. André Lebon en ayant la présidence effective, M. de Loverdo remplissant les fonctions de secrétaire général.

Je ne m'arrêterai pas à énumérer les travaux qui ont été produits dans cette session.

Ils dépassent toutes prévisions, remplissant trois volumes de 2 800 pages.

Ils présentent un intérêt énorme et constituent, pour ceux s'occupant de la question, un fonds cosmopolite documentaire, précieux à consulter.

Ces détails suffisent pour montrer combien a été vif l'accueil fait au Congrès et combien aussi a été sérieuse la besogne y accomplie.

Mais, ce qu'il importe en plus de faire remarquer, c'est que, de cette impulsion est sorti un mouvement grandiose, qui a fait prendre au froid et à ses applications la place qu'ils doivent occuper dans la science appliquée.

Non seulement une association internationnale a été fondée, laquelle aura ses assises cette année (1910) à Vienne (Autriche), mais encore ont été créées des sociétés spéciales à chaque nation, lesquelles sont solidaires du groupement général et en forment, dès maintenant, les éléments actifs.

De plus, un journal est né de ces labeurs : *La Revue Générale du Froid*, « organe officiel de l'association française du froid ».

Ainsi donc, spontanément pour ainsi dire, s'est développée de toutes parts la grande et magnifique pensée de MM. André Lebon et de Loverdo. Aussi, aujourd'hui, les éléments du froid ne sont plus épars. Ils forment un vaste ensemble d'efforts, produisant, au profit de tous, la réunion, la vulgarisation de recherches individuelles, séparées jusqu'ici.

Honneur donc à ceux-là qui, ayant conçu l'œuvre et vaillamment combattu pour elle, ont réussi, au prix de luttes incessantes, à la mener à bien.

Il semble qu'il y a des moments où le réveil du progrès devient plus ardent, fomentant les aspirations les plus nobles vers l'inconnu.

C'est ainsi que l'aérostation avait été dédaignée longtemps par les institutions scientifiques. L'Académie des Sciences, elle-même, si ouverte cependant aux choses de l'intelligence, avait fermé ses portes aux communications relatives à la direction des ballons.

Et voilà que, rompant avec ce passé hostile, non seulement elle accueille, mais donne des prix aux aviateurs; encourageant ainsi, de sa haute autorité, les recherches désormais inlassables en ce sens.

Sous ces influences, surgissant de toutes parts, voici qu'une émanation nouvelle de ce mouvement vient de naître.

Un homme éclairé, M. Roche, a fondé une école d'aéronautique réunissant le concours de nombreux savants.

Or, que trouvons-nous dans le programme de ladite école?

Un cours de froid appliqué, le premier de ce genre professé de par le monde.

C'est à M. de Loverdo, dont la science en ces matières fait autorité, qu'a été confié ce cours.

Depuis, un cours de cette nature a été ouvert au Conservatoire des Arts et Métiers et confié à M. Frédéric Sauvage.

On va vite en France quand on s'y met. Le tout est de s'y mettre.

Ah! certes, quand, au début de ma vie industrielle, je me débattais contre l'indifférence, je dirai presque l'hostilité du grand nombre à tout ce qui était du froid, je ne me doutais guère vivre assez pour voir de semblables manifestations se produire. Elles me rendent heureux.

Aussi, je le répète, à ceux qui ont fait surgir cet admirable mouvement, mes plus sincères compliments doivent aller.

Création cosmopolite, utile s'il en fut, car elle s'adresse à tous, faisant comprendre qu'au-dessus de la politique parcourant lentement une route semée d'obstacles, il y a l'union des esprits, des âmes. Celle-ci, dans un élan généreux, sans restriction aucune, suit le chemin de la science, n'y trouvant que les instincts les plus nobles; bonne volonté, intelligence et foi.

Vive donc le progrès frigorifique !

De tout cœur saluons-en les émules.

Espérons que, chaque jour, ils ajouteront à l'œuvre si laborieusement accomplie.

Parmi tous, n'oublions pas les promoteurs de la haute et magistrale conception dont nous venons de parler : MM. **André Lebon** et de **Loverdo**.

Rendons-leur l'hommage qui leur est dû.

Que l'expression de la gratitude de tous aille sincèrement les trouver.

Ce tribut rendu à la manifestation grandiose produite, et à ceux qui l'ont fait naître, je reprendrai un sujet plus modeste et dirai quelques mots des travaux ayant suivi mes recherches sur le froid et la conservation.

Je serai court, mes dires sortant parfois du sujet spécial que je me suis imposé.

Après avoir fait le *Frigorifique*, l'ère des expériences sur la conservation était passée.

Il n'y avait plus qu'à appliquer en grand le labeur accompli, passer en un mot à la pratique, à l'exploitation.

Là j'étais insuffisant.

En effet, pour ce faire, il fallait de l'argent.

Mais, d'une part, j'étais personnellement épuisé ; d'une autre, l'exploitation que j'avais étudiée et qui devait normalement succéder au *Frigorifique*, ne s'était pas réalisée.

Dès lors, plus d'action utile à suivre en ce sens.

Il me fallut par suite aborder d'autres travaux.

Or, le froid et le chaud, qui nous paraissent en opposition, ne sont, en résumé que les contingents d'un même élément : le calorique.

Nous avons divisé et désigné sous ces appellations différentes les sensations éprouvées par nos êtres. Mais ceci n'est que relatif.

En réalité, ces distinctions n'existent pas dans la nature. Elles se confondent en la grande émanation calorifique, que nous venons de citer. Ses lois, par suite, sont uniques, quel que soit le point de l'échelle quantitative considéré. De là, l'extrême facilité de passer de l'un à l'autre genre d'application.

Dans les utilisations de la chaleur, ce phénomène, dont, il nous faut l'avouer, nous ne savons encore dire la nature exacte, se range, en première ligne, la force motrice.

Délaissé, non par le froid, mais par les circonstances que je viens d'indiquer, je me sentis, d'autant plus porté vers cet ordre de recherches, que mon séjour à bord du *Frigorifique* m'avait montré combien, en force motrice nautique, il y avait à progresser.

Je ne méconnaissais pas la vapeur, ni les immenses services par elle rendus.

Mais je considérai qu'avec la surchauffe elle avait donné tout ce qu'elle pouvait produire ; que, pour faire mieux, il fallait se diriger vers une autre voie.

Je n'entrerai pas dans tous les détails des travaux auxquels, guidé par cette conviction, je me suis livré. Je dirai seulement, qu'elle me conduisit à étudier l'air et sa compression isothermique, aussi sa détente dans les mêmes conditions, questions du plus haut intérêt.

En effet, la compression de l'air n'avait pas encore été faite, à mon sens, dans les conditions précises à réaliser.

D'une part, les espaces nuisibles n'ayant pas été conjurés complètement dans les mécanismes adoptés, leurs conséquences restaient néfastes.

D'une autre, la chaleur de compression n'étant pas suffisamment enlevée, une résistance considérable surgissait par suite, ce qu'il fallait éviter.

On injectait bien de l'eau dans les cylindres compresseurs pendant leur marche. Mais l'effet utile était bien incomplet, par les raisons que voici :

D'abord les corps en fonction n'étaient pas assez divisés, en un mot entièrement mis en contact.

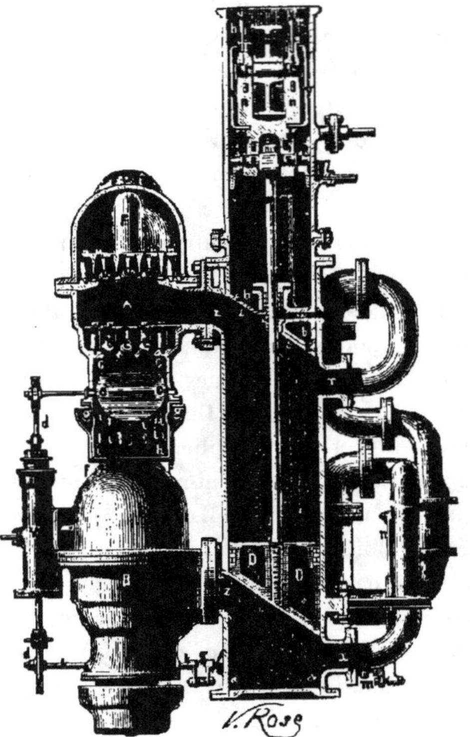

Fig. 44. — Vue d'un compresseur isothermique, avec chaînes absorbant le calorique de compression.

Ensuite, le poli parfait de leurs molécules, et c'est bien là la propriété des fluides, empêchant toute pénétration atomique, rendait par suite l'échange de chaleur insuffisant. J'ai déjà expliqué ce fait.

Je me dis qu'il fallait remédier à l'un et l'autre cas.

C'est ainsi qu'en 1878 j'eus l'idée d'introduire des chaînes métalliques dans les cylindres, soit pour faire la compression isothermique. soit pour réaliser la détente isothermique.

La figure 44 montre cette disposition appliquée à une pompe de compression.

J'eus ainsi des résultats complets, la texture cristalline du métal, ses aspérités, sa conductibilité, favorisant l'échange de la chaleur, action activée par la division à l'infini des fluides en fonction.

J'obtins, en ces conditions, l'isothermie à raison de 2 à 3" d'écart, sur la température du courant liquide employé.

J'avais construit un cylindre moteur basé sur ce principe (fig. 45).

On le mettait en route avec une vapeur ou un gaz à détente adiabatique. Puis, à un moment donné, on introduisait un courant d'huile à 300". La détente devenait isothermique.

C'était merveille alors de voir aussitôt se produire l'accélération de la marche.

La réalisation des phénomènes indiqués avait captivé l'attention de ceux qui m'entouraient et m'aidaient pécuniairement.

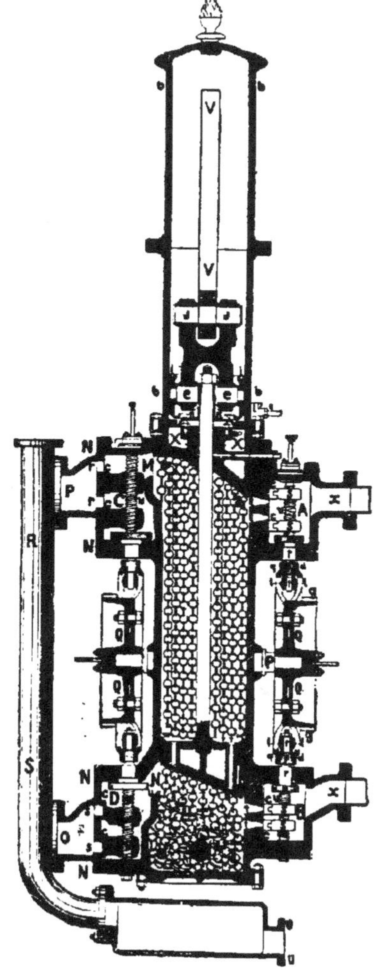

Fig. 45. — Vue d'un cylindre moteur isothermique avec chaînes nourrissant de chaleur la détente.

En ces conditions, c'était bien en effet la production du froid.

comme celle de la force motrice, que l'on pouvait obtenir à
des conditions particulièrement économiques.

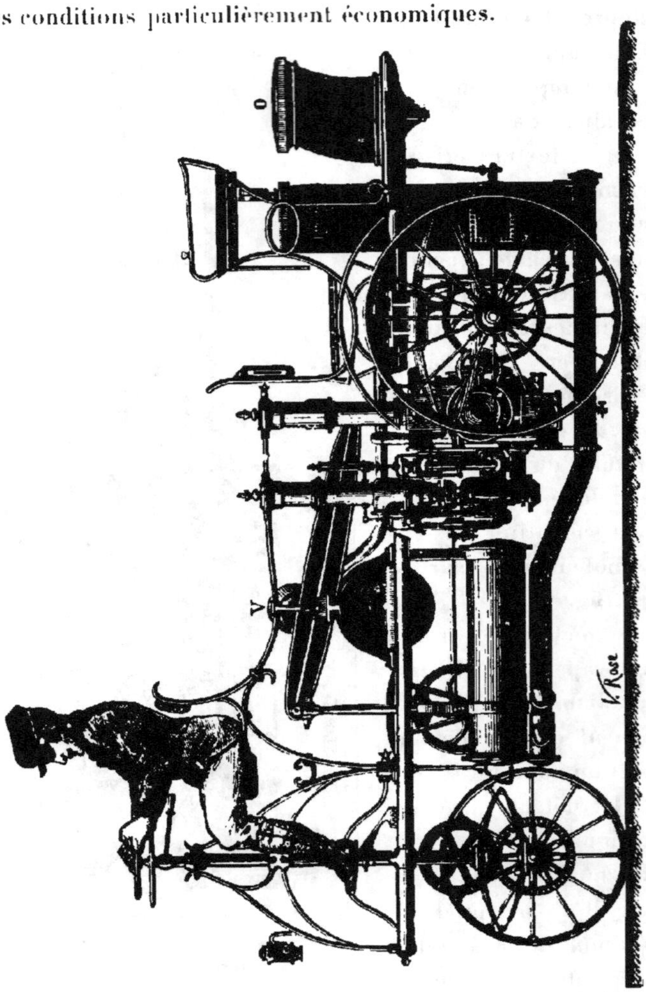

Fig. 46. — Vue du tracteur à air comprimé porteur.

J'ai publié à cette époque un livre sur ce sujet intitulé :
Étude sur la thermo-dynamique.

Je décidai de commencer par l'application de ces faits à la
force motrice.

Ma première conception, disposant alors d'assez faibles res

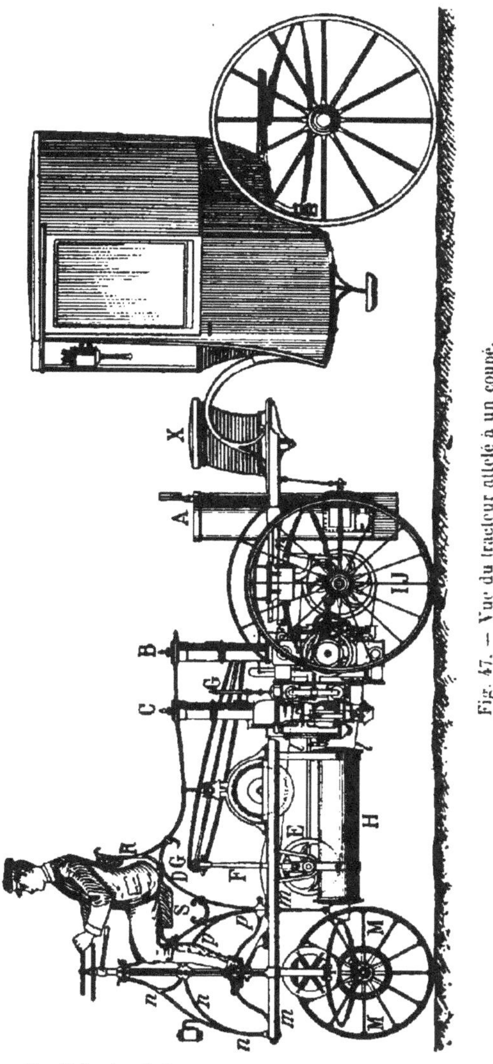

Fig. 47. — Vue du tracteur attelé à un coupé.

sources, avait été de faire un moteur léger, applicable aux transports sur route, et que représente la figure 46.

Ma pensée n'était pas, en étudiant un système de circulation automobile, d'arriver aux dangereux véhicules existant maintenant.

Elle était plus modeste.

Je voulais faire et je fis un moteur indépendant, destiné à trainer n'importe quelle sorte de voiture ; en un mot, propre à remplacer le cheval, pouvant au besoin être utilisé à domicile à tous travaux.

Je donnai le nom de « tracteur » à ce genre d'appareil, nom qui rend bien la fonction que je désirais produire et qui a été depuis repris par divers.

La figure 47 nous montre cet appareil attelé à un coupé.

En présence des résultats dynamiques obtenus, ceux qui m'entouraient, parmi lesquels était M. Richard, ancien président de la Société des Ingénieurs civils, me conseillèrent de transporter mes recherches sur un champ plus vaste et, au lieu de m'occuper de locomotion, cas considéré alors comme sans importance, d'appliquer les conséquences obtenues à la force motrice en général.

Ceci se passait en 1881-82.

C'est ainsi que je fus amené à étudier, en 1883, un système moteur basé sur les travaux que je viens d'énoncer, lequel se résuma par la construction du premier moteur à gaz pauvre qui fut établi. Il est représenté par la figure 48.

L'appareil résultant de ces études fut exécuté à Creil, chez MM. Daydé et Pillet. Il était de la force présumée de 100 chevaux-heure, qui fut atteinte.

Je ne me sers pas de l'expression anglaise H. P., qui s'est introduite chez nous à tort, non pas que je sois anglophobe.

Mais le mot « cheval » qui suffit pour désigner la force, et celui de « heure » y ajouté quand on veut désigner la quantité de temps, disent bien plus nettement les faits que les initiales H. P. signifiant pouvoir d'un cheval, ce que notre simple mot « cheval » suffit à exprimer.

Je ne suis pas ennemi des mots étrangers, à la condition qu'ils aient raison de s'imposer, qu'ils indiquent une chose ou une formule nouvelle. Au delà, c'est tout simplement de l'érudition à côté, autrement dit de la pose.

Cette manie des mots apparamment neufs s'infiltre en effet de nos jours trop largement dans nos mœurs.

C'est ainsi qu'à la suite de l'accident de Courrières, le mot *rescapé* a surgi et fleuri dans la presse.

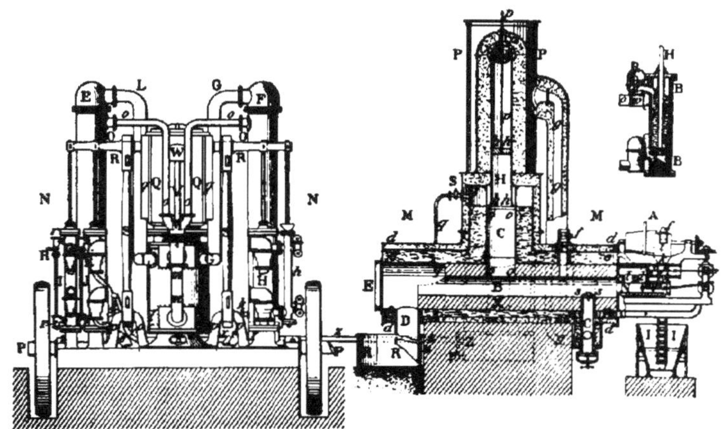

Fig. 48. — Vue de la première machine à gaz pauvre ayant été étudiée en 1883, construite en 1885 pour 100 chevaux.

Ceux qui l'emploient oublient que c'est un mauvais patois découlant de l'époque où les Flandres furent occupées par l'Espagnol. C'est pourquoi l'on dit par là, en langage vulgaire, un cat, un quien, un cateau, etc., pour un chat, un chien, un château.

Ne faisons pas d'esprit à l'envers. Souvenons-nous au contraire que le français est la plus belle des langues de notre époque.

Ayons l'orgueil de lui conserver sa virginité et sa logique, réputé qu'il est, parmi tous les idiomes, comme étant le plus clair, le plus précis.

Cette digression m'a éloigné de la force motrice. **J'y** reviens.

Je suis allé très avant dans l'étude de cette question. Des ingénieurs allemands, envoyés à cette époque pour étudier mes travaux, ont déclaré qu'ils étaient, à leur avis, les plus avancés de ceux connus.

Je n'en ai pas profité.

Toujours par suite de manœuvres inqualifiables.

Comme je l'ai déjà dit, l'homme d'initiative reste tout à son œuvre. Il ne se méfie pas de la convoitise d'autrui. Fasciné par le but vers lequel il aspire, il ne voit pas les machinations s'ourdissant contre lui.

Plus ses aspirations approchent du succès, plus l'envie s'éveille, plus aussi les pièges se dressent. Un beau matin, il se trouve ruiné. C'est ce qui m'est arrivé.

Je possédais cent actions de l'affaire, que j'avais créée. Elles valaient chacune 7 000 francs au bas mot à l'époque dont je parle.

Je me suis laissé entortiller.

En 48 heures, elles ne valaient plus 5 centimes.

Cette triste aventure a été pour moi, pour les miens, la source de bien des maux, de bien des luttes, aussi de bien des chagrins. Non pas d'intérieurs, je me plais à le dire, car celle à laquelle fut donné mon nom a toujours été à la hauteur des circonstances ; mais par la multiplicité des embarras, des soucis, causés par la situation précaire ainsi amenée.

Ceux-là, qui m'ont ainsi trompé, n'ont pas eu les résultats qu'ils attendaient.

Tant que j'étais à l'œuvre, la besogne paraissait facile. Ils ne se rendaient pas compte de la somme d'énergie, de travail, aussi de savoir qu'il faut donner à ces sortes de recherches.

De fait, ils n'ont su rien faire. Ils ont laissé tomber une œuvre, qui était prospère, digne de succès.

La preuve, c'est que, maintenant, ce genre de moteur a pris

place en tête de l'industrie. Il est vrai pour cela qu'il a dû, comme toujours, nous revenir de l'étranger.

Au cours de mes travaux sur la production de la force motrice, je me souvins aisément de ce que j'avais écrit dans mon livre — *L'Ammoniaque dans l'industrie* — sur l'application possible de ce corps pour utiliser la vapeur perdue des machines à vapeur à échappement libre, rappelant d'ailleurs, sur ce sujet, les travaux de Du Tremblay, qui fut un ami.

Toutefois, au lieu d'ammoniaque pure, je pensai qu'il était plus pratique d'employer sa solution.

Ce mode d'action était simple.

La vapeur d'échappement du moteur existant, au lieu d'être abandonnée à l'atmosphère, était envoyée dans les tubes d'un vaporisateur, sorte de chaudière tubulaire contenant une solution d'ammoniaque à 25°. Elle se condensait dans les dits tubes, y abandonnant son calorique latent.

Sous l'influence de cette condensation, une température de 100° se produisait, mettant en vapeur l'ammoniaque de la solution, sous une pression de 5 à 6 kilogrammes.

Cette vapeur d'ammoniaque était une force allant actionner un cylindre spécial, y déterminant une puissance égale à celle du moteur à vapeur primitif.

Naturellement le gaz ammoniac, après son travail, était recueilli et ramené dans la circulation, en un mot c'était toujours le même qui servait.

A cet effet, un courant constant de solution affaiblie sortait du générateur-vaporisateur plus haut signalé.

Ce courant était refroidi, puis conduit à un absorbeur où il recevait le gaz sortant détendu du moteur secondaire. La solution se trouvait ainsi reformée. Elle retournait au vaporisateur pour y dégager à nouveau la vapeur d'ammoniaque et ainsi indéfiniment.

Je possédais une locomobile de quinze chevaux à échappement libre. Je fis construire, par la maison Farcot, un moteur de même puissance ayant soin d'y faire établir un presse-étoupe à bague (fig. 9).

J'eus la satisfaction de réussir complètement et de reproduire 15 chevaux de force, ne coûtant que le graissage des organes.

Ce moteur secondaire animait une dynamo. J'eus ainsi gratuitement la lumière électrique.

Je vendis ce système à un Belge, M. Dansaert, de Bruxelles, lequel me le paya 200 000 francs. Ces fonds, naturellement, rentrèrent dans la caisse sociale.

Je comptais beaucoup sur cette affaire, réellement bonne en elle-même; aussi sur le concours de mon acheteur, homme honorable, sérieux, apte à la développer.

Là encore je fus frappé par une circonstance contraire et bien imprévue.

Voici comment :

A quelque temps de là, M. Dansaert hérita de 5 à 6 millions.

Cette fortune, sur laquelle il ne comptait pas, comblait tous ses désirs. Elle modifia de tous points ses intentions.

Plus riche maintenant, qu'il ne l'avait jamais espéré, il renonça à travailler, voulant se livrer à la seule surveillance de ses capitaux. Ce sentiment était naturel.

Son concours par suite devint nul. C'était, certes, son droit.

Ceux qui me dépouillèrent, comme je viens de le raconter, saisirent l'occasion, proclamant partout qu'ils allaient largement exploiter l'application. Ils n'en surent tirer parti.

La démonstration de sa valeur n'en a pas moins été faite par mes efforts. Un progrès sérieux fut là obtenu. Il a encore, en bien des cas, sa raison d'être. Il peut rendre de grands services.

La production de la force motrice économique avait naturellement guidé mon attention vers la marine.

Entraîné par des exigences journellement grandissantes, l'armement a été conduit à s'occuper de constructions navales de plus en plus vastes.

C'est ainsi que de 42 mètres, longueur du premier bateau à

vapeur ayant fonctionné à la mer, on atteint aujourd'hui 200 mètres et au delà.

Mais, dans cette tendance constante, le génie naval ne s'écarte pas des profils de carènes admis jusqu'à ce jour. Il est dès lors arrêté, dans sa marche progressive, par les nécessitées imposées, par les ports existants, les formes de radoub, etc., etc.

Dans ma pensée ceci ne doit pas être.

Il faut, à chaque période de la vie des hommes comme des peuples, s'écarter du connu, pour adopter des moyens nouveaux, en harmonie avec les nécessités, les exigences même, que le temps fait surgir.

En cet ordre d'idées, il faut rompre avec le passé, prendre du champ et entrer franchement dans une voie nouvelle.

C'est ainsi que je me suis trouvé amené à concevoir de nouvelles constructions navales, dont je vais dire quelques mots, pensant qu'ils seront utiles plus tard.

Avant tout, il fallait se pénétrer des conditions à obtenir pour donner au problème la solution désirable.

Ces conditions se résument principalement par :

La suppression presque complète du roulis et du tangage ;

La solidité dans la construction ;

La sécurité absolue, contre tous dangers de mer ;

L'abaissement des prix et frets, pour passagers et marchandises ;

Enfin, en cas de guerre, la possibilité d'être secourable à l'État.

Pour arriver à ces résultats, il faut, à mon sens, au lieu des coques admises jusqu'à ce jour, établir de longs cylindres métalliques creux se terminant par des cônes allongés, soit A A, figure 49.

Les fuseaux ainsi formés auraient de 10 à 15 mètres de diamètre, sur une longueur aussi grande qu'on le pourrait désirer. Ils constitueraient de longs flotteurs, dont la solidité serait assurée par un nombre suffisant de cloisons étanches.

Ces flotteurs seraient réunis parallèlement, en nombre aussi considérable que voulu, par des superstructures métalliques, sur lesquelles on établirait un vaste pont, recevant :

1° Les logements pour passagers de toutes classes;

2° Les aménagements pour la marchandise.

On aurait ainsi construit un gigantesque et solide radeau,

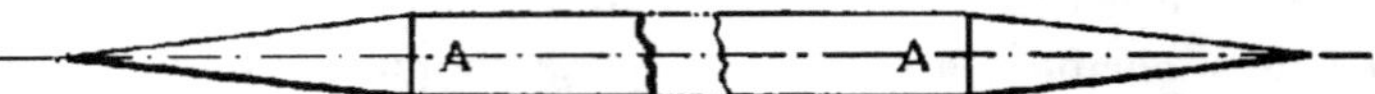

Fig. 49. — Vue d'un flotteur constitutif de la nouvelle navigation.

pouvant avoir 1 500 à 2 000 mètres de longeur, sur 5 à 600 mètres de largeur, sur lequel toutes facilités seraient rencontrées, soit pour le confort des voyageurs, soit pour le dépôt des marchandises.

La figure 50 nous montre plusieurs de ces flotteurs, sectionnés transversalement, portant leur superstructure.

Comme le laisse voir cette figure, la forme cylindrique régu-

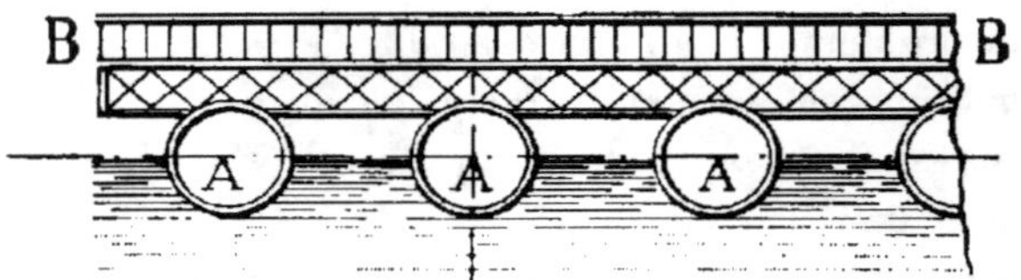

Fig. 50. — Vue en coupe transversale des flotteurs.

lière donnée aux flotteurs permettrait d'utiliser le maximum de résistance du métal employé.

A ce point de vue, cette forme est bien plus avantageuse que celle curvo-prismatique employée actuellement.

Comme il n'y aurait pas de marchandises dans les cales, nécessitant des ouvertures dans les cloisons, celles-ci seraient toujours fermées et les compartiments formés par elles seraient absolument étanches. De l'air comprimé, en permanence, permettrait, en cas d'avarie locale, de faire refluer l'eau.

La figure 51 est une vue en dessus d'un transport établi sur ces données.

Elle montre quel vaste pont serait ainsi établi et affecté à toutes les exigences du service.

Cette figure nous laisse voir, à l'avant comme à l'arrière, les cônes du flotteur, permettant tout à la fois de saper les vagues à leur base et de fendre l'eau aisément.

Des rails pourraient être établis de manière à permettre l'accès des trains sur le pont, ce qui faciliterait singulière-

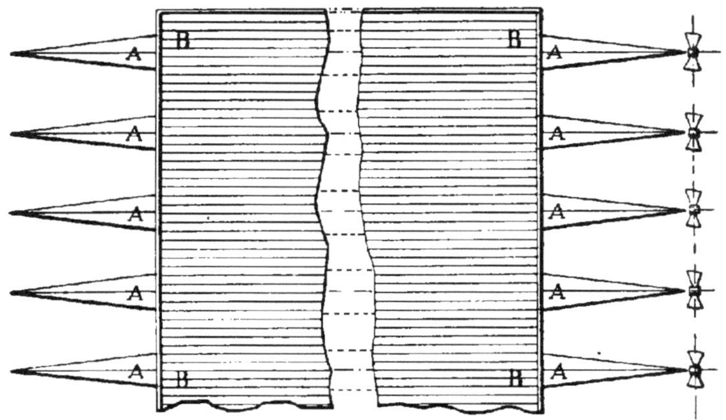

Fig. 51. — Vue du pont d'un transport.

ment l'embarquement et le débarquement des marchandises.

Des forces de 5 à 600 000 chevaux donneraient la vitesse utile.

En un mot, on construirait ainsi de véritables îles flottantes. La mer serait enfin vaincue.

Pour le commerce, ce seraient des frêts bien inférieurs à ceux demandés aujourd'hui.

Pour les voyageurs de toutes classes surgirait une économie considérable.

Tout ceci au bénéfice général de tous, car la répercussion de semblables avantages se ferait rapidement et de toutes parts.

A un autre point de vue, celui de la guerre, ce serait une véritable révolution des choses existantes, puisqu'un seul de ces engins pourrait transporter un corps d'armée, comprenant infanterie, artillerie, cavalerie, vivres et accessoires.

Je n'insiste pas sur ce côté de la question. Il n'est pas de notre ressort.

Notre mission étant avant tout humanitaire, je me borne à signaler la possibilité des faits, indiquant simplement qu'il faudrait compter avec elle.

J'aime mieux rappeler que, au point de vue du bien être social, ce qui nous intéresse surtout, ce serait une nouvelle étape franchie, puisque tout à la fois on rencontrerait dans les transports maritimes des avantages inconnus à ce jour :

1° Une économie sans précédents ;

2° La sécurité absolue ;

3° Le bien-être.

Il est évident que de semblables constructions ne prendraient plus place dans nos ports, aménagés tels qu'ils le sont pour nos navires actuels.

Mais dans les fleuves on trouverait des facilités suffisantes pour les recevoir, d'autant plus que l'échouement possible ne serait plus un danger, la constitution des flotteurs employés donnant à ce point de vue toutes garanties.

Partant de cette donnée, j'avais songé à relier directement Rouen à New-York, villes que tant d'intérêts tendent à réunir.

Mais l'heure n'est pas encore venue.

Aussi je me borne à signaler la possibilité d'établir ces moyens d'action, convaincu que l'avenir leur réservera un judicieux développement.

Peut-être trouvera-t-on osée cette croyance ?

Mais qu'on veuille bien se rappeler le *Frigorifique* et son histoire !

Quand j'ai commencé, c'était l'indifférence, presque l'ostracisme.

Aujourd'hui, c'est un trafic annuel de plus de six milliards de francs, sans compter la conservation sur place.

L'exposé de ces faits montre à quelles conséquences on peut arriver, surtout en ce cas, avec la force à bas prix, aisément applicable.

Cette facilité existe avec l'air comprimé isothermiquement.

Avec lui on est délivré des servitudes imposées par la chauffe, la conduite, l'entretien des chaudières des bateaux actuels, la dépense en combustible, toutes choses paralysant le développement de la grande navigation, celle vers laquelle tendent les aspirations de l'avenir.

Il y aurait beaucoup à dire encore sur ce sujet, tant au point de vue de la construction qu'à celui de l'entretien, des atterrissements, etc., etc. Ceci nous entraînerait trop loin. J'ai voulu seulement indiquer la possibilité de ce progrès pour l'avenir.

Je m'arrête donc sur ce sujet, me reportant à d'autre faits présentant intérêt.

A côté de la question motrice par le charbon, je n'en avais pas oublié une autre, naturelle, dont j'ai déjà dit quelques mots. Je veux parler de l'utilisation des rayons solaires.

Je voyais dans ce fait, surtout pour l'irrigation dans les pays chauds, un moyen d'action de premier ordre.

Cette opinion est encore telle en moi.

J'espère, qu'un jour ou l'autre, l'application dont je parle se réalisera pour le bonheur de l'humanité, prenant la place qu'elle doit occuper dans la marche du progrès.

L'usage possible des rayons solaires remonte à la plus haute antiquité.

Tout le monde sait qu'Archimède avait employé ce moyen contre les flottes romaines pour la défense de Syracuse, 212 ans avant l'ère chrétienne.

Dans ce but, il s'était servi de miroirs dits ardents. C'est ce procédé qui a été réédité par nombre de chercheurs, notamment en ces temps derniers par un homme de valeur : M. Mouchot.

J'avais envisagé la question autrement.

Dans ma pensée les miroirs étaient encombrants, coûteux,

très limités dans leur sphère d'action. Dès lors, leur application ne présentait pas à mon esprit de résultats avantageux. Je ne pouvais m'y arrêter.

Profitant des propriétés de l'ammoniaque, pure ou dissoute dans l'eau, j'avais, dès 1847 (voir mon livre *L'Ammoniaque dans l'Industrie*), imaginé d'utiliser les vastes surfaces, présentées par nombre de toits, pour les transformer en agents producteurs de force. Depuis, j'ai étudié, dans le même but, l'emploi d'autres corps, particulièrement de l'air et de l'eau.

On comprendra vite toute l'importance de la question, quand on réfléchira que, d'après Pouillet, MM. Crova et Viole, la quantité de chaleur qu'envoie moyennement le soleil sur la terre est de 0,4 calories à la seconde ou 1 440 calories par heure, par mètre carré perpendiculairement exposé aux rayons solaires.

Ceci nous conduit à l'incroyable force de trois cent mille milliards de chevaux vapeur.

A Paris, et dans une saison qu'on ne croirait guère pouvoir se prêter à ce genre d'expérience, mars 1889, j'ai pu élever à 10 mètres, 3 000 litres d'eau à l'heure, résultat n'ayant jamais, jusque-là, été obtenu avec les ardeurs solaires, même l'été.

Toutefois j'ai eu vite compris que la question toucherait peu les peuples des climats tempérés, où la radiation solaire est irrégulière et incertaine : que je n'y rencontrerais qu'un très relatif accueil.

Au contraire, en appliquant le moyen aux pays chauds, l'Afrique, par exemple, la question changeait de face.

Mais je ne pouvais quitter mes travaux, Paris, et aller faire campagne en ces contrées?

Malgré tous désirs possibles, il y a des apostolats qui échappent aux meilleures volontés.

En cette occurrence, et désireux de démontrer à tous la possibilité d'utiliser ce principe à bien des actions, j'eus l'idée, que j'espère encore voir accueillir, d'établir un chemin de fer transafricain mû par le soleil.

Il y avait là et il y a encore, pour moi, une œuvre féconde à bien des titres :

1° Elle relierait l'Algérie avec nos possessions du golfe de Guinée, livrant à notre activité tout l'intérieur de cette partie du continent africain et ses richesses;

2° Elle permettrait, sur toute la ligne ainsi ouverte, de faire naître la fertilité, puisque l'irrigation, par la même force gratuite, serait la conséquence des travaux exécutés.

3° Elle frapperait l'imagination des indigènes par la vue du soleil, domestiquant pour ainsi dire sa puissance, ce qui leur donnerait une haute idée de notre civilisation et des services qu'elle peut leur rendre.

4° De nombreuses situations seraient créées pour beaucoup de Français, ceci au grand avantage de bien des individualités, mieux utilisées ainsi qu'elles ne le sont, dans nombre d'emplois, surgissant chaque jour.

Imbu de cet ordre d'idées, je rédigeai un petit volume : « La Conquête pacifique de l'Afrique occidentale par le soleil », et je le répandis gratuitement parmi les intéressés, surtout en Algérie.

Le résultat fut nul. C'est à peine si deux ou trois maires m'en ont accusé réception.

Et cependant, il y a là une idée bonne, utile, dont les moyens d'action, déjà réalisés, ne peuvent donner lieu à aucun imprévu.

L'édition de mon livre est épuisée. On peut en avoir connaissance à la Bibliothèque Nationale (*La conquête pacifique de l'Afrique occidentale par le soleil*, 1890, par Ch. Tellier. Michelet, éditeur). Aussi d'un autre opuscule que j'ai écrit sous ce titre : *Élévation des eaux par la chaleur solaire.*

Je crois opportun de reproduire ici plusieurs figures de ces brochures. Elles peuvent présenter intérêt à quelques uns de mes lecteurs.

La figure 52 est la reproduction d'un diagramme obtenu à Paris sur un toit calorifique. La courbe inférieure montre

l'action de la chaleur solaire reçue sans châssis vitré. La courbe
supérieure a trait au même objet, mais avec châssis vitré. Il est
donc facile de voir l'énorme gain produit par l'emprisonnement
des rayons solaires sous la vitre les ayant laissé entrer. D'après
les données de ce diagramme, on obtiendrait au Sahara une
température, dans les plaques calorifiques contenant la solution
ammoniacale, de 90°, laquelle irait peut-être à 100°. On aurait,
par suite, une pression disponible de 5 à 6 kilogr. C'est dire,

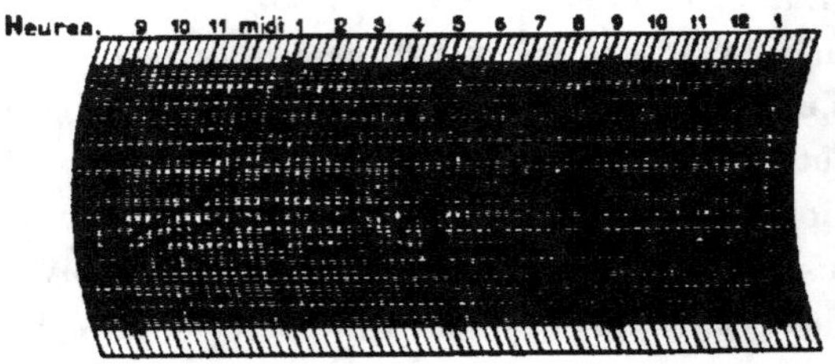

Fig. 52. — Diagramme des températures obtenues le même jour sur un toit
calorifique, sans châssis vitré et avec châssis vitré.

se reportant aux chiffres que j'ai énoncés page 398, l'immense
résultat à recueillir de ce moyen d'action. Irriguant en même
temps, on pourrait, avec l'eau puisée, produire la vapeur
ordinaire et sa condensation.

La figure 53 est la vue du toit calorifique et de son moteur.
L'ammoniaque est enfermée dans les plaques *c. d*, placées sous
un châssis en verre que nous verrons figure 54.

B B est le collecteur des vapeurs d'ammoniaque qui, par un
tube *g g*, vont actionner le moteur L. Nous retrouverons ce
moteur figure 54.

Cette figure 54 nous présente le dit toit, en coupe transversale. Nous y revoyons, en coupe aussi, les plaques *c d*, mais
vues en *d d*. Elles sont surmontées du châssis vitré *a b*, aussi
du collecteur B. En L est reproduit le moteur, que nous
étudierons spécialement plus loin.

L'inspection de ces figures montre que, sous ces toits, est un

espace couvert, clos si l'on veut, se prêtant à tous usages d'une
exploitation. Il n'y a donc pas de perte de terrain.

La figure 55 nous permet l'étude, en coupe longitudinale,
du moteur ammoniaque, signalé, sous la lettre L, dans
les figures 53 et 54.

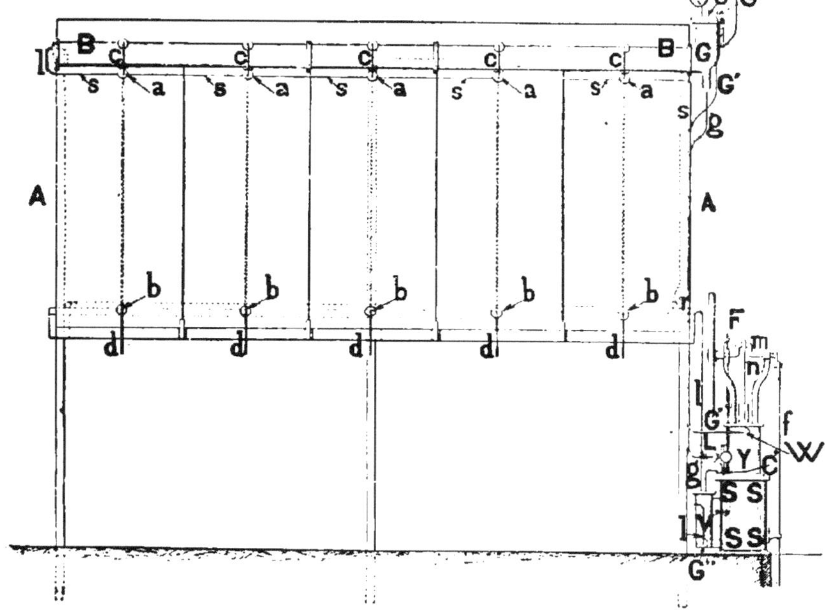

Fig. 53. — Vue de face d'un toit calorifique et de son moteur pour élever l'eau
par la chaleur solaire.

Il est facile de voir, sous le moteur L, la cuve SSSS,
dans laquelle se fait la reconstitution de l'ammoniaque. Pour
faciliter cette action il faut enlever la chaleur de combinaison.
A cet effet, l'eau puisée par l'appareil, au lieu de se rendre
directement au réservoir devant la contenir, passe par le
serpentin *sss*. Elle entraîne la chaleur ainsi dégagée, ce qui
n'a aucun inconvénient et assure le fonctionnement régulier de
l'appareil. Ce dernier a d'ailleurs donné d'excellents résultats.

La figure 56 reproduit le même appareil, mais en coupe

transversale. Outre les organes déjà désignés, nous y voyons la pompe alimentaire I', qui force la circulation de la solution d'ammoniaque de la cuve SSSS (fig. 55), au toit calorifique, circulation restant constante, la solution faisant retour par le tube *l* (fig. 53).

La figure 57 nous montre une autre disposition d'appareil. Là, au lieu d'employer un moteur, c'est l'ammoniaque qui fait sans pompe refluer l'eau.

Nous retrouvons dans cette figure, en E, le toit solaire, tel qu'il est indiqué dans les vues précédentes, mais l'action motrice est modifiée.

Le gaz ammoniac, au lieu d'agir sur un piston moteur, est employé directement.

Pour obtenir ce résultat, deux demi-sphères métalliques sont réunies par un joint équatorial.

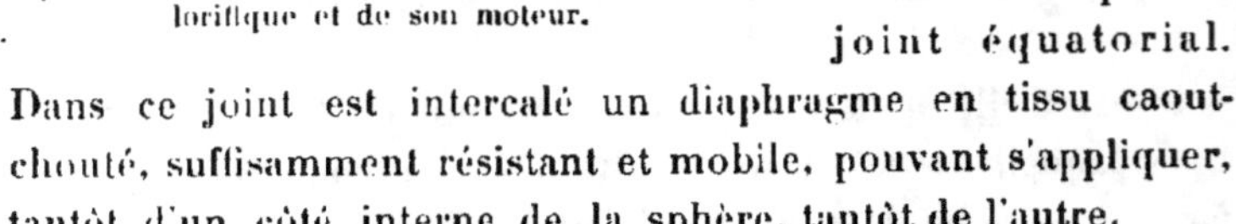

Fig. 54. — Vue en coupe transversale d'un toit calorifique et de son moteur.

Dans ce joint est intercalé un diaphragme en tissu caoutchouté, suffisamment résistant et mobile, pouvant s'appliquer, tantôt d'un côté interne de la sphère, tantôt de l'autre.

La sphère ainsi établie est descendue dans l'eau à élever.

De la dite sphère partent deux tuyaux.

L'un communique avec le côté où l'eau peut pénétrer en elle, à travers une soupape d'introduction.

L'autre va rejoindre le toit à ammoniac, à l'endroit où il y peut prendre la vapeur formée. Il communique avec le côté opposé de la sphère et par conséquent la vapeur introduite appuie sur le diaphragme mobile, ce qui évite tout contact avec l'eau.

Une distribution, réglée par un flotteur placé sur le conduit

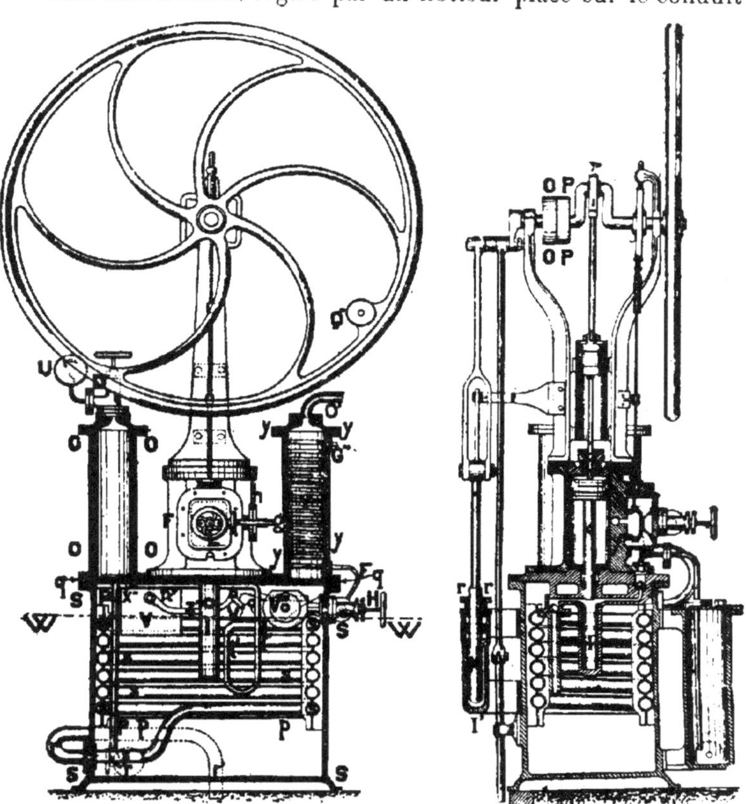

Fig. 55. — Coupe en long du moteur ammoniaque actionné par la chaleur solaire.

Fig. 56. — Vue en coupe transversale du moteur ammoniaque
pour toits solaires.

de refoulement de l'eau, permet à la vapeur d'ammoniaque d'entrer dans la sphère ou d'en sortir alternativement.

Sous l'influence de cette distribution :

Tantôt la vapeur d'ammoniaque vient appuyer sur le diaphragme, l'eau, entrée dans la sphère, et qui est de l'autre côté du dit diaphragme, est explusée. Elle vient jaillir au dehors. C'est ce que montre la figure 57, en G.

Fig. 57. — Vue d'un appareil solaire faisant refluer l'eau directement par la vapeur d'ammoniaque.

Tantôt, au contraire, l'ammoniaque est en communication avec le vase absorbeur; sa pression disparaît, l'eau, en vertu de son poids, rentre dans la sphère. Une seconde introduction d'ammoniaque l'expulsera et ainsi indéfiniment.

Cet appareil est simple. Il donne de bons résultats, tant que la hauteur de l'eau à élever n'est pas trop grande. Autrement on perdrait le bénéfice de la détente et mieux vaudrait revenir au moteur des figures 55 et 56.

Au milieu de tous ces travaux, qui par leur nature se reliaient les uns aux autres et me captivaient, je n'étais pas sans quelques pensées secondaires venant frapper de temps à autre mon esprit.

Je m'étendrai peu sur ces sujets accessoires. Je dirai seulement quelques mots de deux d'entre eux me paraissant, au point de vue avenir, mériter attention.

Le premier est relatif au métropolitain.

Lui aussi se rattache à la question force motrice. Mais c'est d'une manière plus générale que je l'avais envisagé.

Vers 1885 la possibilité de ce moyen de transport apparut intéressante.

On se plaça immédiatement sur le terrain de sa construction souterraine, imitant en cela nos voisins de Londres.

Ce mode d'action présente évidemment un certain intérêt, mais il ne me paraissait pas convenir aux besoins de Paris, aux aspirations d'air, de lumière, de gaîté, de sa population. Aussi à cause du voisinage de la Seine amenant bien des inconvénients. Ce qu'on a vu depuis et se reproduira inéluctablement.

Cette situation me frappa. Elle m'amena à concevoir un projet sur lequel je publiai deux brochures successives.

La première datait de 1886.

Elle était intitulée : *Le projet de métropolitain soumis aux Chambres* (Chio, éditeur).

La deuxième : *Le véritable métropolitain*, parut en 1891 (Michelet, éditeur).

Ce projet se résumait par un long viaduc établi dans l'axe

Fig. 58. — Vue de la station de la place de la Concorde.

de la Seine, traversant par conséquent tout Paris, et donnant les facilités suivantes :

D'un côté, la ligne ainsi établie se reliait à chaque extrémité aux voies accédant à la capitale. Tous les trains de province pouvaient ainsi la traverser, ce qui donnait bien des facilités.

D'un autre, elle avait une station à chaque pont.

De chacun de ces points partait une ligne d'omnibus aboutissant, par la voie la plus courte, à la périphérie de Paris.

Le prix uniforme des places était de 10 centimes, aussi bien pour le métropolitain que pour les omnibus.

C'était, on le voit, la circulation rendue aisée, rapide, à bon compte, pour tous.

Je ne fus pas écouté et Paris voyage sous terre avec tous les inconvénients de la vie ainsi faite; sans les facilités qu'aurait apporté le réseau établi comme je l'explique.

La figure 58 fait voir la station de la place de la Concorde, c'était naturellement la principale.

La figure 59 présente une vue d'ensemble de la voie traversant tout Paris.

La seconde question accessoire ayant attiré mon attention, avait trait à un fait intéressant singulièrement l'industrie.

Je veux parler de la cristallisation du carbone, autrement dit de la fabrication du diamant; recherches qu'on ne s'attendrait guère à trouver sous ma plume.

La production de ce corps n'a rien d'impossible. Elle intéresse deux ordres d'applications :

Le luxe;

L'industrie.

Le côté somptuaire ne nous concerne pas. Sans méconnaître son importance, il échappe à nos préoccupations.

Pour l'application industrielle, c'est autre chose. Elle mérite toute notre attention, touchant de très près, à nombre de travaux.

En effet, parmi les corps durs pouvant être employés à

Fig. 59. — Vue

traversant Paris.

l'ajustage, au tour, au rodage, au polissage, etc., le diamant tient le premier rang. C'est lui qui rendrait le plus de services par son action en quelque sorte inaltérable.

Mais il est très cher et cette circonstance fait qu'on ne l'utilise qu'exceptionnellement.

Qu'il soit produit à 50 ou 60 centimes le kilogr., ce que je crois possible avec le moyen que je vais décrire, et de suite il passe au premier rang des substances applicables aux actions ci-dessus énumérées. Il devient le corps actif par excellence pour nombre d'industries.

Jusqu'à présent, dans sa fabrication, on s'est borné à la méthode ignée; laquelle consiste à le faire cristalliser dans un milieu approprié, sous l'influence de hautes températures, actuellement celle des fours électriques.

Despretz, Moissan font autorité dans ce genre de recherches.

J'ai pensé à un autre moyen, que je qualifierai : dissoluteur, — lequel découle de l'observation que voici :

Les acides anhydres des métalloïdes dissolvent leurs radicaux.

Le soufre nous en est un exemple. L'acide sulfurique anhydre en dissout 20 p. 100 environ de son poids.

Il n'y a pas de raison pour que le fait ne s'applique pas au carbone et dès lors nous nous trouvons devant un traitement tout à fait économique, puisque le corps dissolvant — l'acide carbonique liquide — peut servir indéfiniment.

Bien entendu nous ne sommes pas ici en présence d'un fait accompli. Simplement devant une possibilité d'action, laquelle, en raison de ses conséquences économiques, mérite d'être étudiée et suivie. De grands établissements, comme le Creusot, devraient tenter cette fabrication.

Dans cet ordre d'idées, j'aborde les moyens d'action à appliquer.

Ils sont simples. Ils reposent sur l'utilisation de l'appareil représenté par la figure 60 sous la réserve toutefois de donner aux cylindres *a* et *b* seulement 250 à 300 millimètres de dia-

mètre, les pressions à supporter, surtout par *a*, pouvant
atteindre, même dépasser 50 à 60 kilogrammes.

Par les mêmes raisons, les joints des couvercles *f* et *g* doivent
être solidement faits avec des boulons.

En cet état *a* serait rempli de charbon. Du charbon de bois

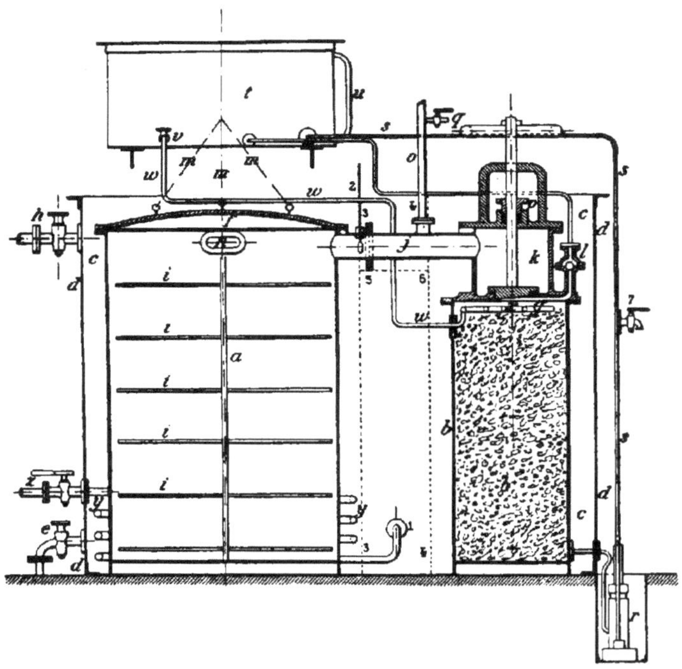

Fig. 60. — Appareil pour distiller dans le vide.

suffirait, celui du sucre étant d'un prix élevé. Il pourrait être
utilisé pour la production diamantaire de luxe.

On ferait le vide, comme je l'ai expliqué (voir page 221), jusqu'à anéantissement de pression sensible. Cette action aurait
l'avantage de vider les pores du charbon de tous gaz quelconques et d'établir un contact intime entre les molécules de
carbone et l'acide carbonique liquide.

Dès que le vide serait obtenu, on remplirait *a*, par un robinet *ad hoc*, du dit acide carbonique liquide.

On laisserait le tout macérer un temps suffisant, déterminé par la pratique.

Cela acquis, on soutirerait la dissolution dans un récipient résistant et fermé par un couvercle à joint boulonné solidement.

A l'aide d'un tube, muni d'un robinet, ce récipient serait à volonté en rapport avec la machine pneumatique. Cette machine, établie sur les principes isothermiques (voir fig. 43), serait en même temps compressive.

Sous son action, activée suivant le besoin, l'acide carbonique serait amené à se vaporiser. Par le jeu même de la machine, il irait se condenser dans un liquéfacteur entouré d'eau ou soumis à une action frigorifique. Ici bien des dispositions peuvent être utilisées.

Sous cette influence deux actions se produiraient :

La première serait la reprise et la liquéfaction de l'acide carbonique, lequel, je le répète, servirait indéfiniment.

Là serait le coût de l'opération, avec toutefois le prix du charbon employé à la dissolution, le moteur et la main-d'œuvre.

Cette dernière serait très réduite, un ouvrier pourrait surveiller plusieurs appareils.

La seconde serait la cristallisation du carbone dissout.

Ici se placerait une option, suivant qu'il s'agirait d'obtenir des cristaux gros ou fins.

Dans le premier cas l'évaporation devrait être très lente, l'appareil absolument en repos ;

Dans le second, il faudrait au contraire précipiter l'évaporation et même agiter le récipient, de manière à obtenir des cristaux minuscules.

La machine pneumatique, par suite évaporatoire, serait donc le critérium de l'opération.

Je m'arrête sur ce sujet ne voulant pas lui donner, malgré son intérêt, plus de place.

L'énoncé qui vient d'être fait montre qu'il s'agit là d'une opération facile à exécuter, laquelle, je ne saurais trop le répéter, conduirait à de grands avantages industriels.

C'est à ce titre surtout qu'elle mérite notre attention. J'en appelle à tous les travailleurs de métaux et autres corps rigides.

Tous ces travaux, malgré leur multiplicité, ne me faisaient pas oublier la question de l'isothermie, à laquelle j'attachais et attache un grand intérêt.

Je compte toujours, avec son aide, arriver à une économie considérable dans la production de la force motrice.

Dans l'état actuel de l'industrie, qui a tant besoin de force économique, surtout en vue de l'électricité, appelée à modifier si profondément nos moyens d'action, cette étude, résumant mes dernières recherches, présente un intérêt réel.

J'entre donc dans quelques détails sur elle. Ils permettront de mieux me faire comprendre. Ils prouveront en même temps l'exactitude des faits présentés et en partie appliqués.

L'*Isothermie* est l'état se manifestant dans les gaz quand on les comprime ou les étend sans modifier leur température.

Cette propriété est opposée à l'état *adiabatique*, la température variant alors avec la compression ou la détente.

Ainsi, pour citer un exemple, si l'on comprime à 15 atm. de l'air pris à 15° en maintenant dans sa masse la température initiale de 15°, on aura comprimé isothermiquement.

Si, au contraire, on laisse la chaleur de compression s'accumuler sans pertes, la température s'élèvera, toujours pour une compression de 15 atm., à 349°5. On aura, dans ce cas, comprimé adiabatiquement.

Cette application peut conduire à des résultats industriels considérables.

En effet, il devient possible, avec son aide, d'avoir :

La force théorique, à raison de deux équivalents mécaniques de la chaleur; la force pratique, avec 200 grammes de charbon par cheval-heure.

Le progrès le plus important fait ces dernières années, en production de force motrice avec la vapeur, a été sans conteste sa surchauffe.

Agissant ainsi, on a pu la considérer comme un gaz permanent, auquel on donnait du calorique sensible, qui, sous le piston, à la détente, se transformait en effort mécanique.

Cette loi étant rigoureuse en ses principes, économiques ont été les résultats obtenus par son application. C'est ainsi qu'il a été possible, avec ce secours, de descendre pratiquement à 7 ou 800 grammes de charbon par cheval-heure.

Dans mes nouveaux travaux, je ne m'éloigne pas de cette loi. Au contraire, je l'applique strictement, mais par une voie plus simple, plus directe, plus avantageuse, que je vais expliquer.

Pour faire produire à la vapeur d'eau les résultats ci-dessus indiqués, il a d'abord fallu la former à une tension suffisante pour pouvoir l'utiliser. Admettons, pour fixer les idées, 15 atm., pression qui tend à s'employer assez généralement. (La notation en atmosphères, au lieu de kilogr., est plus commode ici, à cause des relations de l'air comprimé avec l'atmosphère.)

Cette nécessité de production préalable de la vapeur conduit à deux conséquences principales, que voici :

1° Il a fallu donner à l'eau, pour la vaporiser, du calorique latent. Dans notre cas de 15 atm., il est de 464 calories par kilogr. de vapeur. Or ce calorique considérable, représentant 70 p. 100 de la quantité de chaleur employée, est presque complètement inerte dans le travail moteur de la vapeur, d'où, de ce chef, perte correspondante.

2° Il a fallu arriver à une température élevée pour obtenir la tension désirée de 15 atm., soit . . . . , . . . 199°

Dès lors, la surchauffe, si on la maintient dans les conditions pratiques de . . . . , ... 350°

ne peut plus s'exercer que pour . . . . 151°

ce qui est peu.

Ces deux circonstances sont évidemment très défavorables à la vapeur d'eau.

N'y a-t-il pas lieu d'opérer autrement et plus avantageusement?

Oui, en prenant une voie parallèle, c'est-à-dire en laissant de côté la vapeur et la remplaçant par l'air atmosphérique. C'est alors qu'arrivent mes moyens isothermiques, appliqués à la compression du dit air et à sa détente.

D'abord, qu'est-ce que l'air?

C'est une vapeur permanente, qui, par suite, n'a pas besoin de calorique latent, que nous pouvons de plus utiliser en la comprimant.

Pour obtenir ce résultat, deux faits surgissent, qu'il importe de considérer :

1° La compression de ce fluide ;

2° Sa surchauffe.

La compression, nous l'avons vu, peut s'exercer de deux manières :

Adiabatiquement, — Isothermiquement.

A première vue, il apparaît que la compression adiabatique est favorable, puisque, par son fait, on dégage de la chaleur et que cette chaleur étant conservée, peut être utilisée.

— Ceci est une profonde erreur. Voici pourquoi :

D'une part, si on développe de la chaleur pendant la compression, on donne une énergie très grande à la résistance, d'où perte finale de force considérable ;

D'une autre, on élève de beaucoup la température de l'air comprimé et sa surchauffe devient difficile, sinon impossible à exercer.

Précisons ces faits par quelques chiffres.

Si nous comprimons adiabatiquement un mètre cube d'air à 15 atm. nous élèverons sa température de 349°,5.

Or ces 349°,5 correspondent à une quantité de chaleur égale à 107 calories.

Soit, à raison de **425** kilogrammètres par calorie, le travail de **45 475** kilogrammètres.

Ainsi donc, la chaleur dégagée sous le piston comprimant de l'air adiabatiquement, est venue nous apporter une résistance de . . . . **45 475 kgm.** à laquelle vient s'ajouter celle propre à la compression.

Celle-ci est, pour 15 atm., de seulement . . . . **27 334 kgm.**

Il est vrai qu'à la détente nous retrouvons ces **45 475 kgm.** qui, donnant alors une puissance correspondante, viendront équilibrer la résistance à la compression.

Mais, qu'aurons-nous gagné de ce chef en travail utile???

Rien! Puisque la résistance aura été égale à la puissance! D'où équilibre! Par suite, résultat négatif.

Or, ce n'est pas un résultat négatif qu'il faut atteindre en industrie, mais bien de la force vive, applicable à toutes les nécessités.

Reste à voir le second point : la surchauffe.

Certes, elle exercera son action !

Mais en quelle proportion?

Si nous admettons. **350°** comme étant la température convenable pour l'air en travail, nous voyons que cette proportion sera nulle, la compression adiabatique nous conduisant d'elle-même à 349°.5, ci. **349°.5**

Nous ne pourrons dès lors, en ce cas, compter avec la surchauffe, à moins d'arriver à des températures auxquelles les métaux ne donnent plus de sécurité. Au delà de 400°, température employée pour la vapeur, température déjà élevée, il devient dangereux d'agir.

Donc, de ce côté — compression adiabatique — aucun résultat avantageux.

Les choses changent complètement, si nous travaillons isothermiquement.

Avec les procédés que j'ai étudiés — *le fait est démontré pratiquement* — je puis comprimer l'air à n'importe quelle pression, avec une différence de seulement 3 à 4" sur la température de l'eau dont on peut disposer.

En ces conditions, nous avons fait disparaître la résistance causée par les 45 475 kgm., plus haut signalés, comme étant amenée par la chaleur de compression adiabatique. Nous n'avons donc plus à compter qu'avec celle de 27 234 kgm. produite par la compression isothermique, et il n'y a plus d'effort anormal à vaincre.

Échauffant de 300" l'air ainsi comprimé froid, nous obtenons 2 fois et 28/100ᵉ le volume primitif. Le rapport du gain est donc de 1 à 2.28, soit 128 p. 100 de bénéfices.

Cet air surchauffé nous donnera, en se détendant . . . . 45 475 kgm.

Et comme sa compression isothermique aura absorbé. . . . . 17 941 kgm.

La différence, à notre avantage, sera de. . . . 27 534 kgm.
pour une dépense de 107 calories.

Ces chiffres sont un peu modifiés, dans la pratique, car il faut tenir compte :

D'un côté :

De la résistance à l'échappement dans l'atmosphère.

De celle causée par le refoulement de l'air comprimé.

D'un autre :

Du travail actif de l'air surchauffé, pendant la période d'introduction.

En balançant ces éléments, on arrive à trouver qu'un mètre cube d'air comprimé à 15 atm., chauffé à 350°, donne net : 31 369 kgm. pour une dépense de 107 calories.

Chaque calorie produisant 425 kilogrammètres en travail mécanique, les déductions s'établiront ainsi :

400°.) L'air surchauffé vient agir sur le piston moteur du cylindre *e*, à la manière ordinaire.

Ce piston actionne et le compresseur *a* et la pompe à eau *f*, l'appareil ainsi construit étant établi pour servir à l'irrigation.

Bien entendu cette application n'a rien de limitatif. Ce moteur pourrait s'employer à tous les usages, quels qu'ils soient.

Le magasin de charbon est en *g*. Il en contient pour 14 heures de travail. Un pousseur *h*, mû par le moteur, le distribue pour ainsi dire, miette à miette. L'alimentation de ce chef en est donc continuelle.

Tout combustible peut être employé, pourvu qu'il soit menu. Ceci procure une grande supériorité sur les appareils à alimentation directe connus, tous exigeant de l'anthracite ou des charbons maigres, dont on demande chaque jour un prix plus élevé.

La figure 62 nous montre l'appareil de grande puissance.

Ici l'emploi direct du charbon est supprimé. C'est le gaz pauvre, produit dans un gazogène quelconque, qui est utilisé.

Qu'il me soit permis de rappeler ce que je disais un peu plus haut, précisant que c'est moi, en 1883-85, qui ai combiné et fait construire le premier moteur à gaz pauvre. Je suis donc fondé à agir dans le sens que je vais indiquer, puisque ce sont des expériences pour la plupart faites, qui sont à coordonner.

Le gaz arrive pour déflagrer dans le cylindre *i*, comme dans un moteur à gaz ordinaire, mais avec ces différences :

Qu'il est donné, comme dans un moteur à vapeur, deux coups utiles par tour, tandis que les meilleurs moteurs à gaz n'en donnent généralement qu'un sur deux tours ;

Que, de plus, il ne reçoit de gaz qu'un tour sur deux.

Voici la raison de cette dernière et apparente anomalie.

Dans les moteurs à gaz ordinaires, on perd 75 p. 100 de la chaleur dépensée, tant par le courant d'eau entourant le

cylindre que par les gaz d'échappement sortant à une haute
température.

Ce sont ces 75 p. 100 qu'il faut reprendre et utiliser.

A cet effet, je dispose en *j* un compresseur absolument analogue à celui décrit sur la figure 61. J'ai donc ainsi de l'air
comprimé froid sous la main. Je fais passer cet air froid,
comprimé, dans
un échangeur quel-
conque, où il se
croise avec les gaz
chauds, sortant du
cylindre *i*. Cet air
froid s'empare de
la plus grande par-
tie de la chaleur,
entraînée par les
gaz ayant travaillé.

L'ayant ainsi re-
cueillie, il arrive
au cylindre-mo-
teur *i* pour un se-

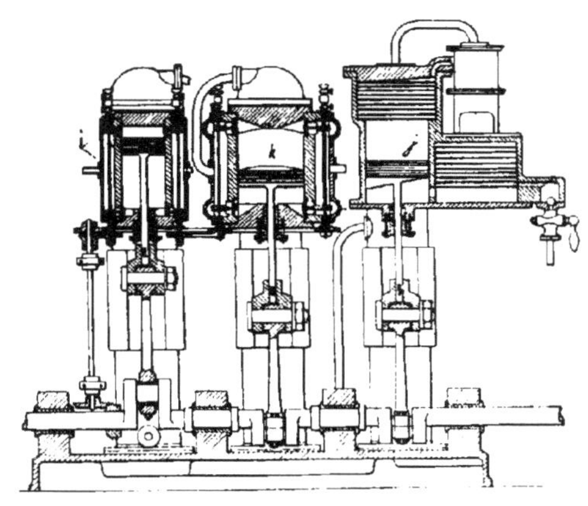

Fig. 62. — Vue d'un moteur isothermique pour grande
puissance.

cond tour, intercalant ainsi son action avec celle du gaz et
s'emparant, par sa détente :

De la chaleur restée dans le cylindre; chaleur que, dans les
moteurs à gaz ordinaires, il faut soigneusement enlever par
l'eau et perdre.

Or, rappelons-nous le bien, c'est la *chaleur déposée sous le
piston, qui n'a plus de pertes à subir, qu'il importe surtout de
recueillir et de faire travailler*, et c'est là ce que nous
faisons.

Sortant de *i*, il vient se détendre définitivement dans le
cylindre *k* avec réchauffement intermédiaire, si on le veut.

J'utilise donc la très grande partie du calorique perdu
dans les machines ordinaires et ceci conduit, pour les grandes

forces, au chiffre indiqué de 200 grammes de charbon par force de cheval-heure.

La caractéristique de ce moteur est par suite :

L'alternance, dans le premier cylindre i, du gaz, avec l'air comprimé ; afin que ce dernier recueille les chaleurs abandonnées par le travail du tour précédent et les transforme en force.

Comme on le voit aisément, rien de tout ce qui précède ne sort des lois les plus précises de la thermodynamique. Ce sont ses principes mêmes, qui sont ici appliqués. Je tiens à le faire observer.

Bien entendu, les dispositions indiquées sont essentiellement modifiables. Elles se prêtent à toutes les exigences de la construction et de l'emploi.

Forcé d'être court je ne puis entrer dans tous les développements de la question : *Je reste à la disposition de tous pour les renseignements paraissant utiles.*

On voit, par ce rapide exposé, combien sont simples les combinaisons employées. Je répète, pour être plus précis, que nombre d'elles ont été par moi déjà expérimentées et que c'est, par suite, plutôt le groupement de faits vus, que je suis en train de réaliser, qu'un ordre de choses encore inconnu.

Tout en m'attachant à ces labeurs, je n'oubliais pas le froid. Je l'ai toujours considéré comme un enfant préféré, lui donnant mes meilleures aspirations. Il n'a donc jamais été banni de ma pensée.

C'est ainsi qu'en 1895 je pris un brevet pour une nouvelle utilisation de l'ammoniaque, dont voici succinctement l'objet :

L'ammoniaque employée dans les appareils frigorifiques à circulation de solution exige des pressions élevées pour sa liquéfaction. Ces pressions peuvent aller jusqu'à 15 atmosphères, avec certaines eaux chaudes parfois rencontrées.

Ceci cause des difficultés de construction, des dangers dans l'exploitation, malheureusement, ayant laissé leurs traces; des complications dans la conduite des appareils, notamment des projections, tendant à perturber leur marche, etc., etc.

Je me suis dit qu'il était possible d'échapper à ces hautes pressions et d'arriver, par suite, à combiner des appareils plus simples, d'un plus facile emploi.

A cet effet, j'imaginai un ensemble comportant un congélateur, un échangeur et un absorbeur, parcourus par une même solution ammoniacale à 25° environ.

Seulement, j'interposais, entre le congélateur et l'absorbeur, une pompe à gaz qui, aspirant ceux du congélateur, les refoulait ensuite dans l'absorbeur, y produisant une solution sursaturée.

Cette solution retournait à nouveau vaporiser son ammoniaque dans le congélateur et ainsi indéfiniment.

J'obtins, en ces conditions, un appareil facile à conduire, n'exigeant que peu de pression, environ un demi-kilogramme, et d'un rendement suffisant.

Au milieu de tous ces labeurs l'air comprimé isothermiquement ne pouvait être oublié par moi, au point de vue frigorifique.

Son importance, à ce point de vue, est telle, que je suis entraîné à dire quelques mots des considérations techniques m'ayant guidé dans son emploi et tendant à lui faire donner la première place dans les applications de cette nature.

Avant, un léger retour sur le passé.

Jusqu'ici le froid a été surtout fourni par les machines à compression mécanique employant l'ammoniaque ou autres gaz liquéfiables.

Ces machines donnent, au maximum, dans des *conditions pratiques*, 10 à 15 kilogr. de glace par kilogr. de charbon, étant admise l'eau de condensation au-dessous de 15°.

Les appareils, dérivant des principes isothermiques que je viens d'expliquer, peuvent fournir 50 kilogr. et plus dans les mêmes conditions.

La raison de cette énorme différence est facile à expliquer par l'observation que voici :

Toute la force reçue par les machines à compression de gaz liquéfiable disparaît dans l'opération de la liquéfaction.

Au contraire l'air permet de constituer une **machine à actions antagonistes**; c'est-à-dire que, si, d'un côté, nous **dépensons en** compression, de l'autre nous retrouvons, en détente, **partie du** travail fourni.

La perte n'est donc pas totale comme dans les **machines à** liquéfaction mécanique, mais se solde par la **différence des deux** pouvoirs.

Cette conséquence est si vraie que, si nous supposons, **par la** pensée, un appareil comprimant isothermiquement de l'air à 15° et détendant toujours isothermiquement à la même **tempé-** rature, il n'y aura pas — *théoriquement* — de force à dépenser. L'équilibre existera.

Dans la production de froid (nous prenons pour base la glace) les faits ne se passent plus ainsi. Nous admettons de l'eau à 15° (n'importe quelle température peut être utilisée), elle **nous** permet la compression isothermique à 18°. D'autre part, il **nous** faut descendre à — 5° pour obtenir la congélation.

C'est donc un écart de 23° que perd notre air comprimé lors de la détente isothermique, soit **22/273**. De plus, il **faut récu-** pérer les frottements.

Appliquons ces données à la production **de 100 kilogr. de** glace.

Un mètre cube d'air comprimé à 15 kilogr. absorbant, **lors de** sa détente, 107 calories, correspond sensiblement à la **produc-** tion de 1 kilogr. de glace, en comprenant la chaleur de l'eau, le rayonnement, etc., etc.

Pour 100 kilogr., il nous faudra donc comprimer, à **15 atmos-** phères, 100 mètres cubes d'air.

Or, nous l'avons dit, nous avons des pertes à supporter. Ce sont ces pertes qui vont constituer notre dépense.

Il importe de les supputer.

Nous venons de voir que nous subissons une **différence de** température de 23/273, qui vient peser sur la détente. Ce coefficient nous donne 84/1000.

Appliqué à nos 100 mètres cubes, il nous conduit,
pour compenser cette perte, à comprimer, en
plus de nos 100 mètres cubes d'air . . . . . . $8^{m3}, 4$

Nous avons à compter avec les frottements.
Estimons-les à 20 0/0, soit à fournir, sur $108^{m3}.4$
d'air à comprimer, l'effort nouveau de. . . . . $21^{m3}, 6$

Ensemble. . . . . 30^{m3} »

Ajoutons à ce travail supplémentaire 20 0/0 pour
les frottements à lui relatifs, soit. . . . . 6^{m3} »

C'est en somme . . . 36^{m3} »

qu'il nous faut comprimer en dehors des 100 mètres cubes signalés pour obtenir 100 kilogr. de glace, mais dont la force nous est rendue, ne l'oublions pas, par la détente, sauf le travail supplémentaire ci-dessus indiqué.

Or ce travail supplémentaire, le seul à considérer, nous coûte, par l'isothermie :

$36^{m3} \times 107$ cal., soit . . . . 3 852 cal. .

que nous avons à fournir avec du charbon.

Le pouvoir calorifique utilisable de celui-ci étant estimé à seulement 5 000 calories, c'est en fait une dépense de 770 grammes de charbon par 100 kilogr. de glace.

On pourrait crier à l'impossible, alléguant qu'avec 3 852 calories on ne peut en enlever 10 000 !

Cela serait vrai, je l'ai expliqué, avec l'ammoniaque ou autres vapeurs liquéfiables, lesquelles, n'ayant aucune récupération dans leur travail, ne peuvent donner plus que leurs actions de condensation ou de revaporisation.

Mais ici, grâce à l'isothermie employée à la compression, comme à la détente, nous nous trouvons devant deux faits exceptionnels, qu'il faut, sans cesse, nous rappeler :

D'abord deux forces antagonistes nous laissant en dépense : *seulement la différence existant entre elles.*

Ensuite, ce fait, que ce n'est pas avec du charbon que nous chauffons notre air en détente, *mais avec le calorique retiré de l'eau.* Voilà ce qu'il faut savoir apprécier et ce que ne peuvent donner les machines à compression mécanique, lesquelles, qu'il me soit permis de le rappeler, pour ne pas être taxé de partialité. j'ai créées en 1866.

On comprend aisément comment, dans ces conditions, des résultats, en apparence anormaux, peuvent cependant se produire régulièrement.

Tout ceci expliqué, je vais rapidement donner une idée des moyens d'action pouvant être mis à profit, à ce point de vue, pour produire le froid. Ils font, encore, maintenant. partie de mes recherches.

La figure 63 nous montre la coupe d'un appareil frigorifique basé sur ces principes. Quelques lignes vont suffire à sa description.

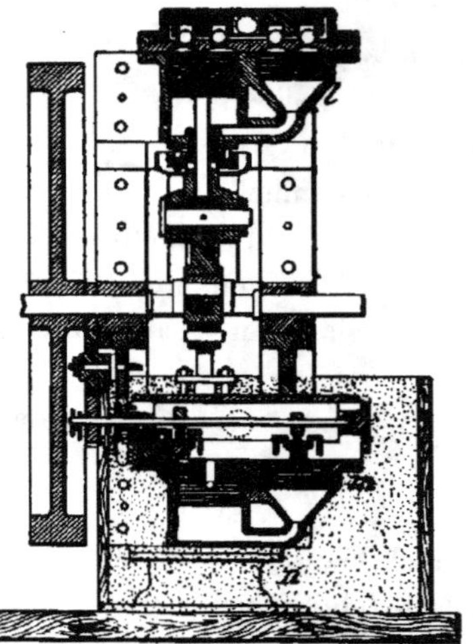

Fig. 63. — Vue d'un appareil frigorifique employant l'air comprimé isothermiquement.

La seule inspection de cette figure montre son degré de parenté avec les types présentés par les figures 61 et 62.

Nous y retrouvons. à la partie supérieure, sous la lettre *l*, le compresseur des dites figures. L'air comprimé, au lieu d'être surchauffé. vient se détendre dans le détendeur *m*, qui est en tout semblable (sauf la distribution se faisant comme dans un cylindre-moteur) au compresseur *l*.

Toutefois, ce n'est pas de l'eau qui circule dans *m*, mais un liquide incongelable qui va porter l'action frigorifique soit dans un congélateur *n*. soit à tous autres emplois.

La circulation de ce liquide dans *m* maintient la température de la détente au degré voulu, soit — 5°, — 10°, etc., suivant les applications.

C'est elle qui apporte, comme je le disais il y a un instant, le calorique nécessaire à cette détente et par conséquent à la restitution de partie de la force motrice employée, *calorique qu'elle va prendre à l'eau à congeler ou à tout autre genre de refroidissement*, lequel, par suite, ne coûte rien.

Elle met de plus à l'abri de formation de glaçons dans le cylindre détendeur, ce qui était un grand obstacle dans les machines à air construites précédemment.

En fait ce sont les mêmes lois que celles ci-dessus indiquées pour la production de la force, que nous retrouvons ici. Plus complètes mêmes, puisque l'isothermie est, non seulement appliquée à la compression, mais forcément à la détente : ce qui, pour les moteurs, n'est pas une nécessité.

La figure 64 montre un appareil basé sur les principes que je viens d'énoncer. Il est destiné surtout aux restaurateurs, limonadiers, en un mot à tous détaillants. J'y mets la dernière main.

C'est toujours la compression et la détente isothermique qui sont employées.

Par son peu de place, sa simplicité, la possibilité de l'actionner par l'électricité, il est propre à être mis entre toutes mains. Je le crois appelé à rendre de grands services.

Je disais, page 383, que les sensations désignées par les appellations de froid et de chaud n'étaient qu'à nous relatives et ne sont en réalité que les émanations d'un même fluide : le Calorique.

Partant de là, il apparaît possible d'établir un appareil utilisant uniquement ce fluide, mais donnant, sous l'influence de ces émanations différentes, tout en ne modifiant pas les organes employés, des résultats différents aussi, ce qui nous démontre l'unité du calorique.

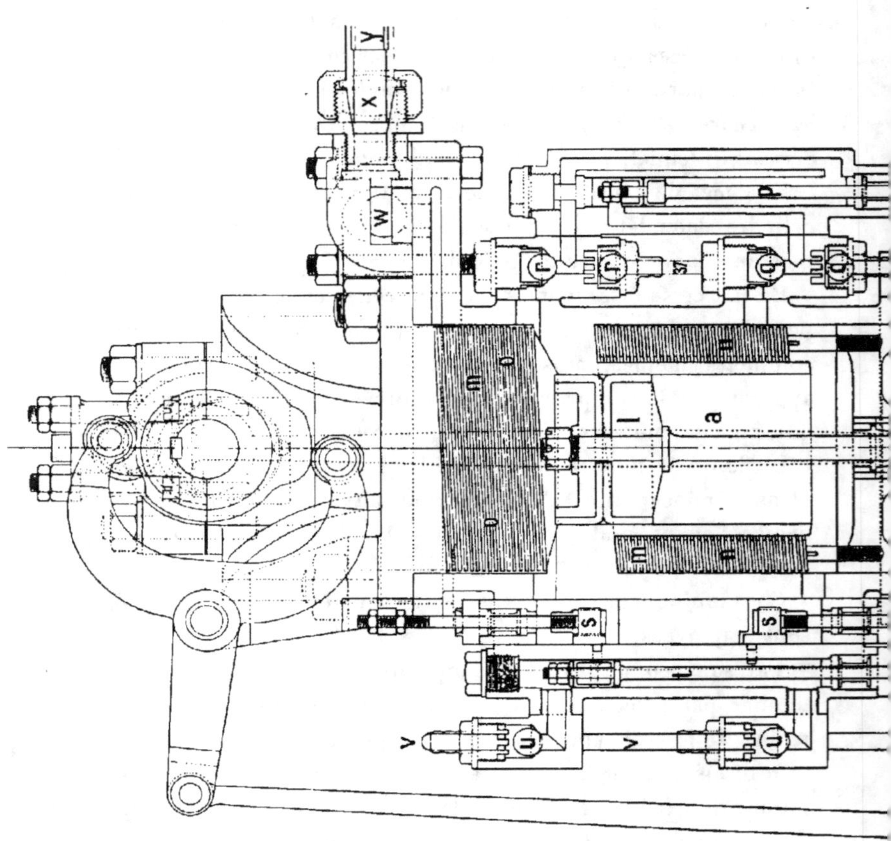

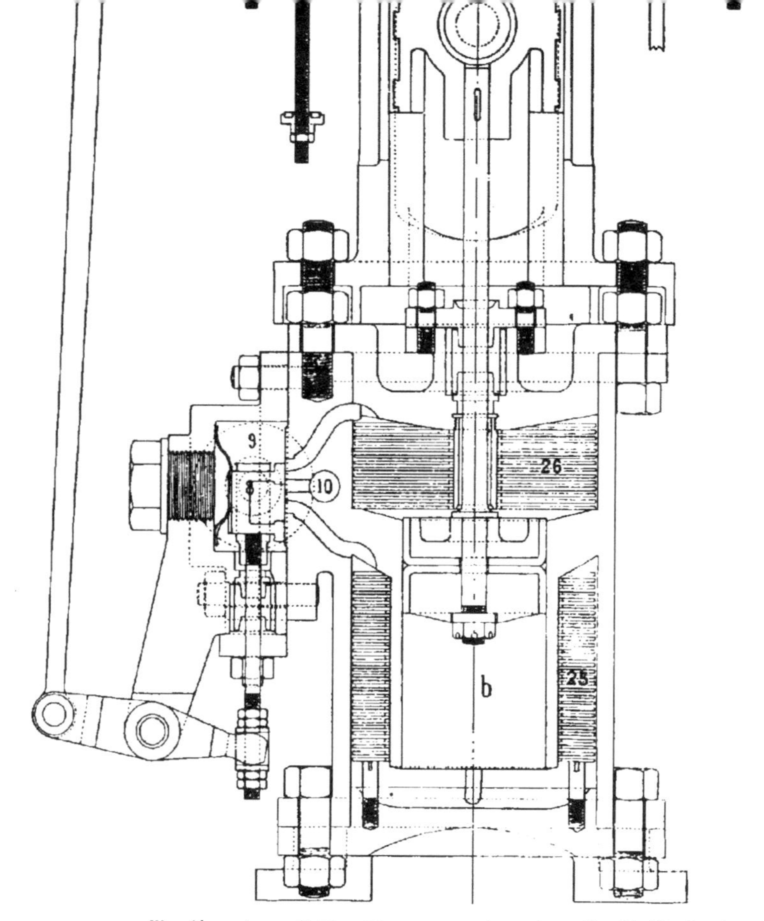

Fig. 64. — Appareil frigorifique pour restaurants, cafés, détaillants, etc., etc.

La figure 64, qui vient d'être présentée, nous permet justement cette possibilité.

Sans rien changer à la constitution de l'appareil nous pouvons faire parcourir son détendeur par un courant liquide de température opposée. Alors nous arriverions aux conséquences suivantes, diamétralement opposées également :

Si le courant est à bas degré, nous produisons une action frigorifique, constante, conséquemment nous perdons de la puissance. La machine, qu'on me permette le mot, est dépensière de force motrice.

Si, au contraire, le courant est chaud, à 200 ou 300°, ce qui est facile avec des hydrocarbures ou autres liquides, la machine devient active. Elle donne de la force motrice. Nous avons obtenu un moteur, simple, applicable à bien des cas.

Les organes de l'appareil n'ayant en rien été modifiés, c'est donc bien aux modifications calorifiques ayant agi, que sont dus ces deux résultats si différents.

Il m'a paru utile de constater ce fait et de le faire remarquer.

Il permet de démontrer tout le parti à tirer de l'air comprimé et détendu isothermiquement, aussi toute la puissance de l'énergie calorifique.

L'appareil frigorifique présenté par la figure 64 est-il mon dernier mot?

Non ! Je veux terminer ma carrière en donnant à la question du froid sa plus complète solution, et, pour ce, produire cette action *sans dépense de combustible*.

C'est à ce sujet que je vais consacrer mes dernières lignes.

CHAPITRE LII

LE FROID SANS COMBUSTIBLE

La force motrice item. — L'électricité gratuite.

En écrivant le titre de ce chapitre, je vois, par la pensée, bien des sourires surgir traduisant l'incrédulité.

Cette incrédulité n'a pas sa raison d'être. Disons de suite que les faits indiqués ne touchent à aucun paradoxe, même au mouvement perpétuel [1].

En un mot, dans leurs applications, je ne sors pas de la thermo-dynamique. J'en observe au contraire les lois les plus vraies.

Je prie, du reste, mes lecteurs de bien vouloir remarquer dès à présent que je ne dis pas que les actions sus-mentionnées sont produites sans chaleur, mais bien sans combustible, ce qui n'est pas la même chose.

Je commence par la production du froid sans combustible.

Me référant à ce qui précède, je précise d'abord, que la machine devant donner ce résultat, telle que je l'ai conçue, peut fournir à la fois, sans charbon, d'elle même :

Et le froid qu'elle doit produire;

Et la chaleur nécessaire à son fonctionnement.

Pour démontrer l'exactitude de cette assertion, en partant du connu, ce qui est la meilleure manière de prouver l'exactitude des faits en matières techniques, reportons-nous aux machines

---

1. A l'âge de 16 ans, en 1844, j'ai bien commis un appareil de ce genre que je construisis de mes mains. Il n'a pas marché, et pour cause. Depuis, je n'ai pas repris la question. Ce n'est donc pas d'elle qu'il est cas aujourd'hui.

frigorifiques, à compression et liquéfaction mécaniques des gaz, actuellement répandues de tous côtés.

En examinant leur fonctionnement, nous voyons qu'il donne lieu précisément à la production des deux phénomènes sus-indiqués :

1° Une action frigorifique, recueillie précieusement;

2° Une action calorifique, produite par la liquéfaction des gaz.

Cette dernière n'est pas conservée avec ces appareils.

Elle est perdue dans le courant d'eau passant dans le liqué-facteur; courant qu'avec raison on recherche aussi froid que possible, afin d'atténuer autant que faire se peut la résistance à la compression.

Pour prendre une idée nette de cet état de choses, considé-rons l'ammoniaque, corps le plus universellement employé aujourd'hui dans les machines frigorifiques.

D'après Regnault, nous voyons que ses pressions de liqué-faction s'établissent comme suit :

A — 5°, cette pression est, en atmosphères, de 3,45
   0°,   elle est   —   4,19
 +5°   —   —   5,24
 10°   —   —   6,27
 25°   —   —   9,80
 50°   —   —   33,20
 100°   —   —   61,30

Il n'y aurait donc pas avantage à opérer la liquéfaction à chaud, puisque nous rencontrerions une résistance d'autant plus grande que la température serait élevée; que nous aurions, comme conséquence, à lutter contre le calorique latent produit par la liquéfaction, lequel viendrait, en se manifestant sensible, apporter une résistance mécanique qu'il faudrait en plus vaincre.

Notons, pour mémoire, qu'il en serait ainsi de tous les autres gaz liquéfiables.

Mais, avec l'air comprimé isothermiquement, en est-il de même?

Non!

D'abord, avec lui, pas de calorique latent à redouter, ni ses conséquences.

Puis, si, travaillant frigorifiquement à — 5°, nous le comprimons isothermiquement à 100°, température pouvant être utilisée ultérieurement, ce que nous verrons plus loin, nous trouvons une résistance correspondante à 105°, admise à 110° pour tenir compte de l'échange, soit une perte de 110/273 ou 0,40 du travail moteur primordialement employé, qu'il nous faut ajouter à l'effort primitif et qui devient notre réelle dépense.

Ce travail supplémentaire est bien différent de celui exigé par l'ammoniaque.

Nous sommes donc, avec l'air comprimé isothermiquement, dans des conditions autrement favorables qu'avec les gaz liquéfiables.

Dès lors apparaît possible la récuparation de la chaleur perdue, sa transformation en force et par suite la suppression du combustible.

Voici comment ces derniers résultats peuvent s'obtenir.

Comme nous comprimons l'air isothermiquement, nous pouvons agir, pour obtenir l'isothermie, avec un courant constant calculé pour abandonner seulement 5°, dans son fonctionnement, à l'action calorifique que nous voulons ultérieurement produire. C'est ce quantum de chaleur, multiplié par l'intensité du courant, que nous pouvons utiliser.

Cette utilisation consiste à appliquer la chaleur ainsi recueillie à la vaporisation d'une quantité correspondante d'ammoniaque.

Nous obtiendrons, en ces conditions, un fluide moteur excellent, pouvant travailler à 55 atmosphères, ce qui, actuellement, avec les matériaux utilisables, n'a rien d'anormal.

Cet emploi est d'autant plus avantageux que l'ammoniaque, à cette température, ne comporte qu'un faible calorique latent, soit 240 calories au kilogramme.

L'étude de la question démontre que, non seulement on peut,

en ce cas, retrouver toute la résistance manifestée à la compression, mais même un excès en puissance de 25 à 30 p. 100, ce qui est plus que suffisant pour vaincre les frottements[1].

En ces conditions, nous justifions donc le titre de ce chapitre, c'est-à-dire que nous obtenons le froid sans dépense de charbon (sauf la mise en train, encore, avec certaines précautions, pouvons-nous la faire produire par l'appareil).

Je dois ajouter que la surchauffe pourrait être aisément appliquée, en raison de la faible température de la vapeur d'ammoniaque employée. Elle produirait un excédent de force pouvant être utilisé à l'élévation de l'eau, au fonctionnement de ventilateurs, à l'éclairage électrique, etc., etc. Le tout presque gratuitement, puisque cet excédent de force coûterait en charbon (sauf le rayonnement) seulement un équivalent

---

1. Voici des chiffres appliqués à un appareil calculé pour produire deux cents kilogr. de glace à l'heure ou l'équivalent en actions frigorifiques par la compression isothermique de l'air, sans combustible.

Dans un appareil de cette nature, nous trouverons que la compression absorbera . . . . 4 179 309 kilogrammètres.
Mais que la détente nous en fera retrouver. . . . . 2 810 056 —

Nous aurons donc à fournir en force auxiliaire. . . . . 1 363 253 —
Or, si nous employons la chaleur retirée de la compression à vaporiser, comme il a été expliqué, de l'ammoniaque liquéfiée, nous trouvons que cette chaleur, ainsi transformée, nous donnera . . . . 4 710 414 kilogrammètres.
Le déficit plus haut constaté, et que nous avons à combler, étant de. . . . . 1 363 253 —

Nous sommes finalement en présence d'un excédent de . . . 3 347 159 —
que nous pouvons appliquer à d'autres besoins.

Il en est un, surgissant immédiatement et que voici :
Ce travail ne se fait pas sans que nous ayons des frottements à vaincre. Pour cela il nous faut de la force. Supputons celle nécessaire.
L'ensemble des frottements se déduit ainsi :

Compresseur. . . . . 4 173 394 kilogrammètres.
Détendeur, ... 2 810 056 —
Travail de l'ammoniaque. . . . . 4 710 416 —

       Ensemble . . . . 11 693 866 —

Si nous admettons de ce chef 25 % de perte, ce qui, aujourd'hui, est excessif, il nous faudra, pour suffire aux dits frottements :

$$11\ 693\ 861 \times 0.25 = 2\ 923\ 466 \text{ kilogrammètres.}$$

Or, nous venons de voir que nous avions un excédent en puissance produit par l'ammoniaque, de. . . . . 3 347 159 kilogrammètres.
Si nous en distrayons les, ... 2 923 466 —

plus haut trouvés pour frottements, il nous reste un excédent de : 423 693 —

Encore avons-nous compté, je l'ai dit, avec un coefficient de frottements plus grand que celui actuellement admis.

mécanique de la chaleur, soit environ 130 grammes de charbon par cheval-heure.

Mais ce n'est pas tout.

Le titre de ce chapitre comporte un second mode d'application, possible aussi sans combustible :

La force motrice.

Là est une question dominante entre toutes.

D'autant grande, en ses conséquences, qu'il ne s'agit pas ici de forces infimes, accessoires, négligeables, mais au contraire de puissances tendant à satisfaire la généralité des besoins, à révolutionner en quelque sorte l'équilibre social, tel qu'il existe à ce jour.

La force, que nous rencontrons partout employée, en est en effet un des plus grands éléments.

J'aborde immédiatement ce très important sujet.

J'ai déjà précisé que, dans toutes ces applications, la chaleur n'était pas supprimée.

Il nous faut donc, dans le cas nous occupant, la trouver avant tout et en dehors de son mode de production ordinaire :

Le combustible.

Nous n'avons à ce point de vue qu'à regarder autour de nous.

Nous y trouvons d'abord les mers, dont quelques-unes, comme la mer Rouge, atteignent une température de 30 à 32°.

Nous avons en plus des fleuves, des rivières, coulant à des chaleurs moindres, mais néanmoins utilisables ;

Enfin bien des sources sourdant à plus de 15°.

Nous pouvons profiter de ces diverses actions.

Pour cela, nous retombons sur le corps que j'ai toute ma vie caressé :

L'Ammoniaque.

Là encore nous pouvons le faire servir à nos projets [1].

---

1. Nous pourrions utiliser l'air liquide, que je me réserve d'étudier à ce point de vue et qui est très tentant.

Son calorique latent est très faible. A ce titre il est donc avantageux à

Les propriétés actives de ce gaz liquéfié se résument comme
suit :

		Atmosphères.
A 25°, il y a une tension de.		10,31
20°	—	8,79
15°	—	7,45
10°	—	6,27

Voilà un pouvoir considérable et incontestable.

Pour obtenir une manifestation utile de ce pouvoir, il faut
maintenir ce corps à la température choisie, de manière à lui
fournir :

Et le calorique latent nécessaire à sa vaporisation;

Et celui sensible, utile à la production et au maintien de sa
pression.

Cela étant, nous avons avec lui, une force active de 6 à
11 atmosphères pouvant agir sur tel piston, que nous vou-
drons employer.

Dès 1867, j'ai démontré, nous l'avons vu figures 8 et 11,
que des cylindres moteurs pouvaient s'établir sans causer de
fuites. Il n'y a donc de ce côté aucun inconvénient à redouter.

Voilà la force trouvée.

Mais à côté de ce premier résultat apparaît un obstacle grave.

Cet obstacle, c'est que, pour assurer le renouvellement de
cette force, il nous faut condenser l'ammoniaque employée.

Or, pour faire normalement ce travail, il nous faudrait opérer
à — 10°.

Là est un fait sérieux, un liquide, à cette température,
n'existant pas dans la nature.

---

employer. Sa densité n'est pas exagérée. Il comporte par suite de grands avantages.

Mais avec lui il y a un point noir.

Ce point noir, c'est son moment critique.

Je pense qu'on pourra le vaincre, soit par des injections de particules d'air
liquide, soit par des toiles métalliques très fines, etc.

Ici, il faut le reconnaître, nous sommes devant une inconnue nous imposant la
prudence, par suite l'expectance; tandis qu'avec l'ammoniaque, nous suivons un
sentier battu, largement ouvert.

Par suite de cette circonstance, nous serions immédiatement arrêtés dans notre marche, si la circonstance que voici, ne venait à notre secours.

Je viens de démontrer que, sans charbon, on pouvait produire le froid.

Appliquant ce moyen à la production d'un courant à — 15° par exemple, allant condenser l'ammoniaque, voilà l'obstacle levé et par suite nous pouvons accomplir le cycle désiré :

D'un côté, puissance développée, au moyen de la chaleur des eaux naturelles ;

D'un autre, liquéfaction du gaz employé, à l'aide du courant frigorifique produit sans combustible.

D'où cette conséquence :

Production de la force motrice, sans combustible aussi, et sans autre main-d'œuvre, ce qui est essentiel, qu'un peu de surveillance, plus le graissage.

Voilà donc un grand progrès possible. Il importe de le réaliser.

Disons-le immense. Car, si nous considérons seulement la mer Rouge, tenant compte de sa surface, de la température et du volume de ses eaux, nous voyons que nous pourrions tirer d'elle, par heure, plus d'un *milliard* de chevaux de 75 kilogrammètres, soit environ vingt fois la puissance totale des machines motrices actuellement réparties sur le globe.

Distribuant cette énergie, grâce à l'électricité, dans toute l'Égypte et les contrées avoisinantes, elle y éleverait l'eau gratuitement, y exécutant les travaux agricoles, les transports, etc., etc.

Et, ce que je dis de la mer Rouge peut se répercuter presque partout. Je peux dire partout, car même aux pôles, en renversant l'ordre des facteurs, nous produirions la force gratuitement.

Là est donc une véritable révolution mondiale.

Pour l'accomplir il ne faut que vouloir.

Et maintenant. quelle va être la conséquence première de cette application?

Ce sera la production gratuite de l'électricité.

Ainsi se trouvera justifiée la troisième partie du titre de ce chapitre.

Et ce sera un bienfait sans précédents.

L'électricité est en effet la fée complaisante qui, avec le temps, se substituera à nous, pour exécuter nos labeurs manuels, ne nous laissant, comme attribut, que la direction intelligente à donner.

Ceci est la situation ultime, que l'homme doit finalement rencontrer ici-bas.

On comprend qu'il ne me soit pas loisible, devant un sujet si vaste, d'entrer plus avant dans le détail des applications possibles.

Il me faudrait pour cela un volume et au delà; plus, l'autorité de travaux sur ces points accomplis.

Or je suis à leur aurore.

Me sera-t-il donné de réaliser les bienfaits qu'ils comportent?

Ceci est le secret de Dieu.

Pour l'instant. je ne puis que signaler les principes à appliquer. me mettant à la disposition de ceux qu'ils pourraient intéresser.

Je clos là le récit que j'avais à faire.

Remerciant profondément mes lecteurs de l'attention qu'ils ont bien voulu me donner, je les prie d'agréer l'expression de ma profonde gratitude.

Сн. T.

CHAPITRE LIII

L'ASSOCIATION INTERNATIONALE DU FROID

Dans un chapitre précédent, je me suis étendu sur l'œuvre magnifique conçue et réalisée par MM. André Lebon et de Loverdo, au point de vue de la diffusion de cette science nouvelle :

Le froid.

Je n'ai plus à insister sur ce côté de la question.

Mais ce que je veux, en terminant ce volume, c'est faire chose utile, en reproduisant de manière à les rendre permanentes, accessibles par conséquent partout et pour tous, les conditions d'agrégation à l'Association internationale du froid, cette conception si élevée, si féconde en résultats généraux.

Là, en effet, est une aide nécessaire à tous ceux, quelle que soit leur nationalité, qui s'occupent du froid, puisqu'il s'agit de la vulgarisation continuelle, absolue, de ce qui se fait en toutes contrées, dans cette branche si importante de l'industrie.

J'en ai été un des promoteurs.

Je crois remplir un dernier devoir en rappelant combien est grande et vraie la mission remplie par l'Association internationale du froid, par suite, l'obligation, je puis dire, s'imposant à tous de participer à son existence, à ses travaux, à ses enseignements.

Sur ce dernier sujet, je dois ajouter qu'un cours de froid appliqué a été cette année utilement professé par M. de Loverdo, bien connu pour ses travaux sur la matière.

Il sera continué dans l'avenir.

Avec une maitrise réelle, le savant professeur est entré dans tous les détails concernant l'industrie frigorifique si complexe dans ses applications.

Il en a montré les horizons divers, indiquant les moyens pratiques d'obtenir les résultats demandés, soit qu'il s'agisse des machines à établir, soit des installations à faire surgir.

La question si importante des isolants n'a pas été oubliée par lui.

Elle a été traitée dans tous ses détails avec une ampleur, permettant d'arriver aux applications les plus rationelles.

Je ne saurais trop recommander l'audition de ce cours à ceux qu'intéresse le froid.

M. Frédéric Sauvage a ouvert au Conservatoire des Arts et Métiers un cours sur le même sujet.

J'aurais été heureux d'assister aux leçons du réputé professeur, mais l'heure avancée de la soirée, choisie pour ce cours, ne m'a pas permis, à mon grand regret, d'y assister.

Je n'insiste pas autrement sur ces différents sujets, qui seront généralement compris et appréciés.

Je me borne à reproduire, pour qu'elles soient durablement en évidence, les conditions générales de l'Association internationale du froid.

Les voici résumées :

ASSOCIATION INTERNATIONALE DU FROID

Siège social : 10, rue Denis-Poisson, PARIS (XVIIᵉ).

BUREAU DE L'ASSOCIATION

PRÉSIDENT.

M. André Lebon. Ancien Ministre, Président de la Compagnie des Messageries Maritimes.

VICE-PRÉSIDENTS

MM.

Dʳ **Mollier**, Professeur à l'Université de Dresde (Allemagne).

S. E. **Ernesto Bosch**, Ministre plénipotentiaire à Paris (République Argentine).

S. E. M. **Exner**, Membre de la Chambre des Pairs (Autriche).

S. E. M. **de Wendrich**, Sénateur, Ancien Ministre-adjoint des Voies et Communications (Russie).

ADMINISTRATEURS

MM.

Cristobal Botella, Conseil à l'Ambassade d'Espagne (Espagne).

E. Tisserand, Correspondant de l'Institut, Directeur honoraire de l'Agriculture (France).

A. Touchard, Sous-Gouverneur du Crédit Foncier de France (France).

Mac Daniel (États-Unis).

Sir Montagne Nelson, Député, shériff de la cité de Londres (Grande-Bretagne).

S. E. M. Reventlow, Ministre plénipotentiaire à Paris (Danemark).

Ballai, Conseiller, Président de l'Office des Brevets à Budapest (Hongrie).

M. Sanarelli, Député, ex-Sous-Secrétaire d'État à l'Agriculture (Italie).

H. Kamerlingh Onnes, Professeur à l'Université de Leyde (Pays-Bas).

S. E. M. Vesnitch, Ministre plénipotentiaire à Paris (Serbie).

Guillaume, Directeur-adjoint du Bureau international des Poids et Mesures (Suisse).

A. Raffalovich, Correspondant de l'Institut, représentant du Ministre des Finances de Russie à Paris (Russie).

SECRÉTAIRE GÉNÉRAL

M. J. de Loverdo, Ingénieur, chargé du Cours des Machines et Établissements frigorifiques à l'École supérieure d'Aéronautique de Paris.

COMMISSIONS INTERNATIONALES [1]

COMMISSION DES GAZ LIQUÉFIÉS ET DES UNITÉS

Présidents provisoires.
MM.

D' d'Arsonval, Membre de l'Institut de France.

H. Kamerlingh Onnes, de Leyde.

COMMISSION DES MÉTHODES D'ESSAIS

Président provisoire.

M. A. Barrier, Ingénieur des Services administratifs de la Guerre, Membre-Rapporteur de la Commission militaire d'Études des Procédés frigorifiques.

COMMISSION DES APPLICATIONS GÉNÉRALES DU FROID

Président provisoire.

M. Armaud Gautier, Membre de l'Institut de France.

COMMISSION DES TRANSPORTS

Président provisoire.

M. G. Pellerin de Latouche, Administrateur de la C⁽ᵉ⁾ P.-L.-M. et de la C⁽ⁱᵉ⁾ G⁽ⁱᵉ⁾ Transatlantique.

COMMISSION DE LÉGISLATION

Président provisoire.

M. A. Raffalovich, Représentant en France du Ministre des Finances de Russie.

MEMBRES DU CONSEIL

AFRIQUE OCCIDENTALE

M. Gruvel, Maître des conférences à l'Université de Bordeaux, chargé de l'organisation des pêcheries de l'Afrique occidentale.

ALLEMAGNE

MM.
N. N. N.

RÉPUBLIQUE ARGENTINE

M. le D' P. Bergès, Professeur à l'Institut agronomique et vétérinaire de Buenos-Ayres.

CONFÉDÉRATION AUSTRALIENNE

M. Coghlan, Agent général de la Nouvelle-Galles du Sud, à Londres.

AUTRICHE

MM.

Le Baron Léopold de Hennet, Représentant du Ministre de l'Agriculture d'Autriche en France et en Suisse.

François Mrazeck, Ingénieur.

M. Saborsky, Conseiller impérial.

E. Weisweiller, Directeur de la Société Mercédès.

BELGIQUE

MM.

Maenhaut, Député à la Chambre des Représentants.

Malengret, Ingénieur.

---

1. Les **Commissions internationales** se composent de savants (physiciens, chimistes, anatomistes, hygiénistes, biologistes, etc.), de techniciens (ingénieurs, spécialistes, électriciens, etc.), d'industriels, d'administrateurs et ingénieurs de chemins de fer et de C⁽ⁱᵉ⁾ de navigation, d'économistes et de législateurs.

La plupart de ces personnalités ont été désignées officiellement à l'Association par les Gouvernements adhérents.

Le nombre des Membres de chacune de ces Commissions n'est pas limité.

BRÉSIL

MM.

P. de Frontin, Inspecteur général des Chemins de fer brésiliens.

Backeuser, Professeur agrégé à l'École Polytechnique de Rio-de-Janeiro.

BULGARIE

M. le **Comte de la Fargue**, Consul à Paris.

CANADA

M. J.-A. **Ruddick**, Commissaire du Gouvernement pour l'Industrie laitière et la Réfrigération.

CHILI

M. **Amunategui**, Consul général à Paris.

CHINE

M. **Lynn-Tong-Sih**, Secrétaire de la Légation impériale de Chine.

DANEMARK

MM.

Bonnesen, Directeur à l'École Polytechnique de Copenhague.

Larsen, Inspecteur de l'exploitation des Chemins de fer danois.

ESPAGNE

M. N.

ÉTATS-UNIS

MM.

J.-F. Nickerson, Directeur de « Ice and Refrigeration », Chicago,

John E. Starr, Président de la Society of Refrigerating Engineers à New-York.

G. Harold Powell, Pomologiste du Département de l'Agriculture à Washington.

Theo. 0. Vilter, Président of the Vilter Manufacturing C°, à Milwaukee.

Gardner Tufts Vorees, S. Bittal Inst. Tech. Boston U. S. A.

Th. Kolischer, Président de Central Construction and supply C°, Engineers.

FRANCE

MM.

Dʳ Bordas, Directeur des Laboratoires du Ministère des Finances.

Lauraine, Député.

Léauté, Membre de l'Institut.

Levasseur, Membre de l'Institut de France.

GRANDE-BRETAGNE

R.-M. Leonard, Secrétaire général de l'Association Britannique du Froid.

Hal **Williams**, Ingénieur-Conseil.

A. **Bost**, Directeur de la « Cartvale Chemical Works C° », à Paisley.

GRÈCE

M. le Dʳ **Phocion Barbatis**.

GUATÉMALA

M. le Dʳ **Francisco de Arce**, Chargé d'Affaires à Paris.

HONGRIE

MM.

A. de Navay de Foldeak, Conseiller, Représentant du Ministre Royal du Commerce de Hongrie, à Paris.

Kuszler, Directeur général de la Compagnie des Transports des produits périssables, Budapest.

Sasvari, Directeur du Musée commercial de Budapest.

INDO-CHINE

M. **Salles**, Inspecteur des colonies.

ITALIE

MM.

Le Comte Sabini, Attaché commercial à l'Ambassade d'Italie.

Menozzi, Professeur de Chimie à l'École Polytechnique et Adjoint au Maire de Milan.

Segré, Chef de la Station expérimentale des Chemins de fer Italiens.

JAPON

M. le Commandant **Moriyama**, Capitaine de vaisseau, Attaché naval à l'Ambassade de Paris.

LUXEMBOURG

M. Léon **Metz**, Président de la Chambre de Commerce, à Eschl.

MADAGASCAR

M. N.

MEXIQUE

M. N.

MONACO

M. le Dʳ **Vivant**.

NORVÈGE

M. Helland Hansen, Directeur de la Station de Bergen.

PAYS-BAS

MM.

De Haas, Professeur de Physique à l'École Polytechnique de Leyde.

Lohnis, Inspecteur de l'Agriculture.

Haagsma, Ingénieur en chef des Chemins de fer hollandais.

PORTUGAL

M. J. Maltos Braamcamp, Ingénieur, Président de la délégation portugaise au Congrès.

PÉROU

M. N.

QUEENSLAND

Major **T. B. Robinson**.

ROUMANIE

M. Lahovary, Ancien Député.

RUSSIE

MM.

H. Karathyguine, Directeur au Ministère des Finances, à Saint-Pétersbourg.

Denissof, Ecuyer de S. M. l'Empereur, Membre du Conseil de l'Empire.

Apostol, Attaché à Paris au Service des Finances de Russie.

SERBIE

Lozanitch, prof. à l'Université de Belgrade.

M. Stanoievitch, Professeur à l'Université de Belgrade.

Vlada Markovitch, Sous-Directeur des Chemins de fer serbes.

SUÈDE

M. Berencreuz, Conseiller de la Légation de Suède, Paris.

TURQUIE

M. Léon Bey Karakehia, Secrétaire à l'Ambassade de Paris.

URUGUAY

M. L. Mongrell, Consul général à Paris.

NOUVELLE-ZÉLANDE

M. H. C. Cameron, Agent commercial du Gouvernement de la Nouvelle-Zélande à Londres.

EXTRAIT DES STATUTS DE L'ASSOCIATION

ARTICLE PREMIER. — Il est constitué une *Association internationale du froid* qui a pour but :

1° De centraliser pour leur étude et leur discussion les renseignements et les documents concernant la production et l'utilisation du froid qui lui seront fournis, soit par les Associations nationales déjà existantes, soit par les groupements qui seront créés ultérieurement sous son patronage, soit par d'autres membres de l'Association ;

2° De favoriser les progrès généraux des industries du froid ;

3° De rechercher les meilleures solutions des questions scientifiques, techniques et industrielles se rapportant au domaine du froid et ayant un caractère général ou international, ainsi que les meilleures mesures administratives concernant le transport des denrées périssables et l'utilisation du matériel roulant spécial ;

4° De centraliser pour leur étude et leur description les observations et les renseignements tendant à l'amélioration des lois et règlements existants et relatifs aux transports et échanges nationaux et internationaux des produits susceptibles de bénéficier des transports frigorifiques ;

5° De favoriser la vulgarisation et le développement de la science du froid ;

6° D'établir et d'entretenir des relations de solidarité entre les groupements nationaux existants ou ceux qui seront créés sous son patronage dans les pays qui en sont dépourvus et, en général, entre tous les membres de l'Association ; de coordonner les efforts et les travaux de ses membres.

Art. 2. — A cet effet l'Association :

1° Organise un **Office central**, destiné surtout à servir de lien entre les offices techniques nationaux de renseignements et à éclairer le marché international sur les conditions des transactions des produits périssables, et une bibliothèque centrale largement ouverte, principalement composée d'ouvrages relatifs au froid et à ses applications ;

2° Prépare des **Congrès internationaux** et assure, dans la mesure du possible, l'exécution de leurs décisions. Ces Congrès se réuniront, de préférence, chaque fois dans un pays différent afin de mieux propager les idées soutenues par l'Association :

3° Exerce son action par des **publications**, des réunions, des conférences, des cours :

4° Donne des subventions, des prix et facilités quelconques aux institutions et aux personnes travaillant à des recherches ou entreprises scientifiques, qu'elle aurait provoquées ou approuvées ;

5° Institue des **Commissions techniques**, prépare des conférences internationales et entreprend des expériences ou essais ayant un caractère d'intérêt général ou international ;

6° Organise des **voyages d'études** dans l'ancien et le nouveau monde pour la visite des Établissements frigorifiques et installations relatives aux applications du froid.

Les attributions ci-dessus sont énumératives et non limitatives. Toutefois l'Association s'interdit toute ingérence dans une entreprise industrielle ou commerciale quelconque et, aussi, dans les questions relatives au régime économique des divers pays.

La durée de l'Association est illimitée.

Art. 3. — L'Association se compose de *membres titulaires, membres donateurs, membres bienfaiteurs et membres honoraires.*

Pour devenir membre de l'Association, il suffit :

1° D'appartenir à une Association nationale déjà existante (Allemagne, Belgique, États-Unis, France, Grande-Bretagne, Hongrie, Pays-Bas, Serbie, Russie) ou à celles qui seront créés dans les autres pays, sous le patronage de l'Association internationale ;

2° Ou bien d'être présenté par un Comité national ;

3° Ou, enfin, d'adresser au Secrétaire Général une demande écrite appuyée par deux membres de l'Association et être admis par le Comité exécutif à la majorité des voix des membres présents.

Toutefois, les **membres du premier Congrès international du froid** pourront devenir membres de l'Association sur simple déclaration écrite parvenue au Secrétaire Général de l'association avant le 1er octobre 1910.

Les membres **titulaires** versent une cotisation annuelle de 20 francs. La cotisation peut être rachetée moyennant le versement d'une somme de 200 francs[1].

Toutefois, les membres des Associations nationales du froid, déjà

---

1. Pour les Membres des Associations *Allemande, Autrichienne, Britanique, Française, Russe* et *Hollandaise* du Froid, la cotisation n'est que de 10 francs par an.

existantes et énumérées ci-dessus, ou celles qui seront créées sous le
patronage de l'Association internationale et qui auront adhéré à cette
dernière Association au titre de membre bienfaiteur, ne paieront que
la moitié de la cotisation. Ils pourront la racheter moyennant le
versement d'une somme de 100 francs.

Les membres **donateurs** versent annuellement une cotisation de
100 francs. La cotisation peut être rachetée moyennant le versement
d'une somme de 1 000 francs.

Toute personne qui verse annuellement une somme d'au moins
500 francs et pendant une période de dix ans, ou qui fait don ou legs
d'au moins 5 000 francs, reçoit le titre de membre **bienfaiteur** ; la liste
des bienfaiteurs figurera à perpétuité dans le Bulletin officiel de
l'Association et sur les comptes rendus des Congrès internationaux.

Le titre de membre honoraire est conféré comme un hommage et
une distinction à des personnalités ayant rendu, soit à leur pays, soit
à la science, soit à l'industrie, soit à l'association en particulier, des
services éminents.

Le titre de **Membre d'honneur** est conféré aux États qui ont accordé
leur patronage à l'Association. Il peut aussi être conféré aux Villes
dans lesquelles le Congrès a été tenu et qui l'ont subventionné.

Les membres honoraires et les membres d'honneur sont exempts de
cotisation.

Les États, Villes, Administrations publiques, Associations, Sociétés
scientifiques, industrielles, commerciales et agricoles, peuvent, sur
l'avis motivé du Comité exécutif, figurer parmi les membres de l'Association internationale du froid, aux divers titres énoncés ci-dessus,
et y être représentés par un délégué spécial. Leur candidature, sauf
celle des États, Villes et Administrations publiques qui sont exempts
de cette formalité, sera soumise au Comité exécutif.

Tout membre voulant démissionner doit en donner avis, par écrit,
au Comité exécutif. Les membres titulaires et donateurs sont, dans ce
cas, redevables de la cotisation de l'année courante.

L'année sociale commence au 1er janvier et se termine au
31 décembre. Exceptionnellement, la première année commence le
25 janvier 1909.

ADMINISTRATION, ASSEMBLÉE GÉNÉRALE

ART. 6. — Le siège de l'Association est à Paris.

ART. 7. — L'Association est administrée par un *Conseil*.

Tout État qui patronnera ou subventionnera l'Association aura
droit à un délégué officiel dans le conseil.

Tous les pays participant à l'Association auront le droit d'être
représentés à ce Conseil, proportionnellement au nombre de leurs
adhérents ou de leur contribution précuniaire et jusqu'à concurrence
de 15 membres au maximum.

Pour avoir droit à un premier représentant, il faut que le pays compte au moins 20 adhérents à l'**Association,** ou qu'il contribue pour une somme égale à 500 francs par an.

Pour chaque 10 nouveaux adhérents ou pour une **contribution** additionnelle de 250 francs par an, tous les pays auront droit d'**avoir** un autre représentant au Conseil.

Par exception, le premier Conseil sera composé des membres élus par l'Assemblée générale constitutive, qui ne resteront en fonctions que jusqu'à l'Assemblée générale suivante, laquelle élira un Conseil dans les conditions stipulées ci-dessus.

Art. 10. — L'Assemblée générale des membres de l'Association se réunit à l'occasion de chaque Congrès international.

Son ordre du jour sera arrêté par le Conseil sur proposition du Comité exécutif. Cet ordre du jour sera communiqué trois mois avant la date de l'Assemblée générale aux membres de l'Association. Pour qu'une nouvelle proposition, n'émanant pas du Conseil soit inscrite dans l'ordre du jour, il faut qu'elle soit signée de vingt membres de l'Association parmi lesquels figureront au moins cinq nationalités par trois membres chacune.

L'Assemblée générale entend les rapports sur la gestion du Conseil, sur la situation financière et morale de l'Association; elle délibère sur les questions portées à l'ordre du jour et pourvoit au renouvellement des membres du Conseil.

DES COMITÉS ET SOUS-COMITÉS

Art. 11. — Afin de faciliter l'œuvre entreprise des comités pourront être créés par le Conseil dans les pays autres que ceux mentionnés à l'article 3 et où il n'existe pas d'Association nationale.

Art. 12. — Ces Comités auront la faculté de créer des sous-Comités afin d'avoir des ramifications dans tous les centres importants. Ils seront soumis aux statuts et règlements de l'Association.

Les premiers Comités et les sous-Comités seront organisés par les Comités nationaux d'organisation du premier Congrès international du froid.

Les membres du Conseil appartenant au pays dans lequel est constitué le Comité et les délégués officiels ayant représenté le Gouvernement de ce pays au dernier Congrès du froid, font partie de droit de ce Comité.

CONFÉRENCES INTERNATIONALES
COMMISSIONS TECHNIQUES

Art. 15. — Toutes les fois que l'objet de l'Association donnera lieu à la convocation de conférences internationales, le Conseil entrera en rapports avec les gouvernements intéressés à désigner des délégués et prendra toutes les mesures préparatoires.

Art. 16. — L'étude des différentes questions posées par le Congrès ou soulevées à la suite même du développement de la science ou des applications du froid artificiel, sera, d'autre part, poursuivie par un certain nombre de **commisssions techniques internationales** [1], dont le nombre et le titre seront fixés par le Conseil.

BIBLIOTHÈQUE ET OFFICE CENTRAL DES PUBLICATIONS ET RENSEIGNEMENTS

ART. 20. — Le comité national de chaque pays peut entretenir un Office pour ses publications et pour les renseignements techniques à fournir à ses membres et même à des personnes étrangères à l'Association. Le règlement de la gestion de chaque Office est établi par le Comité intéressé.

Il est **créé de plus, à Paris, une Bibliothèque et un Office central constitués dans les conditions stipulées à l'art. 2. L'Office central comprendra deux sections**;

1º Une section technique;

2º Une section contentieuse et d'arbitrage.

L'Office central n'accepte que des demandes faites par les Associations nationales et leurs Offices de renseignements ou par les Comités nationaux. Toutefois, les personnes ou collectivités appartenant à des pays où il n'existe ni Association ni Comité national peuvent s'adresser directement à l'Office central.

ART. 22. — L'Association a pour organes officiels :

1º Un **bulletin**, rédigé sous le contrôle du Conseil, par les soins d'une sous-Commission, composée du Secrétaire général, assisté de deux membres délégués à cet effet;

2º Des journaux spéciaux avec lesquels le Conseil pourra conclure des contrats.

Le Comité statue en outre sur l'opportunité de faire toute autre publication qu'il juge utile dans l'intérêt de l'Association.

Bien des avantages ont été réservés aux membres de l'Association. Je n'ai pas à y insister.

Je me borne à en signaler l'existence, ajoutant que, pour être fixé sur ces avantages, variables avec les circonstances, il n'y a qu'à s'adresser au Secrétaire général de l'Association, M. de Loverdo, 10, rue Denis-Poisson, Paris, 17e arrondissement.

---

1. Les quatre premières Commissions sont mentionnées dans la liste du Conseil ci-dessus.

TABLE DES MATIÈRES

TABLE DES FIGURES

512-10. — Coulommiers. Imp. Paul BRODARD. — 9-10.

9 782329 310268